Elektrische Maschinen der Kraftbetriebe

Wirkungsweise und Verhalten beim Anlassen Regeln und Bremsen

Mit Anwendungsbeispielen

von

Prof. Dr.-Ing. **Engelbert Wist**
Wien

Mit 189 Textabbildungen

Wien
Springer-Verlag
1950

ISBN-13:978-3-7091-7769-3 e-ISBN-13:978-3-7091-7768-6
DOI: 10.1007/978-3-7091-7768-6

Softcover reprint of the hardcover 1st edition 1950

Vorwort.

Das vorliegende Buch entstand aus den Vorlesungen über elektrische Kraftbetriebe an der Technischen Hochschule in Wien. Es soll in erster Linie den Studierenden ein Lehrbehelf sein und weiters dem Ingenieur der Praxis die Möglichkeit geben, sich in übersichtlicher Weise über die charakteristischen Eigenschaften der einzelnen Maschinengattungen zu orientieren, für einen bestimmten Antrieb die erforderliche Maschine richtig auszuwählen, die Leistung, Erwärmung, den Anlaß- und den Regelvorgang zu berechnen.

Bei der Darstellung der Wechselstromgrößen habe ich für die Vektoren bzw. Zeiger ähnlich der Ossannaschen Schreibweise lateinische Großbuchstaben mit einem horizontalen Strich gewählt. Bei den Ableitungen wurden soweit als möglich auch Zwischenrechnungen gebracht. Um der verschiedenen mathematischen Ausbildung Rechnung zu tragen, wurde neben der komplexen Darstellung auch die analytische verwendet. Am Schluß wurden einige durchgerechnete Beispiele angefügt, um die Ausführungen leichter verständlich zu machen.

Die im Text angeführten Literaturausweise dienen auch dazu, dem Leser Gelegenheit zu geben, in Spezialprobleme näher einzudringen.

An dieser Stelle möchte ich Herrn Dipl.-Ing. *J. Bitter* für seine Anregungen, insbesondere bei dem Abschnitt über die Synchronmaschinen, den herzlichsten Dank aussprechen. Herrn Dipl.-Ing. *F. Susan* danke ich wärmstens für die in liebenswürdigster Weise mit großer Sachkenntnis durchgeführte Korrektur des Buches.

Wien, im Herbst 1949. **E. Wist.**

Inhaltsverzeichnis.

Erster Teil.

Die Gleichstrommaschinen.

Zweiter Teil.

Die Wechselstrommaschinen.

Berichtigungen.

S. 36: Unter 3. In der Gleichung für $\frac{d\eta}{dJ_a'} =$ erhalten der erste und letzte Ausdruck +- statt —-Zeichen. Im Wurzelausdruck darunter lies: R_m statt: R_m^2.

S. 46: In der Abb. 56 soll die Motorskala +- und die Generatorskala —-Zeichen besitzen.

S. 114: In der Abb. 133 lies: U_{z1}, U_{z2}, U_{z3} statt: U_{r1}, U_{r2}, U_{r3}.

S. 160: Im Kontrollerschema Abb. 177 für Senken sind die Schienen A_5 mit 12 und B mit 5 elektrisch zu verbinden.

Erster Teil.

Die Gleichstrommaschinen.

A. Unipolarmaschinen.

Die kommutatorlosen Maschinen von *Noeggerath*[1] (Unipolarmaschinen) haben bisher keine größere praktische Bedeutung erlangt, da die Herstellung größerer Spannungen nur durch Hintereinanderschaltung der einzelnen Ankerleiter mit Schleifringen möglich ist. Die Erregerwicklung des unipolaren Kraftflusses ist im Ständer untergebracht und wird im Nebenschluß an die Ankerklemmen angeschlossen. Diese Maschinen eignen sich daher für große Stromstärken bei kleinen Spannungen, wie sie vorwiegend in elektrolytischen Betrieben gebraucht werden, wo sie vereinzelt Anwendung finden.

Eine Ausführungsform ist in der Abb. 1 dargestellt.

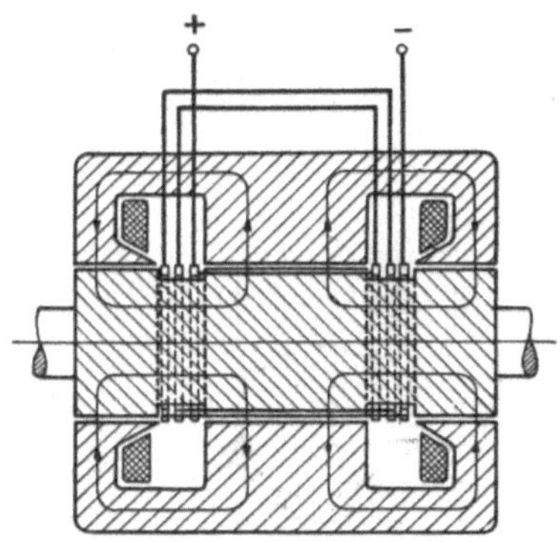

Abb. 1. Querschnitt einer unipolaren Gleichstrommaschine.

Nach der Gleichung von der elektromagnetischen Induktion beträgt in einem Ankerleiter die erzielbare Spannung: $U = B l v 10^{-8}$ Volt. Ist z. B. $B = 18000\, V\sec/\text{cm}^2$, v $= 50$ m/sec (5 000 cm/sec) $l = 60$ cm, so ergibt sich die Spannung U mit 54 Volt.

Nach *Moß* und *Mould*[2] erhält man die gleiche Kraftliniendichte in allen Teilen des Ankerkernes, wenn man die achsiale Länge doppelt so groß wie den Ankerdurchmesser macht. Die höchste zulässige Drehzahl erhält man aus:

$$n = \sqrt{\frac{3{,}48 \cdot 10^3 v^3}{c \,\text{kW}}};$$

[1] Proceedings Am. Inst. of El. Eng. 1905. — ETZ, 831, (1905), *C. Feldmann.* — *Arnold, E. – J. L. la Cour:* Die Gleichstrommaschinen. Berlin: Springer, 1909.

[2] Journ. Inst. Electr. Eng. *49*, 804. — ETZ, 713, (1914).

wenn $c = \frac{6 \cdot 10^{11}}{\text{Luftinduktion} \times \text{Amp. Stäbe je cm Anker-Umfg.}}$

und v die Ankerumfangsgeschwindigkeit in m/sec ist.

Noeggerath (GEC) gibt für eine 300 kW Maschine bei 500 Volt und 3 000 UpM 12 Ankerleiter mit 24 Schleifringen an.

Bemerkenswert ist die Anwendung des Unipolarprinzipes bei den Elektro-Trennmaschinen[1] mit rasch rotierenden Scheiben. Die Generatorleistung bei 6 000 Ampere und 8—10 Volt und rund 2 000 UpM beträgt 45 kW.

B. Stromwendermaschinen (Kommutatormaschinen).

Diese werden in Reihenschluß-, fremderregte, Nebenschluß- und Doppelschluß- oder Verbund- oder Kompound-Maschinen eingeteilt.

I. Allgemeines.

Gleichstrommaschinen ohne Wendepole, deren Bürsten aus der Ankerachse verschoben sind, besitzen längsmagnetisierende und quermagnetisierende Anker AW (Abb. 2).

Die ersteren schwächen das Erregerfeld unmittelbar, die zweiten verzerren im unteren, geradlinigen Ast der Magnetisierungskurve das Erregerfeld, schwächen es aber nicht. Nur durch die Feld-

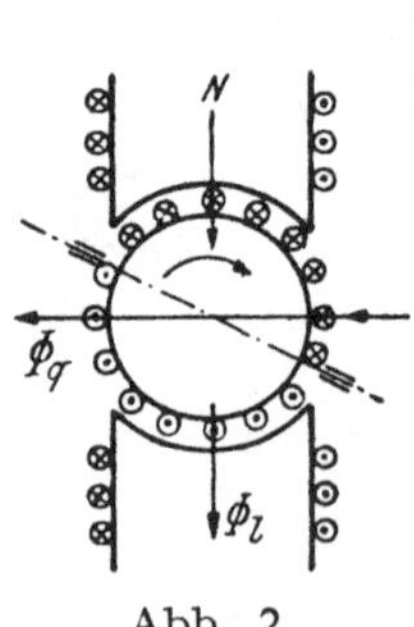

Abb. 2.

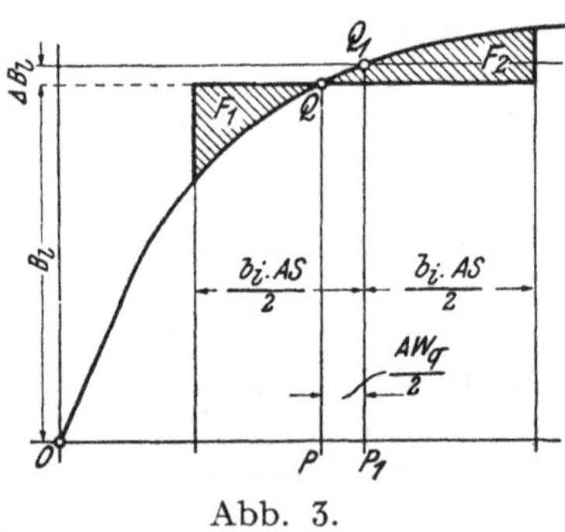

Abb. 3.

sättigung im oberen Teil der Magnetisierungskurve tritt eine Feldschwächung auf.

Bei Maschinen mit Wendepolen, deren Bürsten in der geometrischen neutralen Zone stehen, ist die entmagnetisierende Wirkung der längsmagnetisierenden AW_l gleich Null. Es bleiben daher die quermagnetisierenden Anker AW_q übrig, die nur im Gebiete der Feldsättigung schwächend wirken.

[1] ETZ, 83, (1914), *O. Neiß*.

Bei Maschinen, die außer Wendepolen auch eine Kompensationswicklung besitzen, entfällt bei Vollkompensierung auch die Feldschwächung durch die quermagnetisierenden AW_q.

Im folgenden wird gezeigt, wie die AW_q durch ein graphisches Verfahren ermittelt werden können. Man trägt in Abb. 3 $\overline{OP}$, die zu B_l entsprechenden AW auf. Die Induktion im Luftspalt B wird aus folgender Formel gerechnet: $B_l = \Phi/(b_i\, l)$. Hiebei bedeutet: b_i = ideelle Ankerbreite in cm, l = Ankerlänge in cm.

Würden wir uns im geradlinigen Ast der Magnetisierungskurve befinden, so würden die beiden Flächen F bei $\overline{OP} = + \frac{1}{2} b_i\, A\, S$ und $- \frac{1}{2}\, b_i\, A\, S$ gleich groß sein.

Da dies aber infolge der Sättigung nicht der Fall sein kann, so muß man $b_i\, A\, S$ so lange nach rechts verschieben, bis die Flächen F gleich groß werden. Die $AW = \frac{1}{2}\, b_i\, A\, S$ ergeben den Punkt P_1; die gesamten Quer AW sind somit $AW_q = 2\, \overline{P\, P_1}$.

Die Erregung ist daher, um $AW_q = 2\, \overline{P\, P_1}$ zu verstärken, damit der Kraftfluß bei Belastung den gewünschten Wert erhält. $\overline{P_1\, Q_1}$ ist die Luftinduktion der Polmitte und $\Delta\, B_l = \overline{P_1\, Q_1} - \overline{P\, Q}$ der Betrag um den die Luftinduktion bei Entfernung des Querflusses ansteigen würde.

1. Ermittlung der Belastungskennlinie.[1]

Für konstante Belastung bei veränderlicher Erregung ist $\overline{b\, a} = J\, R_a + 2\, \Delta\, P$ = konstant, wobei $\Delta\, P$ die Bürstenübergangsspannung bedeutet. Im unteren geradlinigen Teil der Charakteristik (Abb 4) tritt nur der Spannungsabfall $\overline{b\, a}$ auf und im

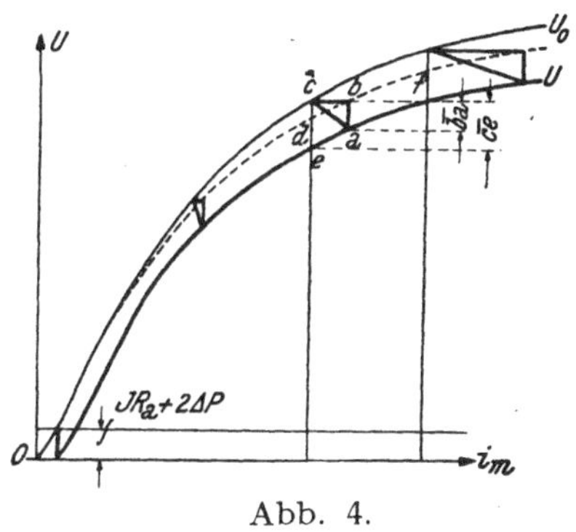

Abb. 4.

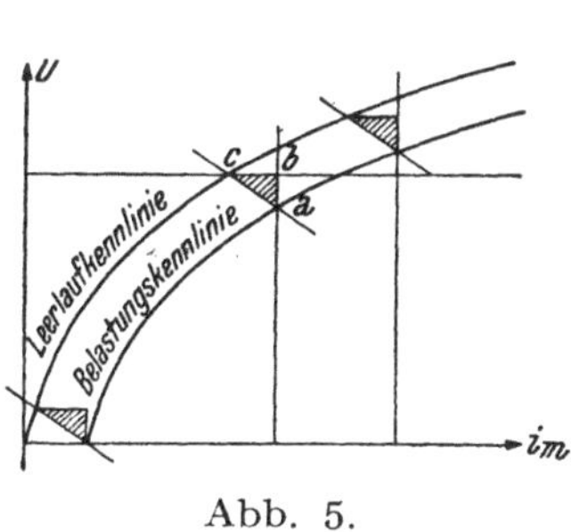

Abb. 5.

oberen Teil kommt noch der Spannungsabfall $\overline{c\, d}$ durch die Ankerrückwirkung hinzu ($\overline{e\, d}$ Spannungsabfall durch Ankerstrom und

[1] Siehe auch *Arnold, E. — J. L. la Cour:* Die Gleichstrommaschinen. Bd. 1. Berlin: Springer, 1909.

Bürsten). $\overline{cf}$ entspricht der Erhöhung des Erregerstromes um den gesamten Spannungsabfall $\overline{ce}$ zu kompensieren.

Da es aber meist nur auf den oberen Teil der Belastungskennlinie ankommt, so genügt es, das charakteristische Dreieck für die normale Spannung zu bilden und nach Abb. 5 parallel zu verschieben, daß c sich auf der Leerlauf-Kennlinie bewegt. Der Punkt a erzeugt dann die Belastungscharakteristik. Dabei erhält man bei kleinen Sättigungen zu kleine und bei großen Sättigungen zu große Werte der Belastungskennlinie.

2. Grundgleichungen für den Motor.

Für den *Gleichstrommotor*, gleichgültig welcher Schaltung, gelten die folgenden Gl.:

Der Anker entwickelt bei seiner Drehung im Magnetfelde eine Gegen-EMK

$$e = k_e\, n\, \Phi \text{ in Volt}; \tag{1}$$

k_e = eine Maschinenkonstante, die sich aus den Maschinendaten ergibt $k_e = \frac{z\,p}{a\,60} 10^{-8}$. Hiebei ist:

z = Gesamtzahl der in Reihe geschalteten Ankerleiter.

p = Zahl der Polpaare.

a = halbe Zahl der parallelen Ankerstromzweige.

Φ = Gesamtkraftlinienzahl pro Pol im Luftraum gemessen oder der mit den kurzgeschl. Ankerspulen bei Belastung verkettete Windungsfluß.

n = Umdrehungen in der Minute.

Wird mit D_i das ideelle auf den Anker übertragene Drehmoment und mit L_i die ideelle mechanische Leistung des Motors bezeichnet, so ist $L_i = D_i\, 2\, n/60$ in kgm/sec oder $L_i = D_i\, \pi\, n\, g/30$ in Watt (1 kgm/sec = 9,81 Watt) oder $L_i = J_a\, e$; daraus ist:

$$D_i = \frac{30}{\pi n} L_i = \frac{30}{\pi\, n\, g} J_a\, e = \frac{30}{\pi\, n\, g} J_a\, k_e\, n\, \Phi = \frac{30\, k_e}{\pi\, g} J_a\, \Phi,$$

$$D_i = k_d\, J_a\, \Phi, \text{ wobei } k_d = k_e \frac{30}{\pi\, g} = k_e\, 0{,}97 \text{ ist.}$$

Das tatsächlich am Anker zur Verfügung stehende Drehmoment ist um die Drehmomentverluste (Eisen- und Reibungsverluste) kleiner, so daß

$$D = \varepsilon_1 D_i = \varepsilon_1 k_d\, J_a\, \Phi. \tag{2}$$

Das Drehmoment einer allgemeinen Gleichstrommaschine ist demnach von der Spannung nicht direkt abhängig, indirekt nur dadurch, weil J_a und Φ von der Spannung abhängen.

Der gesamte ohmsche Spannungsverlust ist durch folgende Gl. gegeben: $E_a - e = J_a\, R_a$. Im Widerstand R_a ist der Bürstenübergangswiderstand bereits enthalten.

$$J_a = \frac{E_a - e}{R} \quad \text{und} \quad e = E_a - R_a J_a = k_e n \Phi;$$

daraus ist

$$n = \frac{1}{k_e} \frac{E_a - R_a J_a}{\Phi}. \tag{3}$$

Durch Multiplikation mit der Gl. (2) erhält man die allgemeine Gl. der Gleichstrommaschine:

$$D n = \varepsilon_1 J_a \frac{k_d}{k_e} (E_a - R_a J_a) = \varepsilon_1 \frac{30}{\pi g} (E_a - R_a J_a) J_a.$$

Die vorstehenden Gl. legen die allgemeinen Beziehungen zwischen den einzelnen Größen fest und gelten für Hauptstrommotoren ebenso wie für Nebenschluß- und Kompoundmotoren.

Es soll nun auf die Verluste eingegangen werden, die in ε_1 zusammengefaßt sind. Wie aus den obigen Gl. ersichtlich ist, wurde bei der Ermittlung des auf den Anker übertragenen Drehmomentes mit der Gegenspannung e gerechnet und somit dem durch die ohmschen Widerstände verursachten Spannungsabfall Rechnung getragen. In ε_1 sind daher die Reibungsverluste, die durch Lager- und Luftreibung hervorgerufen werden und die Eisenverluste enthalten, die als Wirbelstrom- und Hysteresisverluste auftreten.

Die Reibungsverluste V_R sind abhängig von der Drehzahl n. Die Eisenverluste V_{Fe} setzen sich zusammen aus den Wirbelstromverlusten V_w und den Hysteresisverlusten V_h.

a) Die Wirbelstromverluste nach *Arnold:*

$$V_w = \sigma_w \left(\delta \frac{p n}{6\,000} \frac{B_{max}}{1\,000}\right)^2 V \text{ Watt.}$$

Hiebei bedeuten:

σ_w = Konstante rd. 2,5.
δ = Blechstärke in cm.
V = Eisenvolumen in dm^3.

b) Die Hysteresisverluste (nach *Steinmetz*) betragen:

$V_h = 10^{-4} \sigma \frac{pn}{60} B^{1 \cdot 6} V$ in Watt; hiebei bedeutet

V = Eisenvolumen in cm^3.
σ = Materialkoeffizient (0,0012—0,0016).

An Stelle der getrennt berechneten Hysteresis- und Wirbelstromverluste kann auch auf Grund der Eisenmessungen mit der sogenannten Verlustziffer V_{10}, bezw. V_{15} als Größe der gesamten Eisenverluste bei 50 Hertz und 10, bezw. 15 000 Gauß je kg Eisenblech gerechnet werden. Bei 0,5 mm Dynamoblechen beträgt z. B. $V_{10} = 3{,}5$ und $V_{15} = 8{,}6$ Watt/kg.

Außer den Hysteresis- und Wirbelstromverlusten sind noch die bei Belastung auftretenden zusätzlichen Kupferverluste zu berücksichtigen, die mit rd 0,5 v. H. der Ausgangsleistung geschätzt werden können.

Der Gesamtwirkungsgrad eines Motors ist das Verhältnis von der abgegebenen zur aufgenommenen Leistung: $\eta = L_m/L_e$, wobei $L_m = D\,n\,\pi\,g/30$ in Watt ist. Setzt man für $D.\,n$ den bereits gefundenen Ausdruck, so wird:

$$L_m = \varepsilon_1 (E_1 - R_a J_a) J_a = \varepsilon_1 e J_a, \tag{4}$$

wobei $e = (E_a - R_a J_a)$ ist.

Die aufgenommene elektrische Leistung ist $L_e = U J$.

Die allgemein geschaltete Maschine ist im folgenden Schaltungsschema (Abb. 6) dargestellt:

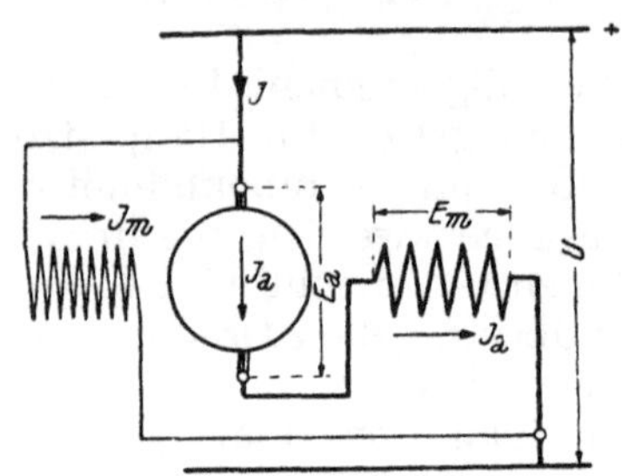

Abb. 6. Gleichstrommaschine mit Haupt- und Nebenschlußerregung.

Es gelten für Strom und Spannung die beiden Gl.:

$$J = J_a + J_m,$$
$$U = E_a + E_m. \tag{5}$$

Die aufgenommene Leistung ergibt sich daher zu

$$L_e = (E_a + E_m)(J_a + J_m) \tag{6}$$

und der Wirkungsgrad beträgt:

$$\eta = \varepsilon_1 \frac{(E_a - R_a J_a) J_a}{(E_a + E_m)(J_a + J_m)} = \varepsilon_1 \left(\frac{e}{U}\right)\left(\frac{J_a}{J}\right) = \varepsilon_1 \varepsilon_2 \varepsilon_3. \tag{7}$$

II. Die Reihenschlußmaschine (Hauptschluß- oder Serienmaschine).

1. Generator.

Bei der Reihenschlußmaschine sind nach Abb. 8 Anker und Feld stets in Reihe geschaltet und werden daher vom selben Strom durchflossen. Da der Anker- und der Feldstrom nicht unabhängig voneinander geregelt werden können, gibt es hier weder eine eigentliche Leerlauf- noch eine Belastungskennlinie. Will man aber die in der Abb. 7 dargestellten Kurven, die man für die Ermittlung der übrigen Kennlinien benötigt, aufnehmen, so muß man die Maschine fremd erregen.

Die *Außenkennlinie* stellt die Abhängigkeit des Stromes von der erzeugten Spannung dar. Da der Ankerstrom auch durch die Erregerwicklung fließt, so muß die Klemmenspannung der Maschine mit zunehmender Belastung ansteigen, bis der Spannungsabfall durch die von der Ankerrückwirkung hervorgerufene Feldschwächung $\overline{b_1 d_1}$ und der *Ohm*sche Spannungsabfall $\overline{a_1 b_1}$ im Anker, in der Reihenschlußwicklung und an den Bürsten so groß wird, daß die Spannung wieder sinkt. Zur Ermittlung der äußeren Kennlinie berechnet man für verschiedene Ströme J die charakteristischen Dreiecke z. B. für J : $\overline{a_1 b_1} = J(R_a + R_m) + 2\Delta P$, $\overline{b_1 c_1} = AW_r/W_m$; wobei $\overline{b_1 c_1}$ der Erregerstrom zur Kompensierung der Ankerrückwirkung ist.

AW_r sind die Amperewindungen zum Ausgleich der Ankerrückwirkung und W_m die in Serie geschalteten Windungen der Erregerwicklung.

Unter der Annahme, daß die Dreieckseiten sich proportional mit dem Strom ändern, kann man, wie in Abb. 7 dargestellt, in einfacher, allerdings nur angenäherter Weise die äußere Kennlinie konstruieren.

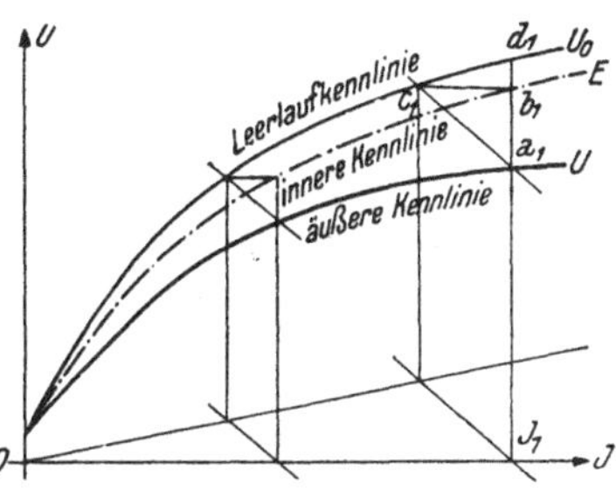

Abb. 7. Kennlinien der Reihenschlußmaschine.

Die Kurve E/J wird die innere Kennlinie genannt.

2. Reihenschlußmotor (Serienmotor, Hauptschlußmotor).

Allgemeine Eigenschaften und Kennlinien. Bei dem Motor liegen ebenso wie beim Seriengenerator die Magnet- und Ankerwicklungen in Serie und werden daher vom gleichen Strom durchflossen. Die Größe der Erregung der Magnete ist vom Ankerstrom abhängig. Die Schaltskizze (Abb. 8) stellt die Anordnung und Verbindung der einzelnen Wicklungen des Motors dar. Es ist hier entsprechend den Gl. (5)

$$J = J_a = J_m = f(\Phi) \text{ und}$$
$$U = E_a + E_m; \quad E_m = R_m J.$$

Die Gegen-*EMK* $e = E_a - R_a J = U - E_m - R_a J = U - J(R_a + R_m)$, da $R_a + R_m = R$, so ist $e = U - JR$.

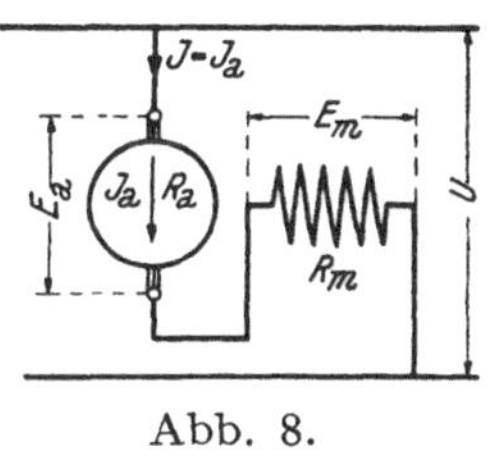

Abb. 8.

Die Kurve Φ_0 (Abb. 9) stellt die Feldform bei kleiner Belastung dar. Mit zunehmender Belastung wächst der Inhalt dieser Fläche (Kurve Φ_b). Da auch die Ankerrückwirkung (Kurve Φ_a) immer größer wird, so wird die Verzerrung immer größer. Unterhalb der Sättigung wird die Fläche durch die Ankerrückwirkung nicht verändert, während sie oberhalb der Sättigung durch die Ankerrückwirkung (Queramperewindungen) verkleinert wird (Kurve Φ res.)

Es ist $\Phi = f(J)$ und $e = k_e n \Phi$, daher ist $\Phi = \frac{1}{k_e}\left(\frac{e}{n}\right)$ und daraus $\left(\frac{e}{n}\right) = k_e f(J)$. Trägt man die Feldstärke als Funktion der Stromstärke auf, so kann dieselbe Kurve bei entsprechend gewähltem Maßstabe sowohl Volt pro Umdrehung als auch die Kraftlinienzahl pro Pol ergeben. Es läßt sich aber leichter mit $\left(\frac{e}{n}\right)$ statt mit Φ rechnen, da sich dieser Quotient unmittelbar aus dem Versuch ergibt. $\left(\frac{e}{n}\right)_0/J$ ist somit die magnetische Kennlinie bei Leerlauf oder die statische Kennlinie.

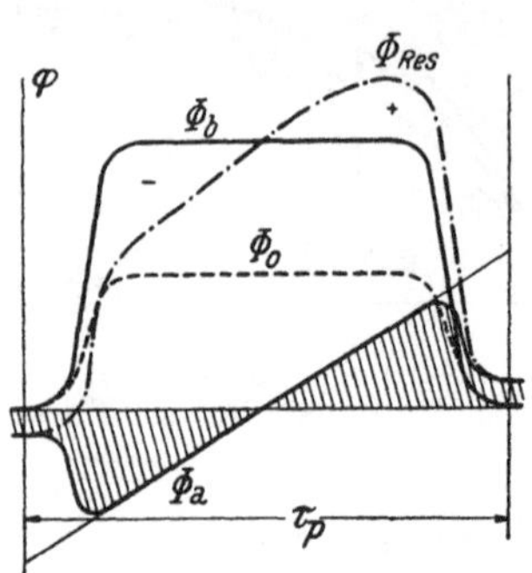

Abb. 9. Erreger-Anker- und resultierendes Feld.

Aus Gl. (4) ergibt sich die Drezahl $n = \frac{e}{\left(\frac{e}{n}\right)} = \frac{U - RJ}{\left(\frac{e}{n}\right)}$. Ist $\left(\frac{e}{n}\right)$ als Funktion von J gegeben, so kann man für jeden beliebigen Wert von U und J den zugehörigen Wert von n ermitteln. Man kann nun n daraus rechnen oder konstruieren. Wendet man das graphische Verfahren an, so wählt man die Maßstäbe:

$$\mu_e \text{ in mm} = 1 \text{ Volt}, \; \mu_n \text{ in mm} = 1 \text{ Umdr./sec},$$
$$\mu_\varphi \text{ in mm} = 1 \text{ Volt/Umdr.},$$

daraus ist:

$$\frac{n\,\mu_n}{c} = \frac{e\,\mu_e}{\left(\frac{e}{n}\right)\mu_\varphi}; \quad \text{oder} \quad \frac{\left(\frac{e}{n}\right)\mu_\varphi}{e\,\mu_e} = \frac{c}{n\,\mu_n}.$$

$c = \mu_n \frac{\mu_\varphi}{\mu_e}$ für die Einheiten von Volt, Umdrehung und $\left(\frac{e}{n}\right)$. Den Abstand c müssen wir wegen der Verhältnis-Konstruktion einführen. c ist eine Streckenlänge, die sich aus den Maßstäben von μ_n, μ_φ und μ_e ergibt.

Nach der Wahl der Maßstäbe wird c gerechnet und in Abb. 10 auf der Abszissenachse aufgetragen. Nun ist $\left(\frac{e}{n}\right)_1$ mit c zu verbinden, eine Parallele durch e_1 zu ziehen, die auf der Abszisse die Strecke n_1 abschneidet. Diese Strecke n_1 um 90^0 gedreht, ergibt einen Punkt der n/J-Linie. Setzt man dieses Verfahren für verschiedene Werte von J fort, so erhält man die n/J-Linie, die einen hyperbolischen Verlauf aufweist und deren Grenzwerte im folgenden ermittelt werden.

Für $J = 0$ ist $\left(\frac{e}{n}\right)$ ein sehr kleiner nur von der Remanenz herrührender Betrag. Der zugehörige Wert der Drehzahl $n = \frac{U}{\left(\frac{e}{n}\right)}$ ist daher sehr groß, der Motor nimmt sehr hohe Drehzahlen an, er „geht durch". Praktisch wird er mit Rücksicht auf die Reibungsverhältnisse nur die drei- bis vierfache Normaldrehzahl erreichen. Bei Leerlauf ist die Stromstärke nicht Null, sondern sehr klein; sie entspricht den elektrischen und mechanischen Verlusten. Für $n = 0$ muß $U - R\,J' = U/R$ sehr groß sein.

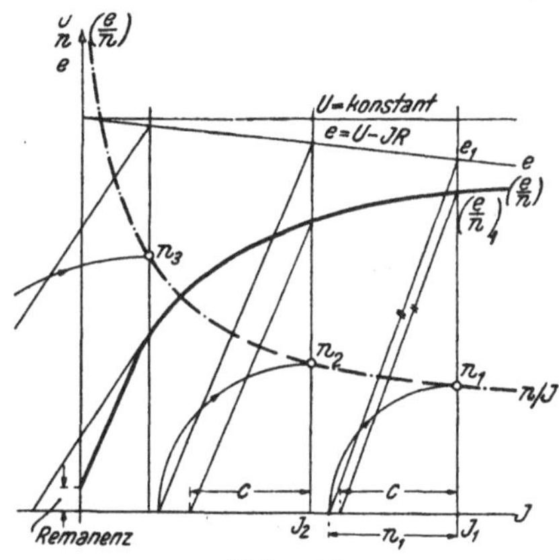

Abb. 10.
Ermittlung der n/J-Kennlinie.

Die Selbstinduktion der Magnet- und Ankerwicklung, die beim plötzlichen Einschalten in Erscheinung tritt, verhindert das augenblickliche hohe Anwachsen des Stromes, so daß der Strom den durch vorstehende Gl. errechneten statischen Wert nicht erreicht.[1]

Die Drehzahllinie n/J geht mit größer werdendem J fast in eine Gerade über, welche die J-Achse bei sehr großem J schneidet. Der Verlauf des Drehmomentes ergibt sich aus der allgemeinen Gl. (2)

$D = \varepsilon_1 k_d J \Phi$, da $\Phi = f(J)$, so ist
$D = \varepsilon_1 k_d J f(J)$.

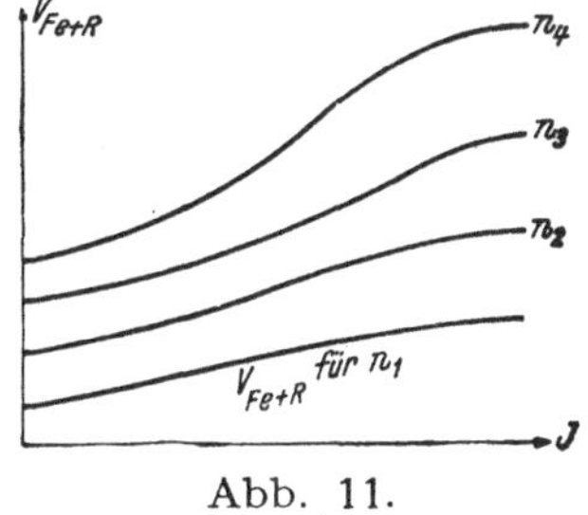

Abb. 11.

Das Drehmoment ist daher im wesentlichen eine Funktion des Stromes und von der Spannung unabhängig; es wächst, so lange Φ eine geradlinige Funktion von J ist, quadratisch und später nahezu linear.

Der in der Gl. des Drehmomentes enthaltene Teilwirkungsgrad ε_1 kann aus der Gl.:

---

[1] Siehe *Trettin*, ETZ, 759 u. f., (1912).

$$D\,n = \varepsilon_1 \frac{30}{\pi\, g}(U - R\,J)\,J$$

als Funktion von J bestimmt werden, wenn $\Phi = f_\varphi(J)$ und $n = f_n(J)$ und R gegeben sind.

Man kann aber auch von den einzelnen Verlusten ausgehen, die aus Messungen vorliegen. Bezeichnet man mit L_e die elektrisch zugeführte, mit L_i die auf den Anker übertragene und mit L_m die mechanische abbremsbare Leistung und ist ferner V_{Fe+R}/J in Abb. 11 für eine bestimmte Spannung U gegeben, so ist: $V_{Fe+R} = L_i - L_m = e\,J - \varepsilon_1\, e\,J = e\,J\,(1 - \varepsilon_1)$, daraus berechnet man $\varepsilon_1 = 1 - \frac{V_{Fe+R}}{e\,J}$ und der Verlauf von ε_1/J und D/J kann punktweise ermittelt werden. (Abb. 12.) Die D/J-Kurve schneidet wegen der Reibungsverluste schon vor dem Nullpunkt in der x Achse ein.

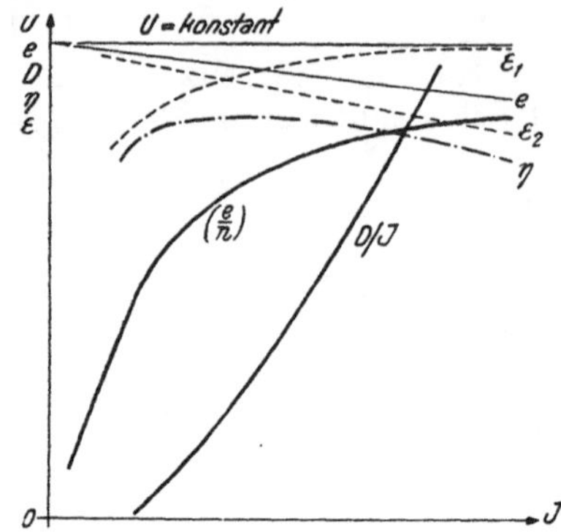

Abb. 12. $\frac{e}{n}/J$- und D/J-Kennlinien.

Der Gesamtwirkungsgrad wird nach Gl. (7) berechnet:

$$\eta = \frac{L_m}{L_e} = \frac{L_m}{L_i}\frac{L_i}{L_e} = \varepsilon_1\,\varepsilon_2 = \frac{e\,J - V_{Fe+R}}{e\,J}\,\frac{e\,J}{U\,J} = \left(1 - \frac{V_{Fe+R}}{e\,J}\right)\frac{e}{U},$$

daher ist:

$$\varepsilon_1 = \left(1 - \frac{V_{Fe+R}}{e\,J}\right); \quad V_{Fe+R} = L_i\,(1 - \varepsilon_1),$$

$$\varepsilon_2 = \frac{e}{U} = \frac{U - J\,R}{U} = 1 - \frac{J\,R}{U} = 1 - \frac{V_{cu}}{U\,J}.$$

Der Verlauf von ε_2/J (Abb. 12) ist eine Gerade, und zwar ist für $J = 0$, $\varepsilon_2 = 1$. Ferner ergibt sich: $V_{cu} = U\,J\,(1 - \varepsilon_2) = L_e\,(1 - \varepsilon_2)$. Die abbremsbare mechanische Leistung kann aus dem entwickelten Drehmoment wie folgt berechnet werden:

$$L_m = D\frac{\pi n}{30}\text{ in kgm/sec} = D\frac{\pi n}{30}\,g\text{ in Watt} = D\frac{\pi\, n}{30\,.\,75}\text{ in } PS.$$

a) Verhalten des Serien-Motors bei geänderter Spannung. Für die Spannung U ist die n/J-Linie gegeben, deren Verlauf für die Spannung U' ermittelt werden soll.

Es ist:

$$\left.\begin{aligned} n &= \frac{1}{k_e}\,\frac{U-RJ}{\Phi} \text{ für } U, \\ n' &= \frac{1}{k_e}\,\frac{U'-RJ}{\Phi} \text{ für } U' \end{aligned}\right\} \text{für } J, \text{ bezw. } \Phi = \text{konstant.}$$

Man kann daher das Verhältnis bilden:

$$\frac{n'}{n} = \frac{U'-RJ}{U-RJ},$$

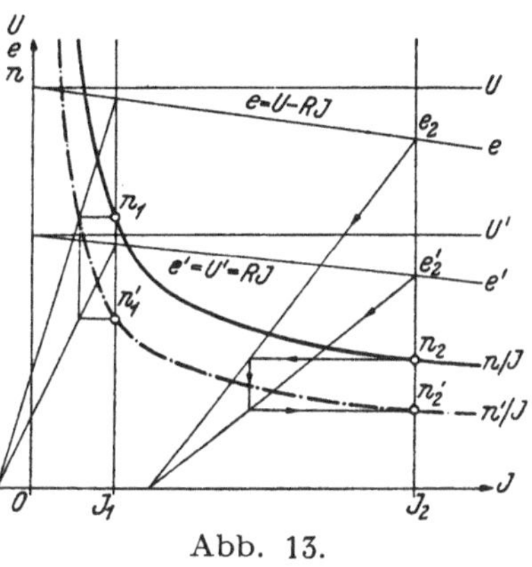

Abb. 13.

woraus n' berechenbar ist. Diese Beziehung läßt sich auch graphisch in Abb. 13 darstellen. Nach Einführung der Maßstäbe kann man schreiben:

$$\frac{n'\,\mu_n}{n\,\mu_n} = \frac{(U'-RJ)\,\mu_e}{(U-RJ)\,\mu_e}.$$

Man muß daher die n'-Werte im Verhältnis der Gegen-*EMK* berechnen oder konstruieren, da die tatsächliche n'/J-Kurve etwas tiefer liegt, als sich nach dem Verhältnis U/U' ergeben würde.

Das Drehmoment D'/J bei der geänderten Klemmenspannung U' kann aus D/J für U ermittelt werden:

Es ist

$$\left.\begin{aligned} D &= \varepsilon_1\, k_D\, \Phi\, J \\ D' &= \varepsilon_1'\, k_D\, \Phi\, J \end{aligned}\right\} \text{ für } J, \text{ bezw. } \Phi \text{ konstant,}$$

damit ist

$$\frac{D'}{D} = \frac{\varepsilon_1'}{\varepsilon_1}.$$

Die genauen Eisen- und Reibungsverluste kann man aus experimentell aufgenommenen Kurvenscharen (Abb. 11) bestimmen und zu jedem J und n den Wirkungsgrad ε_1 ermitteln. Für überschlägige Rechnungen genügt es meist $\varepsilon_1' = \varepsilon_1$ zu setzen; daher ist $D/J \doteq D'/J$.

Der Wirkungsgrad η' bei der geänderten Spannung U' ergibt sich aus dem Wirkungsgrad bei der normalen Spannung U durch Division der beiden Gl.:

$$\left.\begin{aligned} \eta &= \varepsilon_1\, \varepsilon_2 \ldots \text{ für } U \\ \eta' &= \varepsilon_1'\, \varepsilon_2' \ldots \text{ für } U' \end{aligned}\right\} \eta' = \eta\, \frac{\varepsilon_1'}{\varepsilon_1}\, \frac{\varepsilon_2'}{\varepsilon_2}.$$

Unter der Annahme konstanter Stromstärke steigt mit zunehmender Spannung $U' > U$ die Drehzahl n, wodurch der Eisenverlust größer und ε_1 kleiner wird. ε_2 hingegen wird bei zunehmender Spannung größer, da $\varepsilon_2 = e/U = 1 - RJ/U$. Für überschlägige

Rechnungen kann man in diesem Falle näherungsweise $\eta' \doteq \eta$ setzen.

b) Verhalten des Serien-Motors bei geänderter Feldstärke. Die Drehzahl des Motors kann durch Verkleinerung der Feldstärke bei gleichbleibendem Ankerstrom erhöht werden. Es geschieht dies entweder durch einen Widerstand parallel zur Feldwicklung nach Abb. 14 oder durch eine Feldwicklung mit mehreren Anzapfungen oder unter gleichzeitiger Anwendung beider Mittel. Ist R_s = konstant, so ist auch J_m/J = konstant $= \xi$. Mit Rücksicht auf die Kommutierung soll $\xi > 0{,}6$ gewählt werden, da sonst die Ankerrückwirkung das Feld zu stark verzerrt.

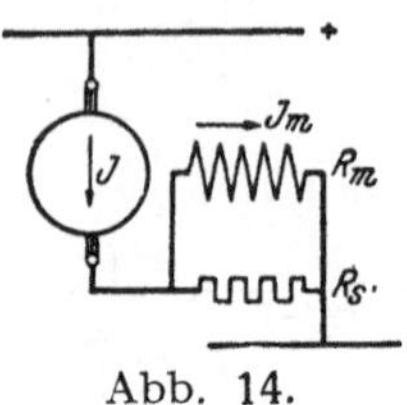

Abb. 14.

Es soll nun das Verhalten des Motors für eine bestimmte Magnetstromstärke J_m ermittelt werden, wenn das Verhalten bei vollem Feld bekannt ist. Wir betrachten den Motor nach Abb. 15 bei

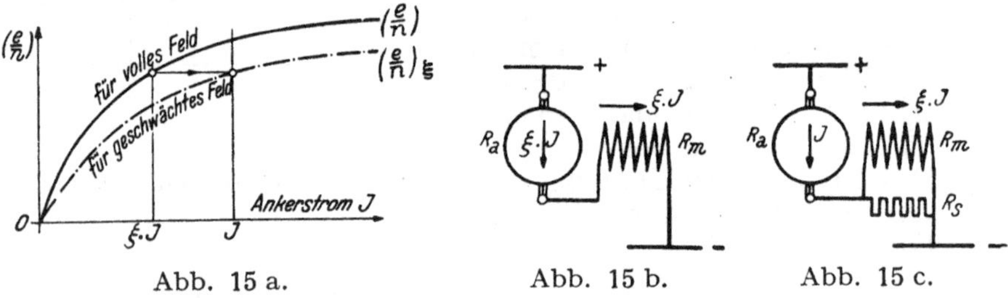

Abb. 15 a. Abb. 15 b. Abb. 15 c.

zwei verschiedenen Belastungszuständen, aber bei derselben Erregung. Die Zahl der Magnetamperewindungen ist daher in beiden Fällen $\xi J w$. Die Felder sind gleich groß und daher können die Drehzahl- und Momentkennlinien für die Feldschwächung aus den Kennlinien für das volle Feld bei gleicher Klemmenspannung und gleichen Anker- und Feldwiderständen abgeleitet werden.

Ungeshunteter Motor	Geshunteter Motor
Ges.-Widst. $R = R_a + R_m$.	Ges.-Widst. $R_\xi = R_a + \frac{R_m R_s}{R_m + R_s}$
Ankerstrom: ξJ.	Ankerstrom: J.
Feldstrom: ξJ, Feld: Φ.	Feldstrom: ξJ, Feld: Φ.
$n = \frac{1}{k_e}\frac{e}{\Phi} = \frac{1}{k_e}\frac{(U - R\xi J)}{\Phi}$,	$n_\xi = \frac{1}{k_e}\frac{e_\xi}{\Phi} = \frac{1}{k_e}\frac{(U - R_\xi J)}{\Phi}$.

Da die Felder gleich sind, verhalten sich:

$$\frac{n_\xi}{n} = \frac{U - R_\xi J}{U - R\xi J} = \frac{e_\xi}{e}.$$

Daraus kann n_ξ gerechnet oder nach Abb. 16 konstruiert werden.

Das Drehmoment des geshunteten Motors ergibt sich aus dem des normalen Serienmotors durch Division der Drehmomentgleichungen für diese beiden Fälle unter der Annahme gleicher Felderregung:

$D = \varepsilon_1 k_d \Phi \xi J$ für den normalen Motor,

$D_\xi = \varepsilon_{1\xi} k_d \Phi J$ für den geshunteten Motor.

Solange die Drehzahlen n und n_ξ nicht sehr verschieden sind, kann man $\varepsilon_1 \doteq \varepsilon_{1\xi}$ setzen, wodurch D_ξ sich ergibt zu:

$$D_\xi = D \frac{\varepsilon_{1\xi}}{\varepsilon_1} \frac{1}{\xi} \doteq D \frac{1}{\xi}.$$

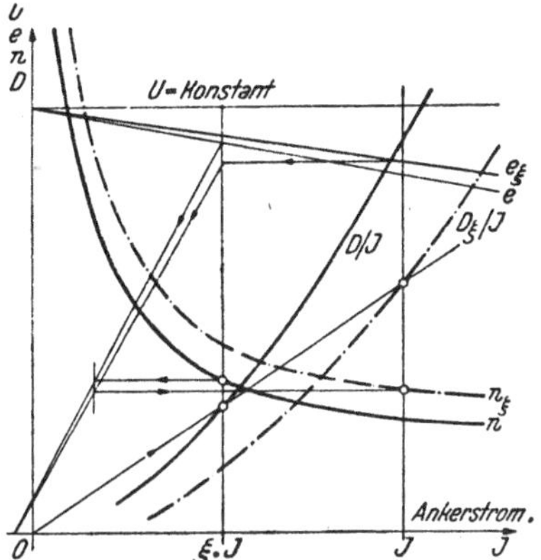

Abb. 16. Kennlinien des Motors mit Feldshunt.

Die Konstruktion der Linie D_ξ/J ergibt sich aus D/J gemäß obigem Verhältniswert. Der zum Feld parallel geschaltete Widerstand wird meistens als induktiver Widerstand ausgebildet, damit beispielsweise bei elektrischen Bahnen beim Springen des Bügels die Stromverteilung im Feld und Shunt nicht gestört wird.

c) *Verhalten des Serienmotors bei geschwächtem Ankerstrom (mit Anker Shunt).*[1] Wie beim feldgeshunteten Motor denkt man sich hier zwei verschiedene Belastungszustände bei gleichem Feldstrom, so daß wieder beide Motore das gleiche Feld Φ besitzen. Es ist nach Abb. 17:

$$U = (J_a + J_x) r_y + J_x r_x + (J_a + J_x) r_m,$$

$$U = J_a (r_y + r_m) + J_x (r_x + r_y + r_m) \text{ und}$$

$$J_x = \frac{U - J_a (r_y + r_m)}{r_x + r_y + r_m}, \text{ da } J_m = J_a + J_x$$

ist, wird

$$J_m = J_a + \frac{U - J_a (r_y + r_m)}{r_x + r_y + r_m}.$$

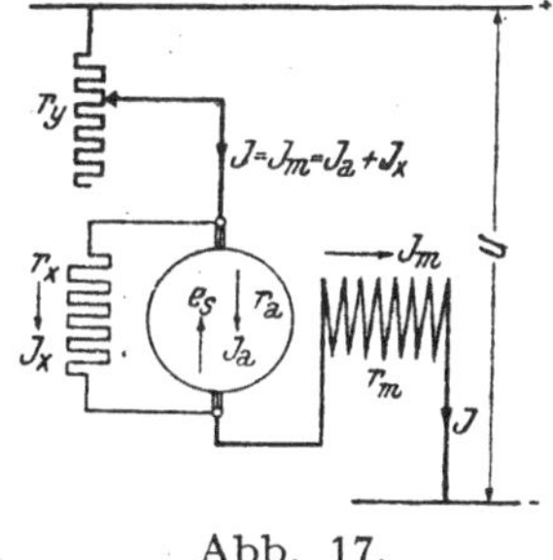

Abb. 17.

Den Feldstrom J_m kann man in zwei Teile zerlegen, und zwar in einen konstanten Teil, den Grundstrom J_0

$$J_0 = \frac{U}{r_x + r_y + r_m}$$

und in einen vom Ankerstrom abhängigen Zusatzstrom $J_a \lambda$.

[1] Siehe auch ETZ, 1197, (1934).

$$J_a \lambda = \frac{J_a r_x}{r_x + r_y + r_m},$$

wobei
$$\lambda = \frac{r_x}{r_x + r_y + r_m},$$

das Feldschwächungsverhältnis der Hauptstromwicklung darstellt. Somit ergibt sich für den Feldstrom $J_m = J_0 + J_a \lambda$.

Zur Ermittlung der Motorcharakteristik benötigen wir noch die Gegen-*EMK* aus der Spannungsgleichung. Es ist:

$$e_s = k_e \Phi n_s = U - (J_a + J_x)(r_y + r_m) - J_a r_a.$$

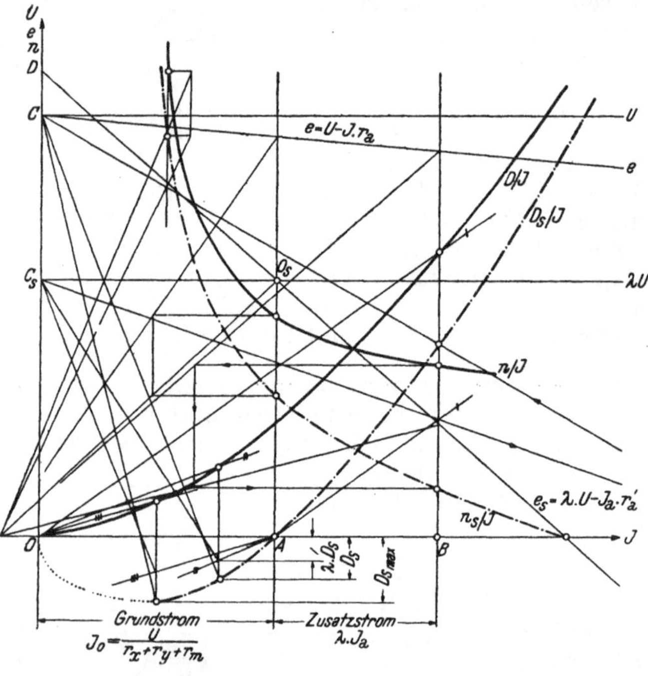

Abb. 18. Kennlinien des Motors mit Ankershunt.

Das Feld ist dasselbe wie beim ungeshunteten Motor, der mit der Stromstärke J belastet ist. Dieser Strom war aber

$$J_a + J_x = J_a + \frac{U - J_a(r_y + r_m)}{r_x + r_y + r_m} = \frac{U + J_a r_x}{r_x + r_y + r_m}.$$

Dieser Wert in obiger Gl. eingesetzt, ergibt

$$e_s = U - \frac{U + J_a r_x}{r_x + r_y + r_m}(r_y + r_m) - J_a r_a;$$

diese Gl. geordnet ergibt

$$e_s = U \frac{r_x}{r_x + r_y + r_m} - J_a \left[r_a + \frac{r_x (r_y + r_m)}{r_x + r_y + r_m} \right],$$

Setzt man für den Ausdruck in der eckigen Klammer r_a' und führt wieder die Hilfsgröße λ ein, so wird $e_s = U \lambda - J_a r_a' = k_e \Phi n_s$. Für den ungeshunteten Motor gilt $e = U - J r_a = k_e \Phi n$. Der Quotient aus den beiden Gl. ergibt:

$$\frac{e}{e_s} = \frac{U - J r_a}{U \lambda - J_a r_a'} = \frac{n}{n_s}.$$

Daraus lassen sich bei gegebenen Kennlinien e/J, n/J und D/J die des ankergeshunteten Motors berechnen, beziehungsweise nach Abb. 18 konstruktiv ermitteln. Man nimmt nun durch passende Wahl von r_x und r_y die Größe λ an, die kleiner als 1 ist und zieht die Horizontale λU. Ferner ermittelt man den Grundstrom J_0 und den Zusatzstrom J_a. Auf der Vertikalen durch A im Schnittpunkt mit λU liegt der Punkt O_s, durch den die Linie der Gegen-*EMK* e_s für den ankergeshunteten Motor hindurchgeht. Nun werden mit Hilfe der bekannten Verhältniskonstruktion aus n/J und D/J die n_s/J und D_s/J-Linien ermittelt. Man sieht daraus, daß rechts von der Vertikalen durch A der Zusatzstrom positiv ist und die Maschine als Motor arbeitet. Links davon, bei negativem Zusatzstrom arbeitet sie als Generator und stabil nur bis zu einem Zusatzstrom $\lambda J_a = - J_0/2$, wobei sie ein größtes Drehmoment entwickelt.

Bei gleichem Feld Φ und gleichem Feldstrom verhalten sich die Drehmomente wie die Ankerströme:

Der ungeshuntete Motor hat:
das Feld Φ,
den Feldstrom
$J_m = J = J_a + J_x = J_0 + \lambda J_a$,
den Ankerstrom $J_a = J$
und das Drehmoment D.

Der geshuntete Motor hat:
das Feld Φ,
den Feldstrom
$J_m = J = J_a + J_x = J_0 + \lambda J_a$,
den Ankerstrom J_a
und das Drehmoment D_s.

Es verhält sich:

$$\frac{D}{D_s} = \frac{\Phi J}{\Phi J_a} = \frac{J}{J_a}.$$

Da $J = J_0 + \lambda J_a$ ist, so wird

$$D_s = \frac{D J_a}{J_0 + \lambda J_a};$$

Für die Konstruktion der D_s/J-Linie wird die folgende Gl. verwendet:

$$\frac{D}{J_0 + \lambda J_a} = \frac{\lambda D_s}{\lambda J_a}.$$

Für $J_a = 0$ wird $D_s = 0$; ebenfalls ergibt bei $D = 0$, $D_s = 0$.

Die D_s/J Linie geht daher durch 0 und A hindurch. Allgemein ist $D = k_d \Phi J$; da $\Phi = f(J)$, so ist D im linearen Teil der Magnetisierungslinie proportional J^2.

$$D_s = \frac{D J_a}{J_0 + \lambda J_a} = \frac{J^2 J_a}{J_0 + \lambda J_a};$$

für J den Wert eingesetzt ergibt:

$$D_s = \frac{(J_0 + \lambda J_a)^2 J_a}{J_0 + \lambda J_a} = J_0 J_a + \lambda J_a^2.$$

Der dabei auftretende Höchstwert kann in bekannter Weise ermittelt werden:

$$\frac{dD_s}{dJ_a} = J_0 + 2 \lambda J_a = 0.$$

Für $-\lambda J_a = J_0/2$ wird D_s ein Maximum, und zwar eingesetzt ergibt sich

$$D_{s_{max}} = D \frac{J_a}{-2 \lambda J_a + \lambda J_a} = -\frac{D}{\lambda};$$

z. B. für $\lambda = 0{,}67 = 2/3$ wird

$$D_{s_{max}} = -\frac{3 D}{2}.$$

3. Anlassen des Serienmotors.

Das Anlassen des stillstehenden Motors ist nötig, weil er die Gegen-EMK erst im Lauf entwickelt. Nach der allgemeinen Formel ist: $e = k_e \Phi n = U - J R$, daraus ist $n = \frac{U - J R}{k_e \Phi}$;

bei Stillstand des Motors, d. h. $n = 0$ wird $J R = U$ und der Strom bei Einschaltung eines stillstehenden Motors beträgt $J = J' = U/R$. Es sei z. B. bei einem 50 PS Motor, $\eta = 0{,}88$, $R = 0{,}5$ Ohm, $U = 500$ Volt. Der Nennstrom des Motors ergibt sich daraus zu: $J = \frac{L\,736}{U \eta} = \frac{50 \cdot 736}{500 . 0 \cdot 88} \doteq 84$ Ampere und der Dauerstrom zu 65 Ampere. Beim Einschalten der vollen Spannung im Stillstand würde der Motor ideell einen Strom $J = J' = \frac{500}{0.5} =$ $= 1\,000$ Ampere aufnehmen und höchstwahrscheinlich den Kommutator auslöten, wenn er länger festgebremst wäre. Sonst würde er sprunghaft anlaufen, der Kommutator würde stark spritzen und bei fehlender Belastung bestünde die Gefahr, daß er eine zu hohe Drehzahl annimmt.

Kleinere Motoren mit Seriencharakteristik erhalten meist eine Ankerwicklung, die einen größeren Ankerwiderstand und eine entsprechende Selbstinduktion besitzt. Diese Motoren können dann mit voller Spannung ohne Vorschaltwiderstände anlaufen.[1]

Zum *Anlassen* größerer Motoren gibt es zwei Methoden:

a) Die zugeführte Spannung wird erniedrigt. Bei dieser Methode handelt es sich stets darum, einen einzelnen Motor oder eine Gruppe von Motoren von einem speziell hiezu vorhandenen Umformer aus anzulassen. Diese Art des Anlassens wird besonders bei benzin- oder dieselelektrischen Fahrzeugen oft verwendet. Die Schaltung (Abb. 19) ist der *Ward-Leonard*schaltung sehr ähnlich, nur ist hier der Motor eine Serienmaschine.

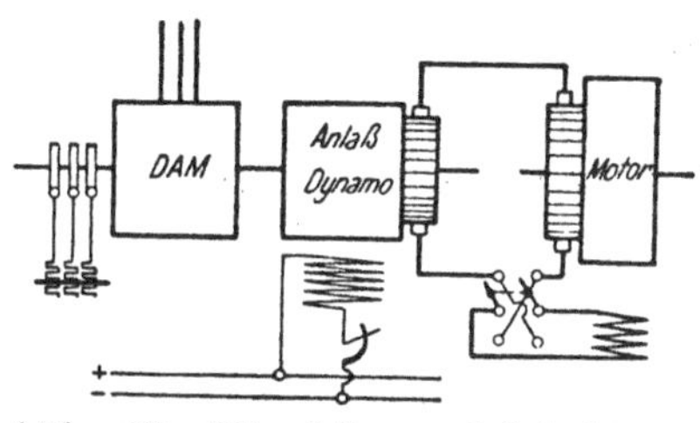

Abb. 19. *Ward-Leonard*-Schaltung für Reihenschlußmotoren.

Der Antriebsmotor und die Anlaßdynamo, die fest gekuppelt sind, werden leer angelassen und laufen praktisch mit konstanter

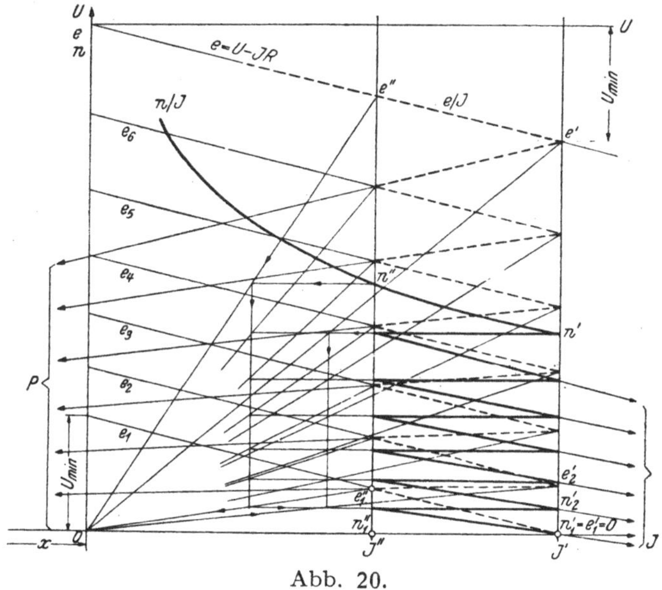

Abb. 20.

Drehzahl, auch wenn der Arbeitsmotor still steht. Geregelt wird nur mit dem Feldregulierwiderstand der Anlaßdynamo.

---

[1] *Trettin*, ETZ, 759 u. f., (1912).

Die Konstruktion der e/J und n/J-Linie nach Abb. 20 und 21 erfolgt mit der üblichen Verhältniskonstruktion (siehe Verhalten des Motors bei geänderten Spannungen).

Die e/J-Geraden $e_1 e_2 \ldots e$ sind untereinander parallel. Der Anlaßvorgang wird mit der Spannung U_{min} begonnen. $e_1' = U - J' R$. Im Moment des Anlassens ist $e_1' = 0$ und $n_1' = 0$, dann wird $U_{min} = J' R$.

Die Übergänge von e_1'' nach e_2' sind Gerade, die sich im Punkte P auf der Abszissenachse schneiden. Die Übergänge n_1'' nach n_2' sind horizontale Gerade.

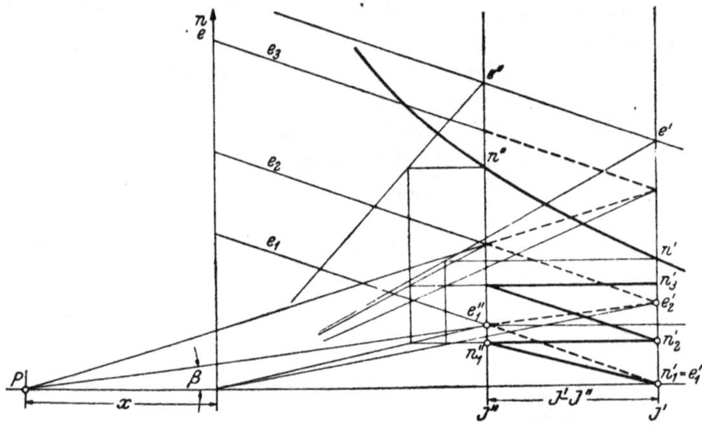

Abb. 21. Ermittlung der Anlaßkennlinien der *Ward-Leonard*-Schaltung.

Bestimmt man auf der Abszissenachse einen Punkt P für den $\frac{\overline{J' P}}{\overline{J'' P}} = \frac{\Phi'}{\Phi''} = b$ ist, so gehen die Verlängerungen der Verbindungslinien aller entsprechenden $\overline{e' e''}$ Werte durch diesen Punkt P. Die Entfernung x des Punktes P vom Ursprung im Strom- beziehungsweise Spannungsmaßstab ergibt sich aus:

$$\operatorname{tg} \beta = \frac{e_2'}{x + J'} = \frac{e_2' - e_1''}{J' - J''}; \quad x = \frac{e_2' (J' - J'')}{e_2' - e_1''} - J' = \\ = \frac{J' e_1'' - J'' e_2'}{e_2' - e_1''}.$$

b) Der Widerstand des Motors wird durch einen Vorschaltwiderstand vergrößert. Das Anlassen mit *Vorschaltwiderstand* ist die häufigste Methode. Soll der Strom beim Einschalten des stillstehenden Motors $J' = U/(R + r_1)$ nicht überschreiten, so muß nach dem Diagramm (Abb. 22) der Widerstand $r_1 = \frac{U - J' R}{J'} = \frac{e'}{J'}$

vorgeschaltet werden. Der Motor beschleunigt sich bis n_1'', wobei der Strom von J' auf J'' abnimmt. Nun wird der Widerstand r_1 auf r_2 verkleinert, so daß der Strom wieder die ursprüngliche Größe J' annimmt. Der Widerstand r_2 wird aus der folgenden Beziehung ermittelt:

$$e_2' = U - J'(R + r_2);$$

$$r_2 = \frac{U - J' R - e_2'}{J'} = \frac{e' - e_2'}{J'}; \qquad r_z = \frac{e' - e_z'}{J'}.$$

Die einzelnen Vorschaltwiderstände können direkt in Ohm abgelesen werden, wenn man in der letzten Gl. die Maßstäbe einführt und daraus den Abstand m berechnet.

$$\frac{r_2 \mu_\Omega}{m} = \frac{(U - J' R - e_2')}{J' \mu_i} \mu_e$$

Daraus ergibt sich für die Einheiten von Spannung, Strom und Widerstand

$$m = \frac{\mu_\Omega \mu_i}{\mu_e}.$$

Zieht man in der Entfernung m eine Parallele zur Ordinatenachse, so kann man in den Schnittpunkten mit den e/J-Geraden

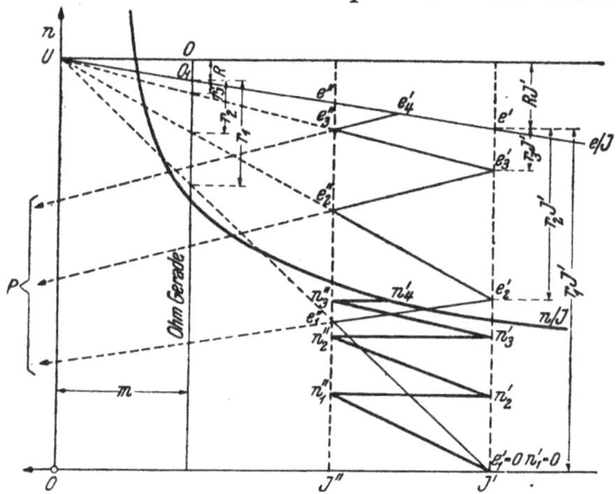

Abb. 22. Ermittlung der Anlaßkennlinien mit Vorschaltwiderständen.

die einzelnen Widerstände in Ohm ablesen. Dieses Verfahren ergibt für ein gewähltes Stromintervall $J'J''$ eine Anzahl von Schaltstufen. Um diese voll auszunützen, muß die n/J-Anlaßlinie in n', bezw. die e/J-Linie in e' endigen, somit eine ganze Anzahl von Stufen vorhanden sein. Da die n/J-Linie empirisch gegeben und nicht durch eine Formel ausgedrückt ist, so kann man dies nur durch einen mehrmaligen Versuch oder durch ein indirektes Verfahren erreichen. In der Praxis ist vielfach die in Abb. 23 dargestellte graphische Methode üblich, die rasch zum Ziel führt. Man wählt die Höchststromstärke J' und die Zahl der Schaltstufen z_1, die entweder durch das Kontrollermodell oder durch die zulässigen Drehmomenten- oder Zugkraftsprünge gegeben ist. Nach der Wahl der Maßstäbe, z. B. $\mu_e = 1$ Volt $= 0{,}2$ mm; $\mu_i = 1$ Amp $= 0{,}5$ mm, $\mu_\Omega = 1$ Ohm $= 16$ mm, berechnet man $m = (\mu_\Omega \, \mu_i / \mu_e) = 40$ mm und zeichnet die Ohm-Gerade ein. Die e/J Linien schneiden auf ihr die Anfahrwiderstände R_0 und R_{00} für die beiden Stromstärken J' und J'' ab, die man links auf der Abszissenachse aufträgt. Projiziert man die Punkte n' und n'' auf die Parallele zur Ordinatenachse durch 0_1 und verbindet

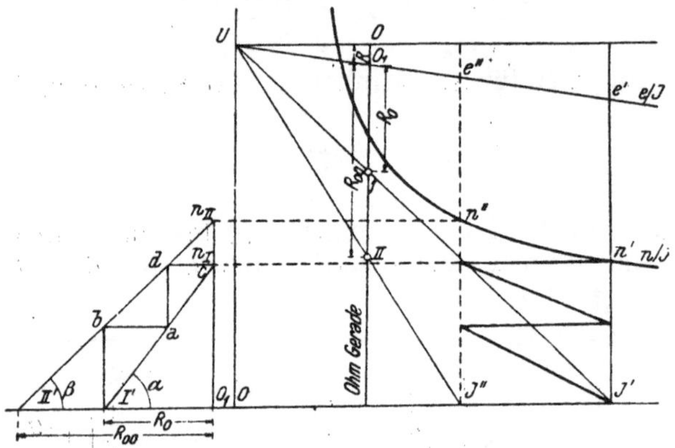

Abb. 23. Graphisches Verfahren zur Ermittlung der Anlaßwiderstände.

n_I mit I' und n_{II} mit II', so stellen diese Geraden die r/n-Linien für die konstanten Stromstärken J', bezw. J'' dar. Aus der Abb. 22 geht hervor, daß für konstante Stromstärken und somit auch für konstanten Kraftfluß die Beziehung besteht:

$$U - J' R - J' r_2 = J' (r_1 - r_z) = e_z' = k \Phi n_z = k_1 n_z,$$

daher ist

$$r_1 - r_z = \frac{k_1}{J'} n_z \quad \text{und} \quad r_z = r_1 - k_1 n_z.$$

Nun kann man die Stufung der Widerstände in Abb. 23 einzeichnen und J'' so lange verschieben, bis die gewünschte Zahl der Stufen erreicht und diese auch vollständig ausgenützt sind. Aus dem Stufenverhältnis ergibt sich:

$$a\,b = \overline{I\,II} \frac{\operatorname{tg} \beta}{\operatorname{tg} \alpha} = \overline{I\,II}\, q; \qquad \overline{c\,d} = \overline{a\,b}\, q = \overline{I\,II}\, q^2,$$

$$e\,f = \overline{I\,II}\, q^3 \text{ usf.}$$

Die abgeschalteten Widerstände bilden ebenso wie die einzelnen Drehzahlstufen eine quadratische Reihe.

Bei der indirekten Methode[1] berechnet man, wie im folgenden gezeigt wird, die Größe der einzelnen Stufen, deren Summe die Enddrehzahl n' für die Höchststromstärke J' ergeben muß. Nach Gl. (1) und Abb. 22 bestehen die Beziehungen:

$$\text{für } J' = \text{konst} \ldots : \frac{e'}{n'} = \frac{e_2'}{n_2'} = \frac{e_3'}{n_3'} = \ldots = \frac{e_z'}{n_z'} = k\,\Phi',$$

$$\text{für } J'' = \text{konst} \ldots : \frac{e''}{n''} = \frac{e_1''}{n_1''} = \frac{e_2''}{n_2''} = \ldots = \frac{e_z''}{n_z''} = k\,\Phi''.$$

Ferner ist: $n_1'' = n_2'$, $n_2'' = n_3'$ u. s. f., wobei $n_1' = 0$ und $e_1' = 0$ ist.

Aus: $\dfrac{U - e_z'}{J'} = \dfrac{U - e_z''}{J''}$ ergibt sich

$$e_z'' = U\,(1 - a) + e_z'\,a, \tag{8}$$

wobei $a = J''/J'$. Für n_z'' erhält man die allgemeine Gl.:

$$n_z'' = n'_{z+1} = \frac{1 - a}{k\,\Phi''}\,U + \frac{e_z'}{k\,\Phi''}\,a = \frac{1 - a}{k\,\Phi''}\,U + \frac{\Phi'}{\Phi''}\,n_z'\,a. \tag{9}$$

Für die einzelnen Stufen ergeben sich die folgenden Werte:

$$n_1' = 0,$$

$$e_1' = 0,$$

$$n_2' = n_1'' = \frac{1 - a}{k\,\Phi''}\,U,$$

$$e_2' = k\,\Phi'\,n_2' = k\,\Phi'\,n_1'' = \frac{\Phi'}{\Phi''}\,(1 - a)\,U,$$

$$e_2'' = U\,(1 - a) + e_2'\,a = U\,(1 - a)\left(1 + \frac{\Phi'}{\Phi''}\,a,\right)$$

$$n_3' = n_2'' = \frac{e_2''}{k\,\Phi''} = \frac{1 - a}{k\,\Phi''}\,U\left(1 + \frac{\Phi'}{\Phi''}\,a,\right)$$

$$e_3' = k\,n_2\,\Phi' = \frac{\Phi'}{\Phi''}\,U\,(1 - a)\left(1 + \frac{\Phi'}{\Phi''}\,a,\right)$$

$$e_3'' = U\,(1 - a) + e_3'\,a = U\,(1 - a)\left[1 + \frac{\Phi'}{\Phi''}\,a + \left(\frac{\Phi'}{\Phi''}\,a\right)^2\right],$$

$$n_4' = n_3'' = \frac{e_3''}{k\,\Phi''}\,U\left[1 + \frac{\Phi'}{\Phi''}\,a + \left(\frac{\Phi'}{\Phi''}\,a\right)^2\right].$$

[1] *Wist, E.:* Elektro- und Radiotechnik, Wien, Heft 1, 1946.

Setzt man diese Rechnungen fort, so ergeben sich quadratische Reihen für e und n:

$$e_z' = \frac{\Phi'}{\Phi''} U (1-a) \left[1 + \frac{\Phi'}{\Phi''} a + \left(\frac{\Phi'}{\Phi''} a\right)^2 + \ldots + \left(\frac{\Phi'}{\Phi''} a\right)^{z-2}\right],$$

$$e_z' = \frac{\Phi'}{\Phi''} U (1-a) \frac{1-\left(\frac{\Phi'}{\Phi''} a\right)^{z-1}}{1-\frac{\Phi'}{\Phi''} a} = e'. \tag{10}$$

$$n_z' = \frac{1-a}{k\,\Phi''} U \left[1 + \frac{\Phi'}{\Phi''} a + \left(\frac{\Phi'}{\Phi''} a\right)^2 + \ldots + \left(\frac{\Phi'}{\Phi''} a\right)^{z-2}\right],$$

$$n_z' = \frac{1-a}{k\,\Phi''} U \frac{1-\left(\frac{\Phi'}{\Phi''} a\right)^{z-1}}{1-\frac{\Phi'}{\Phi''} a} = n', \quad \text{wobei } a = \frac{J''}{J'} \text{ ist.} \tag{11}$$

Um nun die Stromstärke J'' für die gegebene Stufenzahl z zu erhalten, setzt man verschiedene Werte von J'', bezw. a in Gl. (11) ein, trägt die daraus berechnete Drehzahl über J als Kurve auf und erhält im Schnittpunkt mit der Horizontalen durch n' die gewünschte Stromstärke J''. In der Abb. 24 sind die n_z'/J''-Kurven für $z = 4$, 6 und 9 Stufen eingetragen, während die Anfahrstufen der Deutlichkeit halber nur für $z = 4$ und $z = 9$ eingezeichnet sind.

Aus der Gl. (9)

$$n_z'' = \frac{1-a}{k\,\Phi''} U + \frac{\Phi'}{\Phi''} n_z' a$$

ergibt sich ferner, daß alle Geraden durch entsprechende Punkte n_z' und n_z'' sich in einem Ähnlichkeitszentrum schneiden. Bezeichnet man die Koordinaten des Schnittpunktes mit $x_s\ y_s$, so lautet die allgemeine Gl. des Geradenbüschels:

$$y = \gamma (x - x_s) + y_s, \tag{12}$$

wenn hiebei mit γ die veränderliche Neigung bezeichnet wird. Die Gl. einer Geraden durch zwei Punkte lautet bekanntlich:

$$y - y_1 = \frac{y_2 - y_1}{x_2 - x_1} (x - x_1).$$

Setzt man darin die Werte aus Gl. (9) ein, und zwar für $y_1 = n_z'$, $y_2 = n_z''$, $x_1 = J'$, $x_2 = J''$, so erhält man:

$$y - n_z' = \frac{\frac{1-a}{k\,\Phi''} U + \left(\frac{\Phi'}{\Phi''} a - 1\right) n_z'}{J'(a-1)} (x - J').$$

Diese Gl. läßt sich nach einigen Umformungen auf die folgende Form bringen:

$$y = \frac{1}{J'} \underbrace{\left[\frac{1 - \frac{\Phi'}{\Phi''} a}{1 - a} n_z' - \frac{U}{k\Phi''} \right]}_{\gamma} \cdot \left[x + \underbrace{\frac{J''\left(\frac{\Phi'}{\Phi''} - 1\right)}{1 - \frac{\Phi'}{\Phi''} a}}_{-x_s} \right] + \underbrace{\frac{U}{k\Phi''} \frac{1 - a}{1 - \frac{\Phi'}{\Phi''} a}}_{y_s} \tag{13}$$

Sie entspricht somit der allgemeinen Gl. (12) eines Geradenbüschels durch den Punkt P_s, dessen Koordinaten x_s und y_s daraus entnommen werden können.

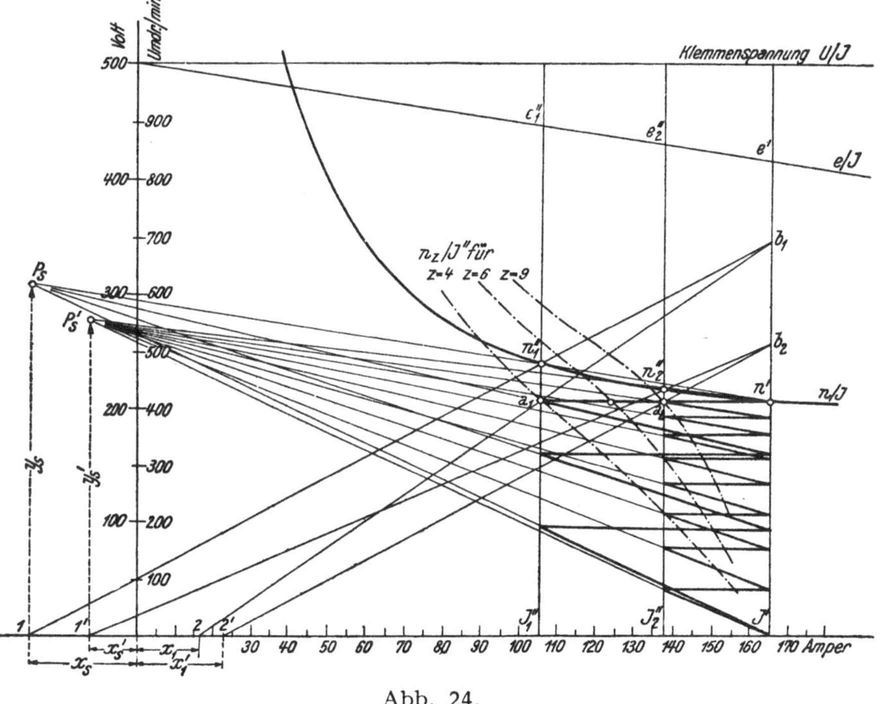

Abb. 24.

Ist J'' bereits gegeben, so kann P_s durch eine Hilfskonstruktion gefunden werden[1], indem man die Strecke x_1 (Abb. 24) be-

[1] *Weiß, N. Ch.:* Elektrische Bahnen, 144, (1932).

rechnet, die sich aus der vorstehenden Entwicklung zu

$$x_1 = \sqrt{J' J''}\, R/U$$

ergibt. Verbindet man 2 mit a, so schneidet der Strahl $\overline{b\,n''}$ die x Achse im Punkt 1. Den Punkt P_s erhält man somit als Schnittpunkt der Vertikalen durch 1 mit der Geraden durch $\overline{n'\,n''}$.

4. Elektrische Bremsung.

Die elektrische Bremsung von Hauptschlußmotoren wird meistens in der Kurzschlußbremsschaltung durchgeführt, wobei sie vom Netz abgeschaltet werden, aber in derselben Drehrichtung auf einen Widerstand arbeiten. In Verbindung mit dem Netz, jedoch mit einem großen Vorschaltwiderstand, ist noch eine Schaltung möglich, in der die Maschine entgegen ihrer Drehrichtung angetrieben als Gegenstrombremse arbeitet. Zur Nutzbremsung läßt sich der Hauptschlußmotor nicht verwenden, da die einzig mögliche Umschaltung der Erregerwicklung entweder die Gegenstrombremse zur Folge hat oder die Maschine in entgegengesetzter Drehrichtung als Motor läuft. Bei den Nutzbremsschaltungen im Bahn- und Kranbetrieb ist der Motor stets als Nebenschluß- oder fremderregte Maschine geschaltet.

Der Motor- und der Generatorzustand ist bei derselben Drehrichtung — durch die in der folgenden Abb. 25 a und b dargestellten Richtung des Stromes, der Spannung, der Gegen-*EMK* und des Drehmomentes gekennzeichnet.

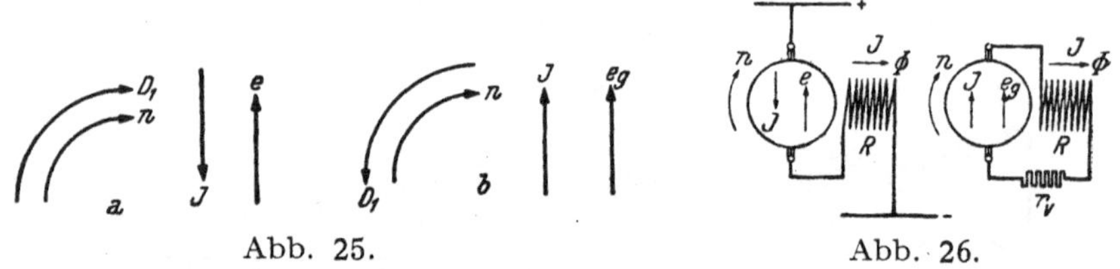

Abb. 25. Abb. 26.

a) Kurzschlußbremsung. Beim Übergang vom Motorbetrieb auf Kurzschlußbremsung ist zu beachten, daß die Stromrichtung in der Feldwicklung nicht geändert wird, da sonst eine Entmagnetisierung eintritt. Es müssen daher die Verbindungen zum Anker nach Abb. 26 umgeschaltet werden. Ist R der Widerstand des Motors (Anker und Magnet) und r die Summe aller nicht abschaltbaren Widerstände im Kurzschlußkreis, so ist der kleinste Gesamtwiderstand $R_0 = (R + r)$. Die *EMK* des Generators und die Gegen-*EMK* des Motors sind durch die folgenden Gl. gegeben:

$$e_g = (R_0 + r_v)\, J = k_e\, \Phi\, n_g, \tag{14}$$

für den Generator bei Kurzschlußbremsung,

$$e = U - (R_0 + r_v)\, J = k_e\, \Phi\, n$$

für den Motor.

Aus der ersten Gl. ergibt sich der Verlauf von e_g/J, der für konstanten Bremswiderstand, wie in Abb. 27 dargestellt, eine Gerade durch den Nullpunkt ist. Man sieht, daß e_g für große Stromstärken und große Geschwindigkeiten sehr hohe Werte annehmen und schließlich durch Überschläge am Kommutator den Motor und damit die Bremsung gefährden kann. Die Kurzschlußbremsung muß daher so ausgelegt werden, daß e_g höchstens um 40 v. H. größer als U ausfällt.

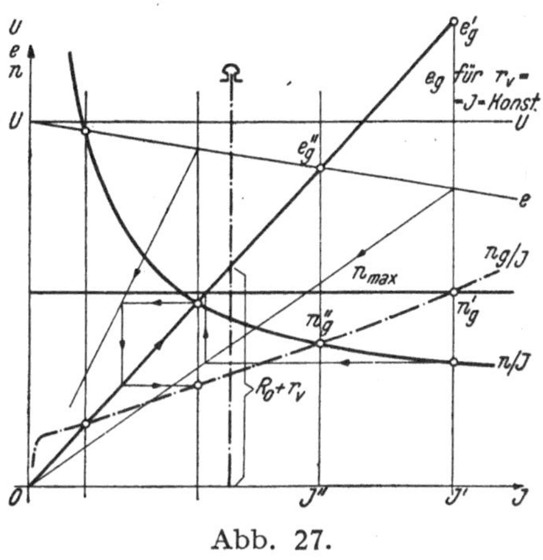

Abb. 27.

Durch Division der beiden letzten Gl. erhält man die Beziehung $e_g/e = n_g/n$, aus der man die n_g/J-Linie mit der bekannten Verhältnis-Konstruktion punktweise ermitteln kann. Für einen bestimmten Vorschaltwiderstand gibt es eine sogenannte kritische Geschwindigkeit, unter der keine Bremswirkung mehr auftritt, da dann die Widerstandsgerade die U/J-Linie tangiert oder keinen Schnittpunkt mehr liefert. Wie aus der Abb. 28 hervorgeht, in der die magnetischen Kennlinien für mehrere Drehzahlen dargestellt sind, gilt für die Drehzahl n_0:

$$\operatorname{tg} \alpha = r_a = \frac{U}{J}.$$

Wird α, bezw. der Widerstand auf r_{a1} vergrößert, so gibt die Widerstandsgerade keinen Schnittpunkt mehr. Bei der kleinsten Drehzahl n_3 liefert auch die Widerstandsgerade r_a keinen Schnittpunkt mehr. Diese Drehzahl wird die kritische Drehzahl genannt.

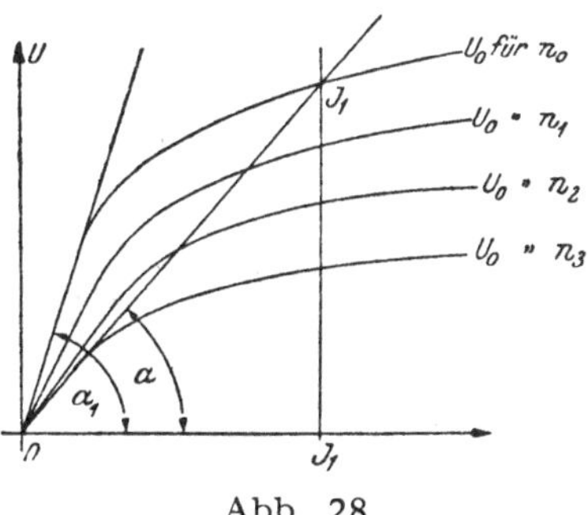

Abb. 28.

Die weitere Abbremsung bis zum Stillstand kann daher bei der Kurzschlußbremsung nur mehr von einer mechanischen Bremse durchgeführt werden. In gleicher Weise, wie man e_g/J für einen konstanten Vorschaltwiderstand ermittelt, kann man nach Abb. 29 auch die e_g/J-Linie für die konstante Drehzahl n_{max} konstruieren. Im letzteren Falle erhält man eine der Magnetisierungskurven ähnliche Linie. Für andere Drehzahlen kann man die

e_g/J-Linien durch Umrechnung erhalten, wie z. B. für $U/2$ durch Halbierung.

Im folgenden sollen nun die Bremswiderstände für zwei Motoren für ein mittleres Bremsmoment für eine Straßenbahn ermittelt werden. Gegeben ist die Stundenleistung eines Motors mit 75 kW, so daß bei der Fahrdrahtspannung von 900 Volt der Stundenstrom von 95 Amp. fließt. Die größte Fahrgeschwindigkeit bei Beginn der Bremsung soll mit 40 km/h angenommen werden. Der Widerstand eines Motors beträgt 0,45 Ω. Da beim Bremsvorgang stets beide Motoren parallel geschaltet sind, so ergibt sich der nichtabschaltbare Widerstand zu $R_0 = R/2 + r_k = 0{,}3\ \Omega$, wenn die Widerstände der Kabel im Kurzschlußkreis $r_k = 0{,}075\ \Omega$ betragen.

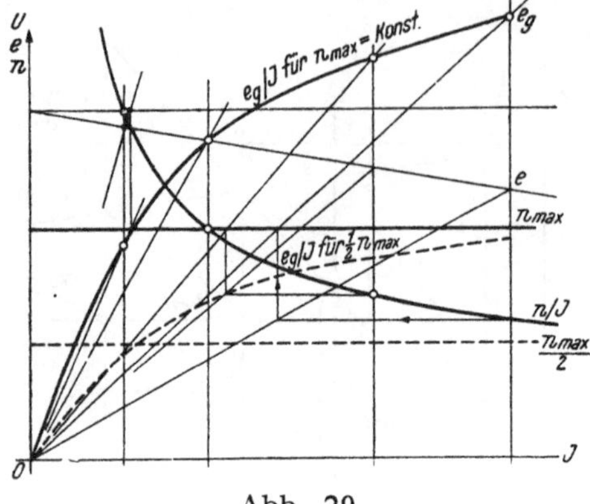

Abb. 29.

Für einen konstanten Strom J gilt die Gl.:

$J(R_0 + r_{v1}) = e_g = k_e \Phi n = k n = K v$. Da das Feld eben-

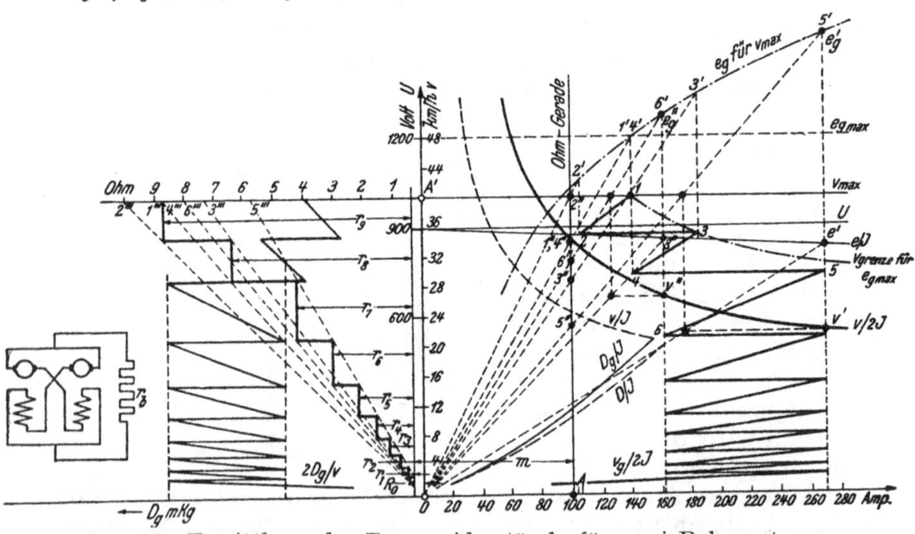

Abb. 30. Ermittlung der Bremswiderstände für zwei Bahnmotoren.

falls konstant ist, so ist $(R_0 + r_{v1})/n$, bezw. $(R_0 + r_{v1})/v$ eine Gerade. Wählt man die Maßstäbe für $\mu_i = 0{,}4$ mm, $\mu_e = 0{,}08$ mm und $\mu_\Omega = 8{,}00$ mm, so ergibt sich die Entfernung m der Ohmgeraden von der Ordinatenachse zu:

$$m = \frac{\mu_i \, \mu_\Omega}{\mu_e} = \frac{0{,}4 \cdot 8}{0{,}08} = 40 \text{ mm}.$$

Aus der gegebenen Kurve v/J der Abb. 30 bildet man die Kurve $v/2\,J$ und wählt die beiden Bremsstromgrenzen zu 162 und zu 268 Amp. Nach der bekannten Verhältniskonstruktion ermittelt man aus v', v'', e', e'' und v_{max} die dabei entstehenden Generatorspannungen e_g' und e_g'', bezw. die Punkte $5'$ und $6'$. Die Strahlen $\overline{05'}$ und $\overline{06'}$ schneiden auf der Ohmgeraden die Widerstände $\overline{A\,5''}$, bezw. $\overline{A\,6''}$ ab, die ähnlich der Konstruktion nach Abb. 23 in einer Seitenfigur links von A' aus nach $5'''$ und $6'''$ aufgetragen werden. Innerhalb der Strahlen $\overline{05'''}$ und $\overline{06'''}$ können nun die Bremswiderstände leicht ermittelt werden.

Damit aber keine zu hohen Spannungen entstehen, die den Motor gefährden könnten, sind die Widerstände so zu wählen, daß die im vorliegenden Beispiel zugelassene Höchstspannung von 1200 Volt nicht überschritten wird. Zu diesem Zwecke sind die Kurven e_g/J für v_{max} und v_{grenz}/J für $e_{g\,max}$ eingetragen und ist außerdem das Bremsdrehmoment auf den ersten Stufen zu vermindern.

Die Bremskennlinie v_g/J verläuft nun von 1 ausgehend bis 2, welcher Punkt so gewählt wurde, daß die Bremskraftsprünge nicht zu groß werden. Durch Umschalten auf den nächst niedrigeren Bremswiderstand r_8 wird auf der v_{grenz}-Kurve der Punkt 3 erreicht. Nun braucht beim weiteren Verlauf nur beachtet werden, daß die Stromstärken innerhalb der v_{grenz}/J-Kurve liegen. Beim Punkt 5 wird die normale Bremsstromstärke erreicht und von da an kann erst mit dem vollen Moment gebremst werden. Im linken Teil der Abb. 30 ist der Drehmomentverlauf des Bremsstromes und die Widerstandsabstufung in Abhängigkeit von der Geschwindigkeit eingezeichnet.

Zum Schluße soll noch untersucht werden, wie sich zwei Hauptschlußmaschinen bei der Kurzschlußbremsung verhalten, ein Fall, wie er im Bahnbetrieb normal vorkommt. Die Motoren werden dabei stets parallel geschaltet, da bei Hintereinanderschaltung zu hohe Spannungen auftreten würden. Es läge nahe, die Motoren nach Abb. 31 parallel zu schalten. Da aber kleine Unsymmetrien, schon im Hinblick auf die verschiedene Erwärmung der beiden Maschinen unvermeidlich sind, wird die Gegen-*EMK* eines Motors um $e_1 - e_2 = \Delta\, e$ größer als die des anderen sein, die einen kleinen Ausgleichstrom i zur Folge hat. Dieser Strom verstärkt die Erregung des Motors I und teilt sich dann in die zwei Ströme i' und i'', welch letzterer die Erregung des Motors II

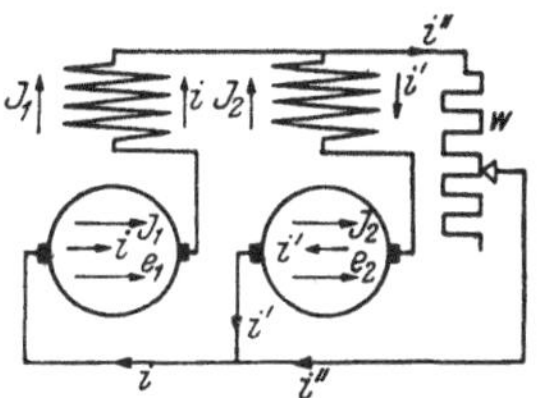

Mot. I Mot. II
Abb. 31.

schwächt. Die vorhandene Unsymmetrie wird größer. Es kann schließlich i'' größer als J_2 werden, in der zweiten Maschine kehrt sich die Stromrichtung um und die Maschine I arbeitet nun

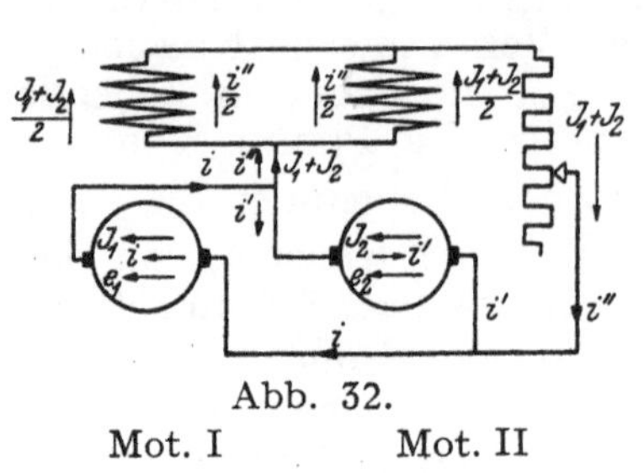

Abb. 32.

Mot. I Mot. II

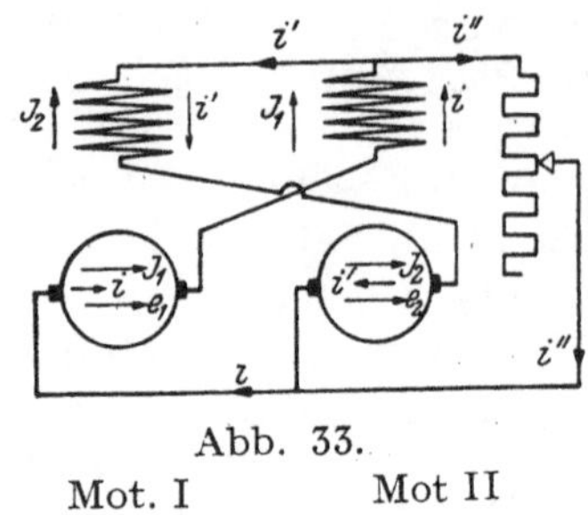

Abb. 33.

Mot. I Mot II

auf den kleinen Parallelwiderstand von Maschine II und w, wodurch sehr große Stromstärken entstehen können, die beide Maschinen gefährden würden.

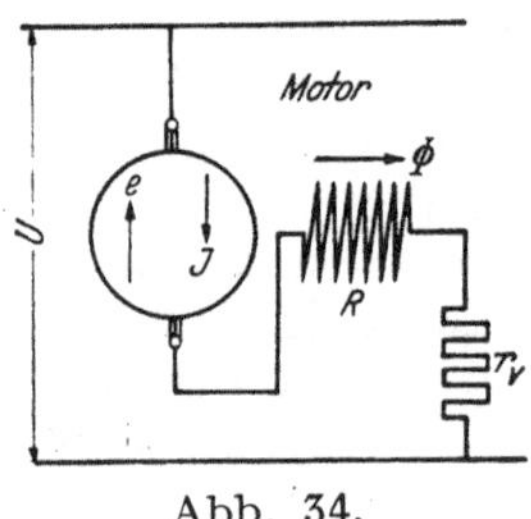

Abb. 34.

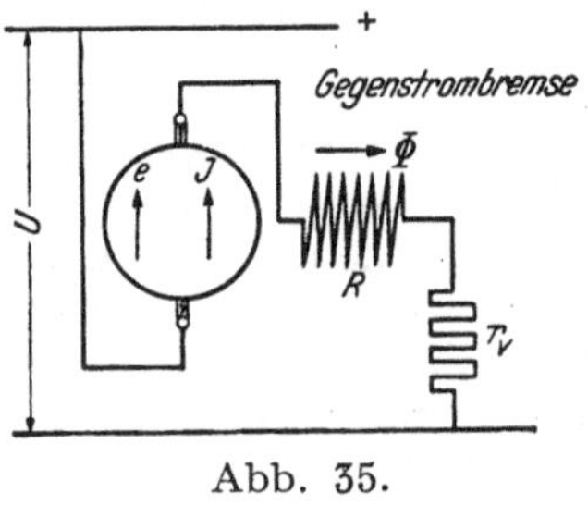

Abb. 35.

Schaltet man Anker- und Magnetwicklung paarweise parallel, so wird dadurch eine bestehende Unsymmetrie nicht vergrößert, da auch die Erregung der Maschine II verstärkt wird, wie man aus dem Schaltungsschema Abb. 32 sieht.

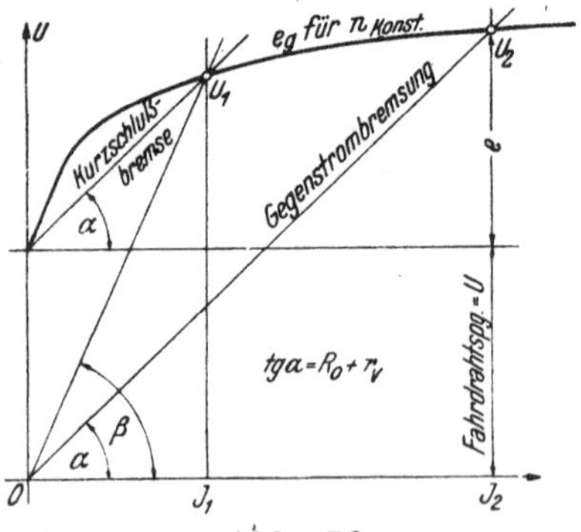

Am gebräuchlichsten ist die Kreuzschaltung nach Abb. 33, bei der eine bestehende Unsymmetrie verkleinert wird, da das Feld der Maschine I geschwächt und das der Maschine II gestärkt wird. Es läge nun nahe, die Kreuzschaltung der Einfachheit auch beim Motorbetrieb beizubehalten. Man kann sich aber leicht überzeugen, daß durch die Unsymmetrie die Ausgleichsströme so ansteigen würden, wie bei der Schaltung nach Abb. 31 für die Kurzschlußbremsung.

Abb. 36.

b) Gegenstrombremsung. Wendet man bei einem in einer bestimmten Drehrichtung befindlichen Motor nach Abb. 34 den Anker oder Magnet und schaltet vorsichtig die erste Anfahrstufe ein, so läßt sich eine mit „Gegenstrombremsung“ bezeichnete Bremswirkung erzielen. (Abb. 35).

Hierbei wirken die Klemmenspannung und die erzeugte *EMK* im gleichen Sinne und addieren sich, wie dies im Diagramm (Abb. 36) dargestellt ist. $e + U = J\,(R + r_v)$.

Gleiche Vorschaltwiderstände wie bei der Kurzschlußbremsung vorausgesetzt, ergeben bei der Gegenstrombremsung sehr große Ströme und hohe Spannungen. Es muß daher der Vorschalt-Widerstand r_v sehr groß sein und im vorliegenden Fal e von tg α auf tg β vergrößert werden, damit der Strom J_1 nicht überschritten wird. Wegen der Gefährdung des Motors wird diese Bremsung betriebsmäßig nicht angewendet, sondern nur im Falle äußerster Gefahr, wobei etwaige Schäden am Motor keine Rolle mehr spielen dürfen.

III. Die fremderregte Gleichstrommaschine.

Im Gegensatz zur Hauptschlußmaschine besitzt sie zwei Stromkreise, und zwar den Ankerstromkreis und den Magnetstromkreis nach Schaltskizze Abb. 37, ferner besteht noch der grundlegende Unterschied, daß die Stromstärke in der Ankerwicklung ganz unabhängig von der Stromstärke in der Magnetwicklung ist. Die Änderung der Erregung kann von außen her erzwungen werden. Da U = konstant ist, so ist auch $J_m = U/R_m$ = konstant. Wird die Maschine bei gleichbleibender Drehrichtung angetrieben, so wird wegen der vom Belastungsstrom unabhängigen Erregung die Richtung der Generator-*EMK* e_g ganz unbeeinflußt von der Richtung von J_a sein. Daher kann diese Maschine ohne Schaltungsänderung sowohl als Generator als auch als Motor arbeiten. Da $e = U$ ist, so gilt die Gl. $U - e = R_a\,J_a$. Die Richtung von J_a kann man umkehren, wenn man vom Motorzustand ausgehend $U < e$ macht.

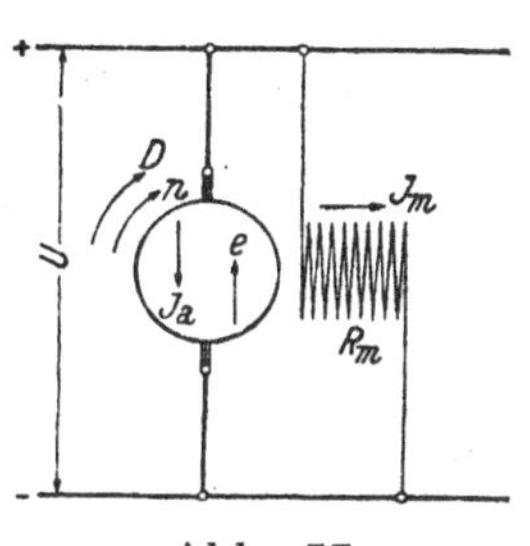

Abb. 37.

Ist $U > e$ und J_a positiv im Sinne von U, so arbeitet die Maschine als Motor $U\downarrow J_a\downarrow e\uparrow$.

Ist jedoch $U < e$ und J_a positiv im Sinne von U, (e_g), so arbeitet die Maschine als Generator $J_a\uparrow e_g\,(U)\uparrow$.

Da ferner für die Gegen-*EMK* wie bei der Serienmaschine die Gl. besteht $e = k_e\,\Phi\,n$ so kann man diese dadurch verändern, daß man die Nebenschlußmaschine entweder mit einer anderen Drehzahl betreibt oder verschieden stark erregt.

1. Der fremderregte Gleichstromgenerator.[1]

1. Der fremderregte Gleichstromgenerator.

Die Berechnung, bezw. Konstruktion der U/J-Linie oder äußeren Kennlinie des fremderregten Generators wird in folgender Weise durchgeführt.

Gegeben ist in Abb. 38 die U_0/i_m-Kurve und eine bestimmte Erregung i_{m1}, durch die eine Parallele zur Ordinatenachse gezogen

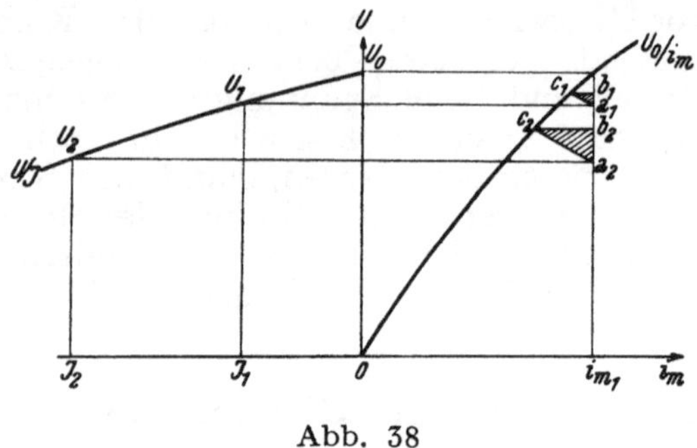

Abb. 38

wird. Nun ermittelt man für den Normalstrom J_1 das charakteristische Dreieck, durch Berechnung der zusätzlichen AW_r;

$\overline{c_1 b_1} = \frac{AW_r}{w_n}$; w_n = Windungszahl der Erregerspulen. Die Strecke $\overline{c\,b}$ entspricht daher den Vergrößerungen des Erregerstromes zur Kompensierung der Queramperewindungen und die Strecke $a\,b = J\,R_a + 2\,\Delta\,P$, den Spannungsabfällen. Dieses Dreieck wird so eingezeichnet, daß c_1 auf der Kennlinie und $a_1\,b_1$ auf der Parallelen zur Ordinatenachse durch i_{m1} liegt. Die Strecke $i_{m1}\,a_1$ wird nun links auf der Ordinate von J_1 aus aufgetragen und so der Punkt U_1 der äußeren Kennlinie erhalten. Diese Konstruktion mehrmals fortgesetzt, ergibt die äußere Kennlinie U/J des fremderregten Generators.

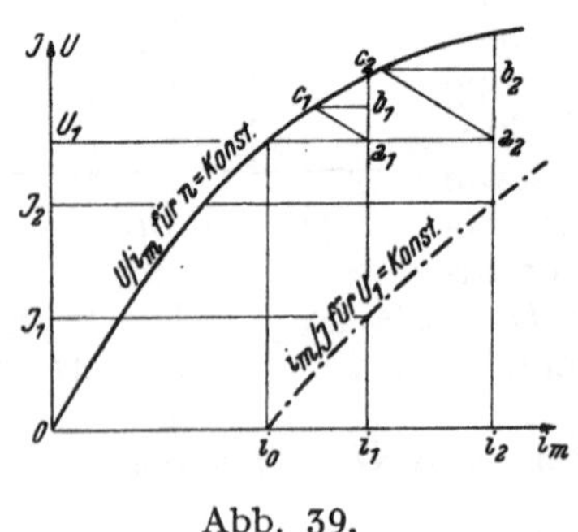

Abb. 39.

Da der Generator mit zunehmender Belastung eine immer kleinere Spannung liefert, so muß man den Erregerstrom vergrößern, wenn man eine konstante Spannung haben will. Die Abhängigkeit des Erregerstromes

[1] *La Cour, Arnold:* Die Gleichstrommaschine. 1. Bd. 1919. S. 473 und 476.

von der Belastung nennt man die *Regulierkurve* des Generators, deren Ermittlung im folgenden gezeigt werden soll.

Bei konstanter Klemmenspannung U_1 und konstanter Drehzahl n sind die Ankerstromstärke J und die Feldstromstärke i_m veränderlich. Die Abhängigkeit des Erregerstroms i_m vom Belastungsstrom J, bezw. $i_m = f(J)$ ergibt die zu ermittelnde Regulierkurve.

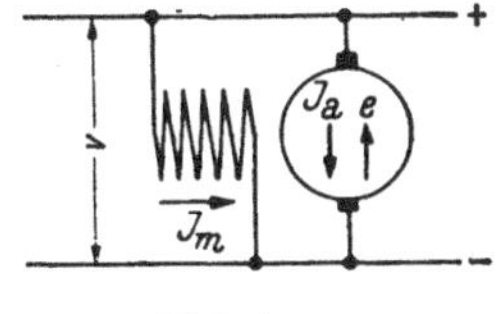

Abb. 40.

Für die Stromstärke J_1 wird das charakteristische Dreieck konstruiert und in Abb. 39 so eingezeichnet, daß c_1 auf der Kennlinie und a_1 auf der Horizontalen durch U_1 zu liegen kommt. Bei mehrmaliger Wiederholung der Konstruktion erhält man die gesuchte Funktion $i_m = f(J)$, die Regulierkurve des fremderregten Generators.

$$i_m = f(J) \text{ bei } U_1 \text{ und } n_1 = \text{konst.}$$

2. Der fremderregte Gleichstrommotor.

Da er in seinem Verhalten vollständig mit dem Nebenschlußmotor übereinstimmt, so wird auf das dort Gesagte verwiesen.

IV. Die Nebenschlußmaschine.[1]

Diese ist ähnlich wie die fremderregte Maschine gebaut. Da der Anker und die Felderregung nach Abb. 40 dauernd parallel geschaltet sind, ergeben sich in der Wirkungsweise des Nebenschlußgenerators gegenüber der fremderregten Maschine wesentliche Unterschiede.

1. Der Nebenschlußgenerator.

Die Leerlaufkennlinie U_0/i_m (Abb. 41) kann sowohl bei Fremderregung als auch bei Selbsterregung aufgenommen werden, der Unterschied ist vernachlässigbar klein, da der Ankerstrom nur 2—3 v. H. vom normalen Strom beträgt. Nur erregt sich der Nebenschlußgenerator im Gegensatz zum Fremderregten erst dann, wenn der Widerstand im Erregerkreis so klein ist, daß die Widerstandsgerade die Leerlaufkennlinie schneidet.

Die Belastungskennlinien U/i_m weisen bei Fremd- und Selbsterregung so geringe Unterschiede auf, daß hierbei auf den fremderregten Generator verwiesen werden kann. In der Abb. 40 ist die Belastungskennlinie U/i_m für J_1 eingetragen.

Die äußere Kennlinie U/J hingegen fällt bei Selbsterregung bei größeren Stromstärken rascher ab, als bei Fremderregung, da der Erregerstrom nicht konstant bleibt, sondern mit dem Spannungsabfall im Anker abnimmt. Ferner hat sie bei Selbsterregung einen

[1] *La Cour, Arnold:* Die Gleichstrommaschine. 1. Bd. 1919. S. 464 und 466.

Wendepunkt und kehrt in einem labilen Ast zurück. Sie schneidet bei Kurzschluß die Abszissenachse bei einem Strom J_k der Null sein würde, wenn es keinen remanenten Magnetismus gäbe.

Da der Erregerstrom proportional mit der Spannung U zunimmt und der Widerstand R_m des Erregerkreises konstant gehalten wird, so ist $i_m = \frac{U}{R_m}$ oder $\frac{U}{i_m} = R_m = \operatorname{tg} \alpha =$ konstant.

Die Abhängigkeit der Spannung vom Erregerstrom ist für verschiedene Drehzahlen bei konstantem Widerstand eine Gerade $0\,a$.

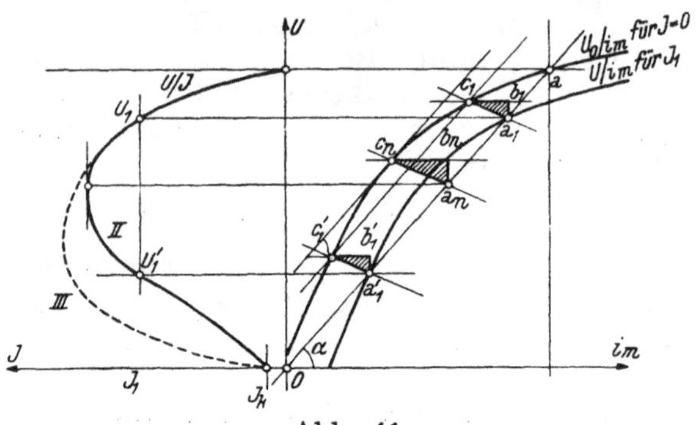

Abb. 41.

Für den Normalstrom J_1 berechnen wir das charakteristische Dreieck $a_1\,b_1\,c_1$ mit $\overline{a_1\,b_1} = J_1\,R_a + 2\,\Delta\,U$ und $b_1\,c_1 = \frac{A\,W_r}{W_m}$.

$A\,W_r$ sind die resultierenden Amperewindungen und W_m die in Serie geschalteten Windungszahlen eines Polpaares. Da die Belastungskennlinie die Widerstandsgerade in zwei Punkten a_1 und a_1' schneidet, so entsprechen dem Strom J_1 auf der äußeren Kennlinie zwei Spannungen: U_1 auf dem stabilen und U_1' auf dem labilen Teil. Wenn sich $A\,W_r$ mit dem Belastungsstrom proportional ändert, hat $\overline{c\,a}$ für alle J-Werte dieselbe Neigung. Die Horizontalen durch die Punkte a ergeben links bei den entsprechenden J-Werten die gesuchten Klemmenspannungen. Die Kennlinie U/J (III) in der Abb. 41 strichliert gezeichnet, ist die experimentell aufgenommene. Im unteren labilen Teil weicht sie von der gerechneten ab, da dort die Ankerrückwirkungen in Wirklichkeit wesentlich kleiner sind als bei der angenäherten Konstruktion angenommen wurde.

Die Klemmenspannung bei Leerlauf in Abhängigkeit von der Drehzahl ist besonders für benzin- oder ölelektrische Fahrzeuge wichtig. Die Normalerregung ergibt bei der Maschine die Spannung u in der Abb. 42. Bei der kleineren Drehzahl n', bei konstantem Erregerwiderstand r_w ergibt sich die Klemmenspannung u_1'. Es verhält sich nun:

$$\frac{n'}{n} = \frac{u_1'}{u_1} = \frac{u}{u_2}; \qquad u_2 = \frac{n}{n'} \cdot u.$$

Man braucht daher U/n' nicht zu ermitteln, da man durch stete Änderung von n die entsprechenden Klemmenspannungen berechnen und graphisch in Abb. 42 auftragen kann. Mit Be-

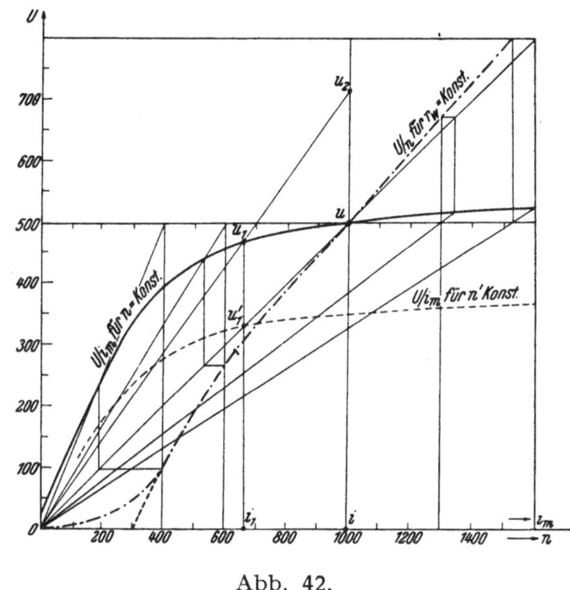

Abb. 42.

rücksichtigung des remanenten Magnetismus steigt die Kurve U/n von $n = 0$ allmählich an, um später bei einer gewissen Drehzahl rasch anzuwachsen.

Ohne den remanenten Magnetismus würde die Kurve der Spannung erst bei einer bestimmten Drehzahl, im vorliegenden Fall von rund 300 Umdrehungen an ansteigen.

2. Der Nebenschlußmotor.

a) Allgemeine Eigenschaften und Kennlinien. Aus den Gl. (3) und (5) des allgemeinen Motors gilt für diesen speziellen Fall

$$E_a = U \text{ und } n = \frac{1}{k_e \Phi}(U - R_a J_a). \tag{15}$$

Im Vergleich mit dem Serienmotor ist hier R_a sehr klein gegenüber $(R_a + R_m)$. Bei Vernachlässigung der Ankerrückwirkung ist bei konstantem Feld Φ die n/J-Linie eine Gerade, die wie in Abb. 43 dargestellt, schwach geneigt ist. Die Ankerrückwirkung wirkt wie beim Serienmotor feldschwächend und erhöht daher die Drehzahl.

Für $J_a = 0$ ist $n = n_0 = \dfrac{U}{k_e \Phi}$; n ist die ideelle Leerlaufdrehzahl, bei welcher die Maschine nicht selbst läuft, sondern angetrieben werden muß. Die praktische Leerlaufdrehzahl liegt daher etwas tiefer, da die Maschine die Eigenwiderstände selbst überwinden muß, und zwar ist bei der Leerlaufstromstärke $J_a = J_{ao}$ das Drehmoment $D = 0$, und die Leerlaufdrehzahl

$$n_0' = 1/k_e \Phi \, (U - R_a J_{ao}).$$

Das Drehmoment D ergibt sich aus Gl. (3) zu $D = \varepsilon_1 k_d J_a \Phi$. Da in dieser Gl. nur J_a veränderlich ist, so wird D/J_a eine

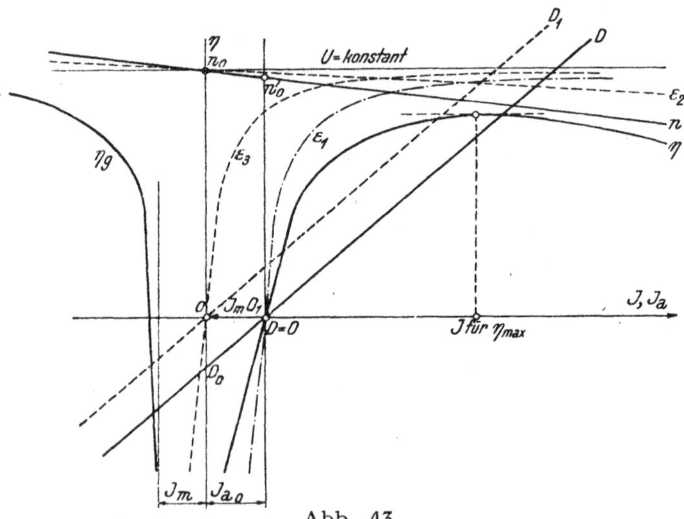

Abb. 43.

Gerade. Das ideelle Drehmoment ohne die Berücksichtigung der Eisen- und Reibungsverluste verläuft parallel zu D und geht durch $J_a = 0$.

Der Teilwirkungsgrad, der die Eisen- und Reibungsverluste enthält, kann durch $\varepsilon_1 = 1 - \dfrac{V_{Fe+R}}{e \, J_a}$ dargestellt werden. Da n annähernd konstant ist, so ist V_{Fe+R} auch praktisch konstant. In die obige Gl. für das Drehmoment eingesetzt ergibt sich

$$D = \underbrace{k_d \Phi}_{\text{konst.}} J_a - \underbrace{k_d \Phi \frac{V_{Fe+R}}{e}}_{\text{konst.}}. \qquad (16)$$

Für U = konstant ist daher D/J_a eine Gerade und nur abhängig von J_a. Im folgenden werden einige spezielle Punkte der D/J_a-Geraden ermittelt.

Für $D = 0$ ergibt sich $J_a = J_{ao} \frac{V_{Fe+R}}{e}$. Dies entspricht dem praktischen Leerlauf des Motors, bei dem er kein Drehmoment abgibt. Für $J_a = 0$, ist $D = D_0 = - k_d \Phi \frac{V_{Fe+R}}{e}$. Dieser Wert ist im Bereiche zwischen $J_a = 0$ und $J_a = J_{ao}$ negativ, die Maschine ist weder Motor noch Generator, sie absorbiert elektrische und mechanische Energie und muß zur Deckung ihrer Verluste angetrieben werden.

Der Gesamtwirkungsgrad der Maschine beträgt nach der allgemeinen Gl. (7) $\eta = \varepsilon_1 \varepsilon_2 \varepsilon_3 = \varepsilon_1 . e/U . J_a/J$. Um die Größe und den Verlauf von η festzustellen, sollen zuerst die drei Teilwirkungsgrade näher untersucht werden.

Der Teilwirkungsgrad $\varepsilon_1 = 1 - \frac{V_{Fe+R}}{e J_a}$.

Aus der Gl. $D = \varepsilon_1 k_d J_a \Phi$ ergibt sich:

1. $\varepsilon_1 = 0$, wenn $D = 0$.
2. $\varepsilon_1 = \infty$, wenn $J_a = 0$; die Ordinatenachse ist eine Asymptote an die ε_1/J_a-Kurve.
3. $\varepsilon_1 = 1$, wenn $J_a = \infty$ ist. Die Horizontale im Abstand 1 von der Abszissenachse ist daher auch eine Asymptote an die ε_1/J-Kurve.

Der Teilwirkungsgrad ε_2 ergibt sich zu:

$$\varepsilon_2 = \frac{e}{U} = \frac{(U - R_a J_a)}{U} = 1 - \frac{R_a}{U} J_a;$$

daher ist ε_2/J eine Gerade. Der Verlust beträgt:

$$V_2 = (1 - \varepsilon_2) U J_a = \frac{R_a J_a}{U} U J_a = R_a J_a^2;$$

V_2 berücksichtigt daher wie beim Serienmotor die Stromwärmeverluste im Anker.

Der Teilwirkungsgrad ε_3 ergibt sich aus: $\varepsilon_3 = J_a/J$.

1. $\varepsilon_3 = 0$ für $J_a = 0$ oder $D = D_0$.
2. $\varepsilon_3 = \frac{J_a}{J} - \frac{J - J_m}{J} = - \infty$ für $J = 0$. Eine Gerade parallel zur Ordinatenachse im Abstand von J_m ist eine Asymptote an die ε_3/J-Kurve.
3. $\varepsilon_3 = 1$ für $J = J_a = \infty$. Die Horizontale im Abstand U_{konst} von der Abszissenachse ist eine Asymptote an die ε_3/J-Kurve.

$$\varepsilon_3 J U = J_a U = U J - U J_m;$$

$$U J - \varepsilon_3 U J = U J (1 - \varepsilon_3) = U J_m = J_m^2 R_m = V_3.$$

Der Verlust V_3 stellt den Stromwärmeverlust in der Magnetwicklung dar. Wenn ein Regelwiderstand vorhanden ist, so ist dieser Verlust auch in V_3 enthalten.

Nun kann man η als das Produkt von $\varepsilon_1 \varepsilon_2 \varepsilon_3$ ausrechnen und darstellen.

$$\eta = \varepsilon_1 \varepsilon_2 \varepsilon_3 = 1 - \frac{\Sigma V}{U J} = 1 - \frac{V_{(Fe+R)} + R_a J_a^2 + R_m J_m^2}{U J}. \quad (17)$$

1. $\eta = 0$, wenn entweder ε_1 oder $\varepsilon_3 = 0$ ist. Bei $D = 0$ ist $\varepsilon_1 = 0$ und $\varepsilon_3 > 0$, daher ist dort $\eta = 0$.

2. Für $\varepsilon_3 = 0$ ist $\varepsilon_1 = -\infty$ und $\eta = 0 \cdot \infty$ d. h. unbestimmt, η kann aber für diesen Fall aus der allgemeinen Gl. des Wirkungsgrades berechnet werden, wenn $\varepsilon_3 = 0$ gesetzt wird. Für $J_a = 0$ $J = J_m$ und $e = U$, erhält man:

$$\eta = \left(1 - \frac{V_{Fe+R}}{e J_a}\right)\left(\frac{U - R_a J_a}{U}\right)\frac{J_a}{J} = -\frac{V_{Fe+R}}{e J} = -\frac{V_{Fe+R}}{U J_m}.$$

3. Für $J = 0$ ist $\eta = \infty$.

Der günstigste Wert des Wirkungsgrades tritt bei einer Ankerstromstärke J_a' auf, die durch Höchstwertbestimmung ermittelt werden kann.

$$\eta = 1 - \frac{V_{(Fe+R)}}{U(J_a' + J_m)} - \frac{R_a J_a'^2}{U(J_a' + J_m)} - \frac{J_m^2 R_m}{U(J_a' + J_m)};$$

vernachlässigt man im Nenner J_m gegen J_a', so ist:

$$\frac{d\eta}{dJ_a'} = 0 = 0 - \frac{V_{Fe+R}}{U J_a'^2} - \frac{R_a}{U} - \frac{J_m^2 R_m}{U J_a'^2},$$

daraus ist

$$J_a' = \sqrt{\frac{V_{Fe+R} + J_m^2 R_m^2}{R_a}},$$

für den Motorzustand ist $\eta_m = \frac{L_m}{L_e}$,

für den Generatorenzustand $\eta_g = \frac{L_e}{L_m}$.

b) Verhalten des Nebenschlußmotors bei geänderter Erregung und konstanter Spannung U. Bei normaler Erregung besitzt der Motor den Feldwiderstand R_m, das Feld Φ, die Kennlinien n/J_a und D/J_a. Ändert man den Feldwiderstand auf $R_m + r$, so erhält das Feld die Stärke Φ'. Nun soll zuerst der Verlauf von n'/J_a ermittelt werden.

Es ist $J_m = \frac{U}{R_m}$, $J_m' = \frac{U}{R_m + r}$. Die Größen von Φ und Φ' können aus der empirisch aufgenommenen Kurve $\Phi = f(J_m)$ entnommen werden. Läßt man bei der Betrachtung die Ankerstromstärke in beiden Fällen $J_a = J_a'$ konstant, so bleibt auch $e = e'$ konstant.

Daher ist $k_e \Phi' n' = k_e \Phi n$ und $\frac{n'}{n} = \frac{\Phi}{\Phi'}$; daraus ergibt sich $n' = n \frac{\Phi}{\Phi'}$ und der Verlauf von n'/J_a.

Da $n = \frac{1}{k_e \Phi}(U - R_a J_a)$, so folgt daraus, daß auch bei geänderter Erregung sowohl für $n = 0$ als auch für $n' = 0$ die Kurzschlußstromstärke $J_{ak} = U/R_a$, unabhängig von der Erregung ist. Es schneiden sich daher alle n/J_a-Linien in einem Punkte auf der Abszissenachse. Da n/J_a aber nur sehr schwach geneigt ist, so ist dieser Punkt sehr weit entfernt, weshalb die n/J-Linien, wie aus Abb. 44 hervorgeht, für den praktischen Bereich parallel erscheinen. Für die Ermittlung des Drehmomenten-Verlaufes wird der Motor für normale und geänderte Erregung bei derselben Ankerstromstärke betrachtet.

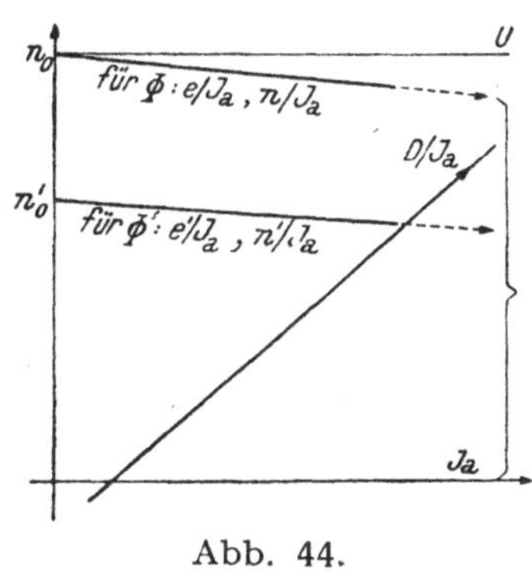

Abb. 44.

Für $J_a = J_a'$ ist

$$\frac{D'}{D} = \frac{\varepsilon_1' \Phi'}{\varepsilon_1 \Phi};$$

da aber in beiden Fällen der Anker an derselben Spannung liegt, $e = e' =$ konstant bleibt und auch die Reibungsverluste sich nicht wesentlich ändern dürften, kann man $V_{Fe+R} \doteq V_{Fe+R}'$ setzen. Daher wird $\varepsilon_1 \doteq \varepsilon_1'$ innerhalb eines weiten Bereiches der Feldschwächung gleich bleiben. Mit praktisch genügend genauer Annäherung ist daher $\frac{D'}{D} \doteq \frac{\Phi'}{\Phi}$.

c) *Das Anlassen des Nebenschlußmotors.* Wie der Serienmotor muß auch der Nebenschlußmotor angelassen werden, da sonst die Ankerstromstärken zu groß werden. Dies geht aus der allgemeinen Gl. für $\Phi =$ konstant hervor: $n = \frac{1}{k_e \Phi}(U - J_a R_a)$. Für $n = 0$ wird $U = J_a R_a$; $J_a = U/R_a$. Damit die Anlaßstromstärke den zulässigen Wert nicht überschreitet, muß entweder die Spannung verkleinert oder der Widerstand vergrößert werden. Zu beachten ist ferner, daß der Motor nur bei vollerregtem Feld angelassen werden soll, da sonst die Ankerrückwirkung das Feld zu sehr schwächt und verzerrt, wodurch die Stromwendung so verschlechtert werden kann, daß die Gefahr eines Bürstenrundfeuers besteht.

1. Anlassen durch stufenweise Änderung der Klemmenspannung bei konstantem Feld (Ward Leonard-Schaltung). Die *Ward Leonard*-Schaltung (siehe auch Abb. 22) besteht wie aus dem Schema Abb. 45 ersichtlich, aus einer fremderregten Dynamo, die meist von einem Drehstromasynchronmotor mit praktisch gleichbleibender Drehzahl angetrieben wird. Der zu regelnde, ebenfalls

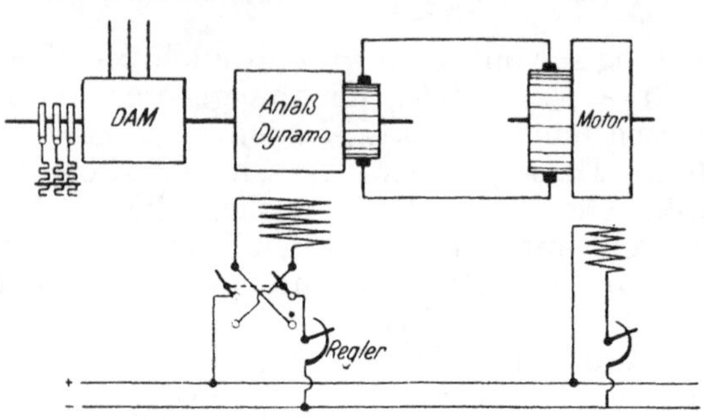

Abb. 45. *Ward Leonard*-Schaltung.

fremd erregte Arbeitsmotor wird von der Anlaßdynamo gespeist. Die Drehzahlregelung erfolgt durch Feldänderung der Anlaßdynamo und die Umkehrung der Drehrichtung durch die Umkehrung des Erregerfeldes der Dynamo. Der Widerstand im Erregerkreis des Arbeitsmotors dient bei Förderantrieben nur zur einmaligen Einstellung, bei Walzenstraßenantrieben zur betriebsmäßigen Erreichung einer höheren Drehzahl.

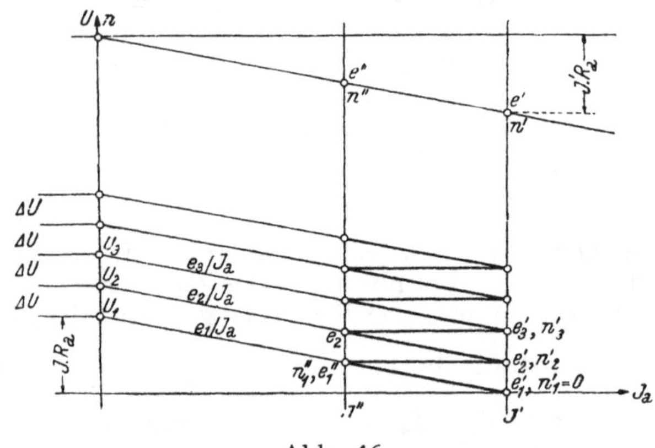

Abb. 46.

Vom Motor sind, wie in Abb. 46 dargestellt, die größte Klemmenspannung U, der Widerstand R_a, der Verlauf von e/J_a und ferner die Schaltstufen J' und J'' gegeben. Die Ankerspannung für die erste Stufe bei $n = 0$ ergibt sich daraus zu $U_1 = J_a' R_a$. Die e_1/J_a-Linie ist parallel zur e/J_a-Linie, sie geht durch den Punkt

J' für $n = 0$ und schneidet die Ordinatenachse im Punkt U_1. Sobald J' auf J'' gesunken ist, wird die Spannung U_1 soweit erhöht, daß wieder die Stromstärke J' erreicht wird. Im Momente des Umschaltens bleibt $n_1'' = n_2'$ und da $\Phi =$ konstant ist auch $e_1'' = e_2'$. Nun ist $e_2' = U_2 - R_a J'$. Da R_a und J' ebenso groß wie auf der ersten Stufe sind, so sind alle e/J_a-Geraden untereinander parallel und die einzelnen Spannungsstufen ΔU gleich groß. Dieselbe Konstruktion gilt für die Drehzahlkennlinie n/J_a. Werden die Maßstäbe für die Spannungen und Drehzahlen so gewählt, daß $n_0 \mu_n = U \mu_e$ ist, so fallen die Linienzüge von e/J_a und n/J_a zusammen.

Die einzelnen Spannungsstufen ΔU sind untereinander gleich groß. Ist z die Zahl der Spannungsstufen, so ist $\Delta U = \frac{U - R_a J'}{z}$ der Spannungsschritt je Stufe. Da die Gerade e/J_a sehr schwach geneigt ist, so ist die Zahl der Stufen bei diesem Verfahren sehr groß und kann zwischen 40—60 betragen.

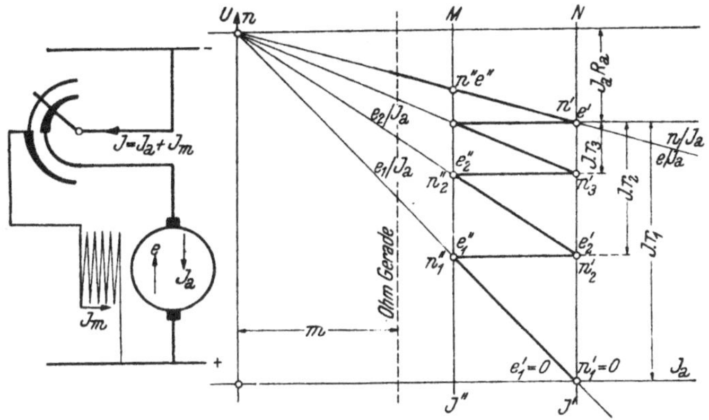

Abb. 47. Anlasserstufung des Nebenschlußmotors.

2. *Anlassen mit Vorschaltwiderständen bei konstanter Klemmenspannung und konstantem Feld.* Beim Anlassen mit Vorschaltwiderständen muß beachtet werden, daß das Erregerfeld vor dem Anlassen mit voller Erregung einzuschalten ist und erst nach dem Anlassen auf die gewünschte Drehzahl eingestellt werden darf. Um Fehlschaltungen vorzubeugen, werden Anlasser und Feldregler wie im Schaltungsschema, Abb. 47 dargestellt, meist kombiniert ausgeführt.

Vom Motor sind wie beim *Leonard*-Verfahren die Größen U, n_0, R_a, der Verlauf von e/J_a und ferner die Schaltstromstärken J' und J'' bekannt.

Es ist

$$e = k_e \Phi n = U - R_a J_a.$$

$k_e \Phi = k$ kann wie bei einem fremderregten Motor konstant angenommen werden.

Ist J' auf J'' gesunken, so wird der Widerstand verkleinert, bis wieder die Stromstärke J' erreicht ist. Da während des Umschaltens die Drehzahl als konstant angesehen wird, so ergibt sich: $n_1'' = n_2'$ und $e_1'' = e_2' = U - (R_a + r_2) J_2$, woraus der verkleinerte Vorschaltwiderstand r_2 berechnet werden kann. Nun wird das Verfahren bis zur Drehzahlkennlinie des Motors fortgesetzt. Will man die einzelnen Widerstände in Ohm ablesen, so muß man, so wie beim Hauptschlußmotor gezeigt wurde, die Ohmgerade ermitteln. Sie wird nach Einführung der Maßstäbe in der Entfernung m von der Ordinatenachse aus der folgenden Beziehung berechnet:

$$\frac{(U - e_1)\,\mu_n}{J_a\,\mu_i} = \frac{(R_a + r_v)\,\mu_\Omega}{m};$$

für die Einheiten von Spannung, Strom und Widerstand ergibt sich m zu $m = \frac{\mu_\Omega\,\mu_i}{\mu_n}$. Wählt man die Maßstäbe für die Spannung und die Drehzahlen so, daß $U\,\mu_e = n_0\,\mu_n$ wird, so fallen die e/J_a und die n/J_a-Linienzüge zusammen.

Ebenso wie beim Serienmotor besteht auch hier die Forderung, die Schaltstromstärke J'' so zu bestimmen, daß sich eine ganze Anzahl von Stufen ergibt.

Die für die Gegen-*EMK* des Serienmotors entwickelte Gl. (9) läßt sich für den Nebenschlußmotor wesentlich vereinfachen, da bei der konstanten Erregung $\Phi'/\Phi'' = 1$ ist.

Daher ergibt sich

$$e_z' = (1 - \alpha)\,U \frac{1 - \left(\frac{\Phi'}{\Phi''}\,\alpha\right)^{z-1}}{1 - \frac{\Phi'}{\Phi''}\,\alpha} = U\,(1 - \alpha^{z-1}) = e' = U - J'\,R_a \tag{18}$$

daraus ist: $U\,\alpha^{z-1} = J'\,R_a$ und $\alpha^{z-1} = \frac{J'\,R_a}{U}$,

$$\log \alpha = \frac{1}{z-1}\,(\log J'\,R_a - \log U). \tag{19}$$

Der Anlaßvorgang des Nebenschlußmotors kann somit als spezieller Fall der Anlasserstufung des Reihenschlußmotors betrachtet werden.

Die Schaltstromstärke $J'' = \alpha\,J'$ läßt sich somit beim Nebenschlußmotor eindeutig aus der Zahl z der Schaltstufen, bezw. der Zahl $z - 1$ der Widerstandsstufen berechnen. Daher kann man auch die einzelnen Widerstandsstufen ermitteln, wenn z gegeben und α aus obiger Gl. bekannt ist. Aus den Gl. 8 und 10 ergibt sich für den Nebenschlußmotor:

$$e_1' = 0 = U - J'(R_a + r_1);$$
$$R_a + r_1 = \frac{U}{J'}; \qquad r_1 = \frac{U}{J'} - R_a;$$
$$e_2' = (1 - a)\,U = U - J'(R_a + r_2);$$
$$R_a + r_2 = \frac{U}{J'}; \qquad r_2 = \frac{U}{J'} - R_a;$$
$$e_3' = (1 - a)\,U\,(1 + a) = U - J'(R_a + r_3);$$
$$R_a + r_3 = \frac{U}{J'}; \qquad r_3 = \frac{U}{J'} - R_a;$$
$$e_4' = (1 - a)\,U\,(1 + a + a^2) = U - J'(R_a + r_4);$$
$$R_a + r_4 = \frac{U}{J'}; \qquad r_4 = \frac{U}{J'} - R_a \quad \text{u. s. f.}$$

Die Gesamtwiderstände $R + r_x$ verhalten sich wie eine geometrische Reihe, ebenso wie auch die abgeschalteten Widerstände:

$$r_1 - r_2 = (1 - a)\frac{U}{J'}; \qquad r_2 - r_3 = a\,(1 - a)\frac{U}{J'};$$

$$r_3 - r_4 = a^2\,(1 - a)\frac{U}{J'} \quad \text{u. s. f.}$$

Nach a, bezw. $\log a$ berechnet man $R_a + r_1$ und kann durch einfache Multiplikation mit a die weiteren Gesamtwiderstände $R_a + r_2$, $R_a + r_3$ u. s. f. und somit die Widerstände r_1, r_2, r_3 u. s. f. erhalten.

V. Die Doppelschlußmaschine.

1. Generator.

Die Maschine hat sowohl eine Neben- als auch eine Hauptschlußwicklung. Die Leerlaufkennlinie ist dieselbe wie die des Nebenschlußgenerators, da die Hauptschlußwicklung in diesem Falle keinen Strom führt.

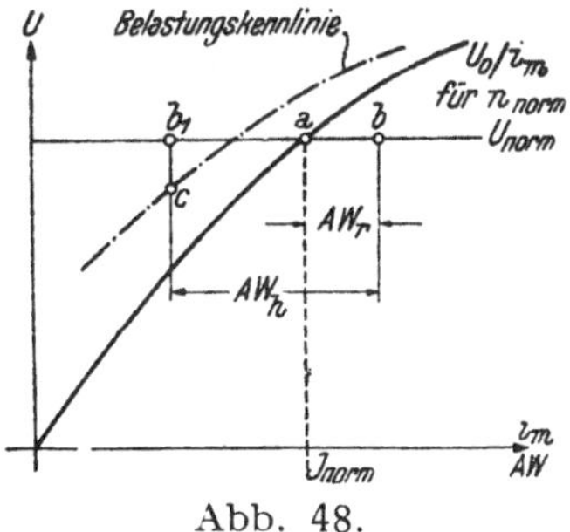

Abb. 48.

Die Belastungskennlinie wird nach Abb. 48 aus der Leerlaufkennlinie wie folgt gewonnen:

Für J_{norm} und U_{norm} ermittelt man die Ankerrückwirkung $AW_r = \overline{a\,b}$. Von b aus trägt man in entgegengesetzter Richtung (Gegenkompoundierung) die Hauptschlußerregung $AW_h = \overline{b\,b_1}$, von b_1 den Spannungsabfall $\overline{b_1\,c} = J\,(R_a + R_h) + 2\,\Delta U$ und erhält den Punkt c der Belastungslinie.

Die äußere Kennlinie U/J bei konstantem Nebenschlußwiderstand und konstanter Drehzahl erhält man in ähnlicher Weise wie beim Nebenschlußgenerator. Die Größe der Hauptschlußwicklung kann so gewählt werden, daß die Ankerrückwirkung und der ohmsche Spannungsabfall aufgehoben werden, so daß die Klemmenspannung an der Maschine annähernd konstant bleibt. In Abb. 49 ist die Leerlaufkennlinie gegeben, ferner die Normalspannung U_n und der Normalstrom J_n. Die Neigung der Geraden $\overline{Oa}$ gibt die Größe des Nebenschlußerregungswiderstandes an. $\overline{df}$ ist die Größe der Hauptschluß-AW_h, von welcher die Ankerrückwirkung AW_r abzuziehen ist, um die vom Belastungsstrom J_n hervorgerufenen Amperewindungen $\overline{de}$ zu erhalten. Diese werden zu den Nebenschlußamperewindungen addiert, so daß in a_1, bei nur etwas höherer Spannung, die Leerlaufkennlinie geschnitten wird. Der Spannungsabfall $J_n (R_a + R_h) + 2 \Delta U$ ist von a_1 abzuziehen, so daß c den Punkt der Klemmenspannung des Generators darstellt. Die äußere Charakteristik erhält man im linken Achsen-

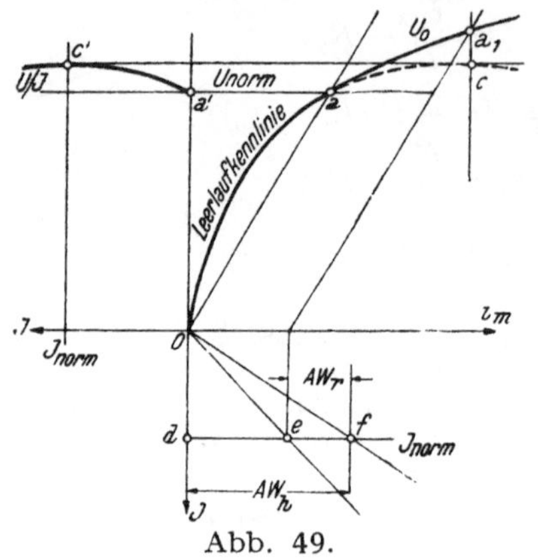

Abb. 49.

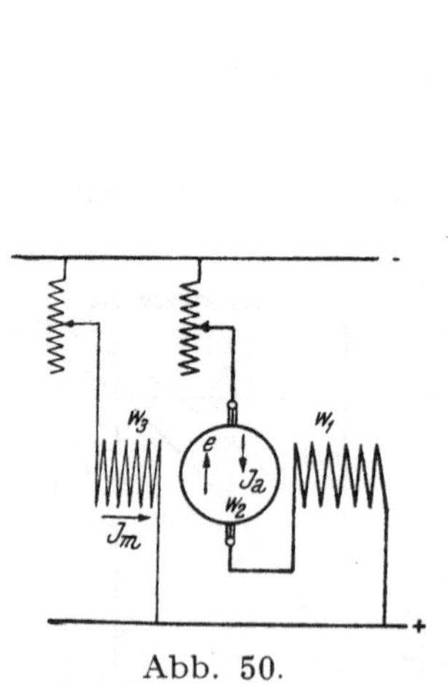

Abb. 50.

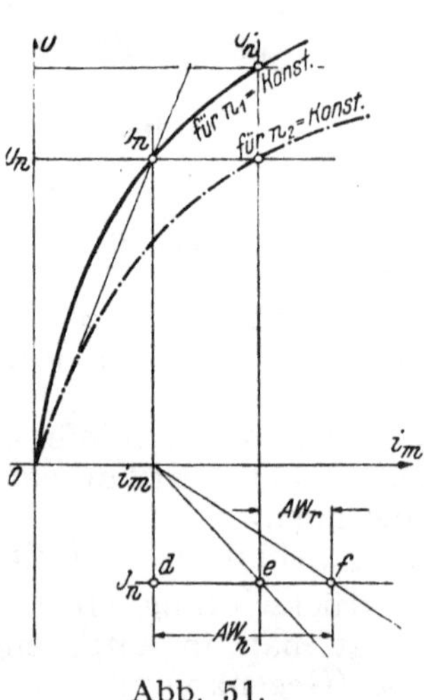

Abb. 51.

kreuz durch Hinüberloten der entsprechenden Punkte. Diese Kurve geht nur dann in eine horizontale Gerade über, wenn die Leerlaufkennlinie nicht gekrümmt ist, sondern in diesem Teil z. B. durch Isthmus-Pole geradlinig verläuft.

2. Doppelschluß-Motor (Kompound-Motor).

Der Belastungsstrom wirkt, wie aus dem Schaltungsschema Abb. 50 hervorgeht, verstärkend auf die Nebenschlußerregung, weshalb der Kraftfluß mit zunehmender Belastung ansteigt.

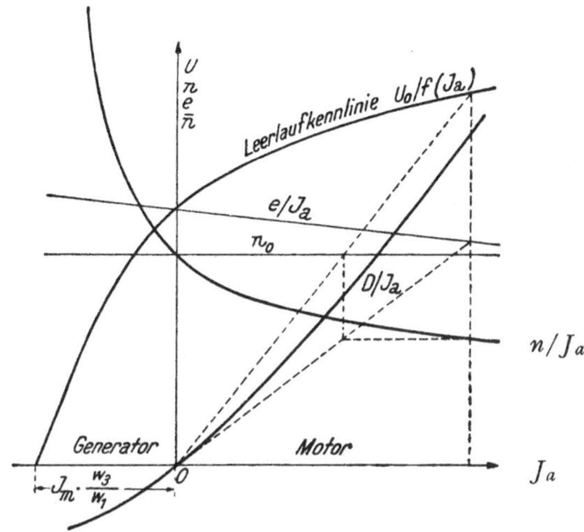

Abb. 52.

Dem konstanten normalen Erregerstrom i_m (Abb. 51) entspricht die Spannung U_n. Der Ankerstrom J_n erzeugt die Haupt-AW_h und die rückwirkenden AW_r. Wir erhalten somit die Spannung U_n' für die konstant angenommene Drehzahl. Ist aber die Spannung U_n konstant, so sinkt bei der Belastung die Drehzahl von n_1 auf n_2.

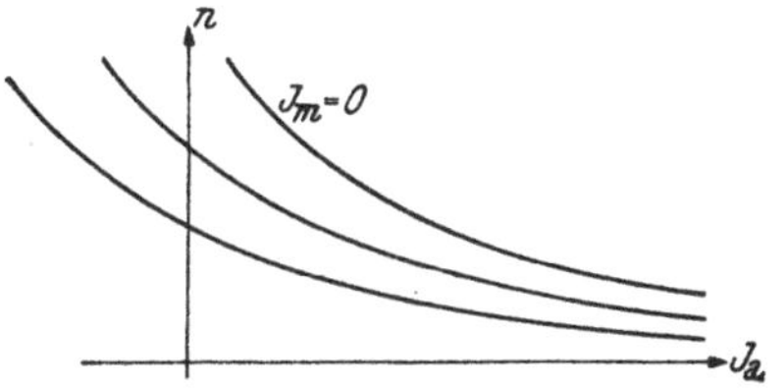

Abb. 53.

Wie man aus der Schaulinie (Abb. 52) sieht, erreicht der Motor die höchste Drehzahl n_0, die der reinen Nebenschlußerregung entspricht. Die Neigung der e/J_a-Linie ist durch den Ankerwiderstand gegeben. Nunmehr kann mittelst der Verhältniskonstruktion die n/J_a-Linie punktweise konstruiert werden. Die gesamten AW ergeben sich bei Belastung zu:

$$AW = w_1 J_a + w_3 J_m = w_1 \left(J_a + J_m \frac{w_3}{w_1} \right).$$

Die Maschine geht links von 0 in den Generatorzustand über. Je nach der Größe der Nebenschlußerregung verschiebt sich der 0-Punkt der Abszisse.

Im Falle $R = 0$ wird $U = e$ und man kann die Drehzahlkurven für verschiedene Erregungen wie in Abb. 53 dargestellt ist, durch Parallelverschiebung erhalten (Scheren). Da aber $e = U - J_a r$ ist, so erhält man die tatsächlich etwas tieferliegende Kurve durch multiplizieren mit $\frac{U - J_a r}{U}$.

Bei Nutzbremsung muß J negativ eingesetzt werden, weshalb bei Generatorzustand die Kurven höher liegen. Beim Motor wirken Anker- und Erregerfeld in gleicher Richtung und unterstützen sich. Beim Generator wirken diese Felder, da eine Umschaltung der Hauptschlußwicklung betriebsmäßig nicht durchführbar ist, einander entgegen, was für die Nutzbremsung günstig ist, da die Stromstöße dadurch gemildert werden; schließt man die Hauptschlußwicklung kurz, so wird die Maschine ein Nebenschlußgenerator.

3. Senkbremsschaltung.

Im Anschluß an die doppeltgespeisten Maschinen soll noch eine im Kranbetrieb übliche Schaltung behandelt werden, bei der die Hauptschlußmaschine eine der Nebenschlußmaschine ähnliche Kennlinie erhält. Nach der Abb. 54 wird das Erregerfeld fremd erregt und die Ankerspannung, bezw. der Ankerstrom durch die verschiedene Aufteilung der Widerstände r_1 und r_2 verändert. Der feste Widerstand r_3 soll bei stillstehendem Anker das Entstehen eines zu großen Stromes verhindern. Aus den Stromkreisen des Schaltungsschemas ergeben sich die beiden Gl.:

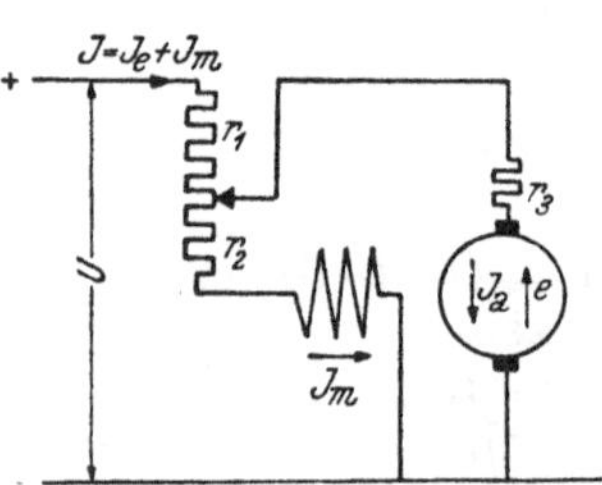

Abb. 54. Schaltung für ein *Bremssenk*verfahren. r_1 ist mit r_2 im Bild zu vertauschen.

$$U = J_m (R_m + r_1) + (J_m + J_a) r_2,$$
$$e = J_m (R_m + r_1) - J_a (R_a + r_3).$$

Daraus kann J_m berechnet werden:

$$J_m = \frac{U - J_a r_2}{R_m + r_1 + r_2}.$$

Sind die Kennlinien des Serienmotors bekannt, so können daraus die der Senkbremsschaltung ermittelt werden. Für das Drehmoment gilt die allgemeine Gl. (2):

$$D_i = \frac{30}{\pi g} \left(\frac{e}{n}\right) J_a \text{ und } D = D_i - \Delta D.$$

Der Vorgang zur Berechnung der Kennlinien soll an einem Zahlenbeispiel gezeigt werden. Es ist ein Serienmotor von 30 kW bei 220 V und 950 UpM. gegeben, dessen Kennlinien in Abb. 55 dargestellt sind. Die Widerstände betragen: $R_a = 0{,}0131\,\Omega$, $R_m = 0{,}0214\,\Omega$.

Für $J_a = 0$ wird $J_m = 130$ A angenommen, damit der Spitzenstrom beim Schalten und bei voller Belastung 265 A nicht übersteigt. Es ergibt sich dann $r_1 + r_2 = 1{,}67\,\Omega$. Nun wählt man den Sicherheitswiderstand $r_3 = 0{,}5\,\Omega$, damit bei $r_2 = 0$ der Ankerstrom im Stillstand keine unzulässig hohen Werte erreicht.

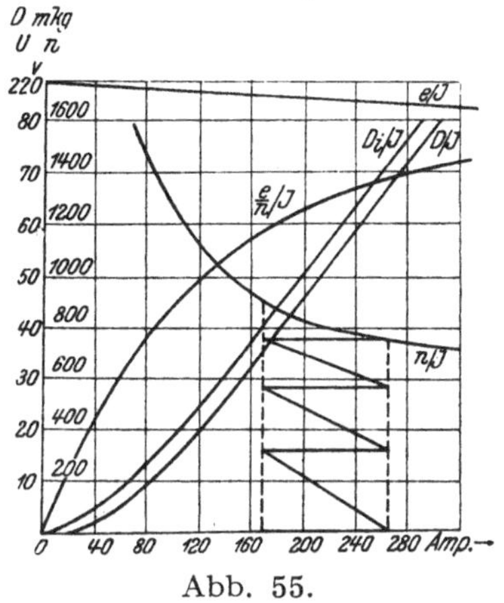

Abb. 55.

Wählt man die Widerstände $r_2 = 0{,}3\,\Omega$ und $r_1 = 1{,}37\,\Omega$ für verschiedene positive und negative Ankerströme, so erhält man die in der folgenden Tab. 1 ausgerechneten Werte für J, J_m, n und D und somit eine Kennlinie n/D.

Tabelle 1.

J_a	J_m	$J = J_a + J_m$	e	$\dfrac{e}{n}$	$n = \dfrac{e}{e/n}$	D_i	D
250	86	336	—8	0,162	∼	39,0	36,5
200	95	295	30,0	0,172	188	33,5	31,0
100	112	212	104,7	0,192	555	18,7	16,2
0	130	130	180	0,208	870	0	0
— 50	140	90	220,0	0,215	1020	—10,5	—13,0
—100	150	50	259,3	0,224	1150	—21,8	—24,3
—200	167	— 33	334,0	0,235	1420	—45,5	—48,0
—300	185	—115	410,0	0,245	1700	—71,5	—74,0

Für andere Aufteilungen des gesamten Vorschaltwiderstandes $r_1 + r_2$ erhält man je eine neue Tab., bezw. eine Kennlinie.

Wählt man: $r_2 = 0{,}6$ $r_1 = 1{,}07$
$r_2 = 0{,}97$ $r_1 = 0{,}7$
$r_2 = 1{,}30$ $r_1 = 0{,}37$
$r_2 = 1{,}67$ $r_1 = 0$

} wobei stets $r_1 + r_2 = 1{,}67\,\Omega$ und $r_3 = 0{,}5\,\Omega$ ist, so erhält man die in Abb. 56 dargestellten Kennlinien D/n für die Senkbremsschaltung. Man sieht daraus, daß diese allmählich vom Motor zum Generatorzustand übergehen und bei größerem r_2 sich den Kennlinien der Nebenschlußmaschine nähern.

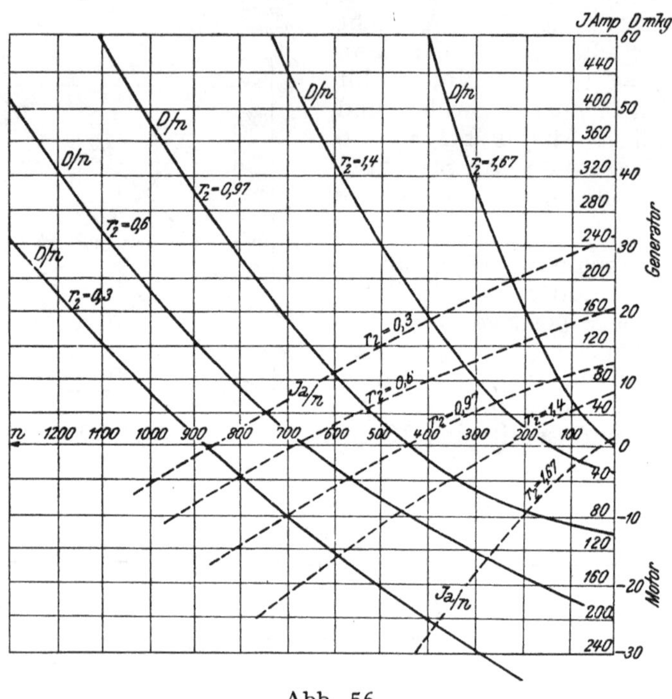

Abb. 56.
J_a/n ist der Übersichtlichkeit halber spiegelbildlich aufgetragen.

Zweiter Teil.

Die Wechselstrommaschinen.

Die Wechselstrommaschinen werden in Synchron-, Asynchron- und Kommutator-(Stromwender-)Maschinen eingeteilt.

A. Synchronmaschinen.

I. Allgemeines.

Die Synchronmaschinen besitzen eine ein- oder mehrphasige Wechselstromwicklung und gleichstromerregte Pole. In der weitaus überwiegenden Zahl der Ausführungen trägt der Ständer die Wechselstromwicklung und ist der Läufer als Polrad ausgebildet.

Man unterscheidet Volltrommel- und Schenkelpolmaschinen. Die ersteren werden meist zwei- oder vier-, selten sechspolig gebaut und sind für den direkten Antrieb durch Dampfturbinen mit hohen Drehzahlen bestimmt. Sie werden bis zu den größten Leistungen ausgeführt.[1]

Diese Bauart wird auch für die raschlaufenden Synchronkondensatoren verwendet. Sowohl die Einphasen- als auch die Drehstrommaschinen werden stets mit einer konstruktiv leicht aufzubringenden, als Kurzschlußwicklung ausgebildeten Dämpferwicklung versehen, um sowohl im Verbundbetrieb eine größere Stabilität zu erhalten, als auch in der Spannungskurve die schädlichen Harmonischen zu unterdrücken, die insbesonders den Einphasenmaschinen eigen sind und bei Drehstrommaschinen bei einphasigem Kurzschluß auftreten. Die Volltrommelläufer müssen mit Rücksicht auf die erhöhte Drehzahl der Dampfturbinen bei plötzlicher Entlastung mechanisch für eine größere Normaldrehzahl gebaut sein, die wegen des Vorhandenseins von Schnellschlußventilen auf 25% begrenzt werden kann. Entsprechend den *REM* muß das Polrad diese Drehzahl in der Schleudergrube eine Minute lang ohne bleibende Formänderungen aushalten.

Die Schenkelpolmaschinen sind Maschinen mit ausgeprägten Polen, die meist mehr als vier Pole aufweisen, wie sie z. B. für die kleineren Drehzahlen der Wasserturbinen gebraucht werden. Hinsichtlich der Größe der Leistung stehen sie den Volltrommel-

---

[1] 160 000 kW Dampfturbogenerator 1 500 UpM des East River Kraftwerkes in New-York.

maschinen nicht viel nach, doch übertreffen sie diese in den Abmessungen und im Gewicht oft um ein mehrfaches.[1] Die Polräder der Schenkelpolmaschinen müssen je nach der Schnelläufigkeit der meist auf der gleichen Welle direkt gekuppelten Wasserturbinen für die Durchgangsdrehzahl, die der 1,8—2,8-fachen normalen Drehzahl entspricht, gebaut sein, da es bei den Wasserturbinen keine den Dampfturbinen entsprechenden Schnellschlußorgane gibt.

Bei der Ermittlung der Betriebseigenschaften der Synchronmaschine handelt es sich vorwiegend um die Auswirkung der Ankerreaktion der belasteten Maschine. Würden z. B. die Gleichstrompole feststehen und der Anker sich mit synchroner Geschwindigkeit drehen, so würde das von den Ankerströmen erregte Feld im Raum stillstehen und sich mit dem Erregerfeld zu einem resultierenden Feld vereinigen. Das Ankerfeld eines Drehstromgenerators ist besonders bei Turboläufern mit gleichmäßigem Luftspalt und gleichem magnetischen Widerstand am ganzen Ankerumfang praktisch sinusförmig im Gegensatz zum dreieckförmigen Ankerfeld der Gleichstrommaschine.

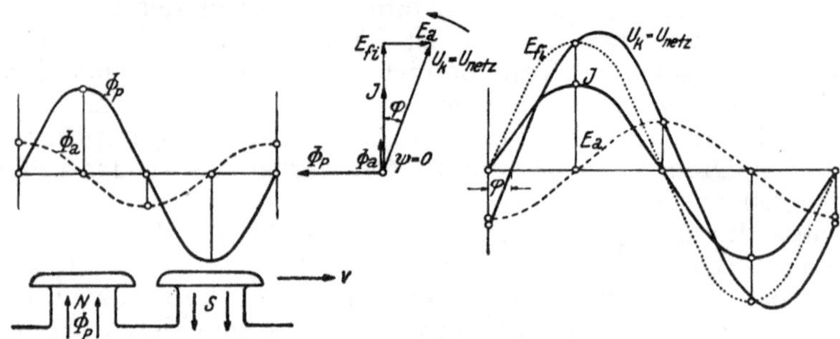

Abb. 57. Generator mit annähernd ohmscher Leistungsabgabe.

Wir betrachten eine Synchronmaschine und zerlegen die nicht sinusförmigen Felder in ihre Harmonischen und berücksichtigen in der ersten Annäherung nur die sinusförmige Grundwelle. Im folgenden soll nun das Verhalten der Maschine bei verschiedenen Belastungsfällen, den ohmschen, induktiven und kapazitiven, untersucht werden. Des leichteren Verständnisses halber wird die Lage der Felder den Polen gegenüber in der räumlichen Lage, ferner das vereinfachte Vektordiagramm und das Sinuswellendiagramm sowohl für den Generator als auch für den Motor gezeigt.

a) Beim annähernd ohmschen Belastungsfall (Abb. 57) ist der Ankerstrom J des Generators mit der induzierten fiktiven EMK E_{fi} phasengleich. Das Ankerfeld Φ_a überlagert sich derart dem Hauptfelde Φ_p, daß dieses in der einen Polhälfte gestärkt und in der anderen

[1] 100 000 kVA Wasserkraft Generator 150 UpM für das Yalu-Kraftwerk in der Mandschurei

Polhälfte um den gleichen Betrag geschwächt wird, wenn man die Sättigung vernachlässigt. Der resultierende Kraftfluß ändert sich daher gegenüber dem Leerlauf nicht.[1] Man erhält daher ein Zeigerdiagramm, bestehend aus: $\overline{E}_{fi} + \overline{E}_a = \overline{U}_k$, wobei E_a jene Spannung ist, die sowohl von den Kraftlinien des Hauptflusses als auch von denen des Streuflusses der Ankerwicklung induziert wird. Man bezeichnet die gesamte Reaktanz kurzweg als Ankerreaktanz.

Beim Motor ist der Ankerstrom der induzierenden fiktiven *EMK* entgegengerichtet und stärkt zuerst das Feld und schwächt es in der zweiten Hälfte, wie aus der Abb. 58 hervorgeht.

b) Reine induktive Leistungsabgabe des Generators, bezw. kapazitive Leistungsaufnahme des Motors ist in den Diagrammen (Abb. 59 und 60) dargestellt. Der Ankerstrom ist beim Generator gegen die induzierte fiktive *EMK* um 90^0 verzögert. Das Ankerfeld ist nunmehr ein reines Längsfeld, das das Haupterregerfeld sowohl beim Generator als auch beim Motor schwächt. Der Generator ist somit durch den der Spannung $U_k = U_{Netz}$ nacheilenden Strom induktiv belastet. Beim Motor ist U_k dem U_{Netz} entgegengerichtet und daher durch den der Netzspannung voreilenden Strom kapazitiv belastet.

c) Der Ankerstrom eilt beim Generator der induzierten *EMK* E_{fi} um 90^0 vor. Auch hier ist das Ankerfeld ein reines Längsfeld, das gegenüber dem Fall b beim Generator und Motor das Haupterregerfeld stärkt. Der Generator ist nunmehr kapazitiv und der Motor gegenüber der Netzspannung induktiv belastet (Abb. 61 und 62).

Da die Phasenverschiebung zwischen Strom und Spannung in normalen Fällen klein ist, so soll im nachstehenden das idealisierte Diagramm (Abb. 63) für den Fall einer allgemeinen Belastung z. B. für den induktiv belasteten Generator dargestellt werden.

Der induktiven Belastung beim Generator entspricht beim Motor eine kapazitive Stromaufnahme (Abb. 64).

Einer kapazitiven Belastung des Generators nach Abb. 65 entspricht beim Motor eine induktive Stromaufnahme (Abb. 66).

---

[1] Wie in der Einleitung bereits bemerkt, habe ich für die Vektoren in der komplexen Zahlenebene, die vielleicht besser Zeiger genannt werden, eine der *Ossanna*schen Schreibweise ähnliche — lateinische Großbuchstaben mit einem horizontalen Strich — gewählt, da diese meiner Ansicht nach wesentlich klarer ist als die Frakturschrift, die nur räumlichen Vektoren vorbehalten bleiben soll. Die üblich gewordene Darstellung in der Elektrotechnik, für alle komplexen Zahlen die Frakturschrift anzuwenden, hat den Nachteil, daß die besondere Kennzeichnung des von der Zeit abhängigen Vektors nicht unterschieden wird von dem von der Zeit unabhängigen Vektor, wie beispielsweise des komplexen Widerstandes, da der Multiplikator $e^{j\omega t}$ meist weggelassen wird. Außerdem sind in der Handschrift die am häufigsten vorkommenden Buchstaben U und J für Spannung und Strom in der Fraktur von den lateinischen Buchstaben fast nicht zu unterscheiden.

Aus den vorstehenden, vereinfachten Vektordiagrammen der *widerstandslosen* Maschine kann man ein einfaches Kreisdiagramm

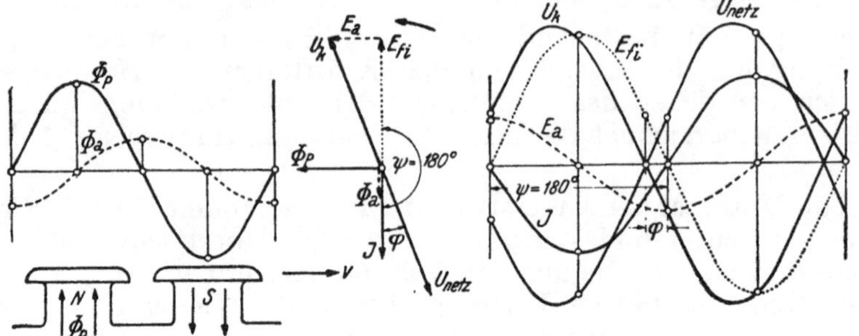

Abb. 58. Motor mit annähernd ohmscher Leistungsaufnahme.[1]

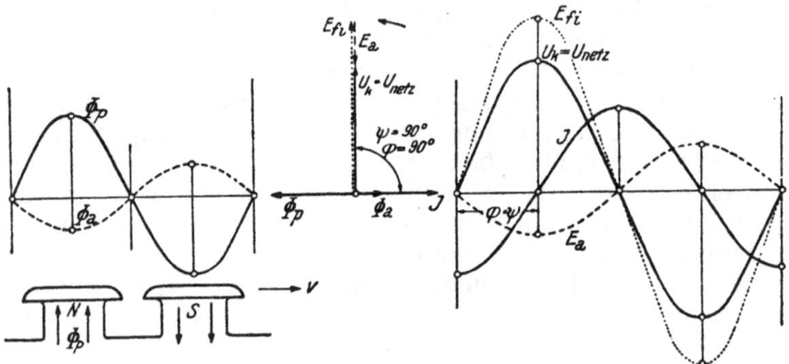

Abb. 59. Generator mit rein induktiver Leistungsabgabe (übererregt $E_{fi} > U$).

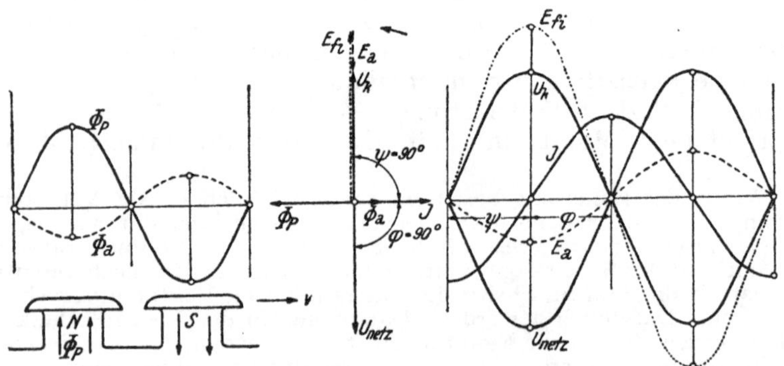

Abb. 60. Motor mit rein kapazitiver Leistungsaufnahme (übererregt $E_{fi} > U$).

[1] In den Abb. 58—66 hat der Φ_p stets die gleiche Größe, während in den Vektor- und Sinusschaubildern die Netzspannung konstant ist.

für konstante Klemmenspannung und Erregung bei veränderlicher Leistung entwickeln.[1]

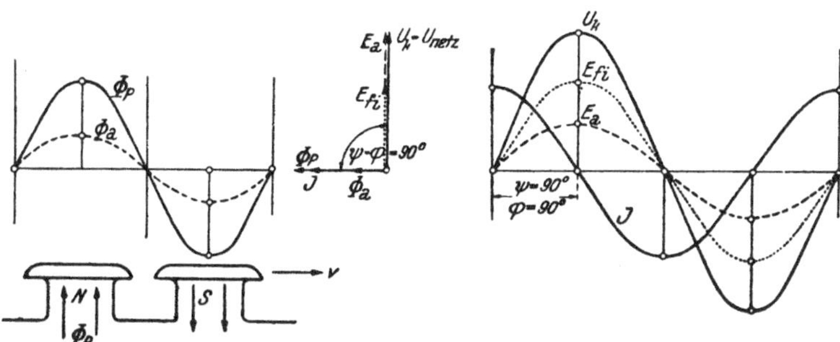

Abb. 61. Generator mit rein kapazitiver Leistungsabgabe (untererregt $E_{fi} < U$).

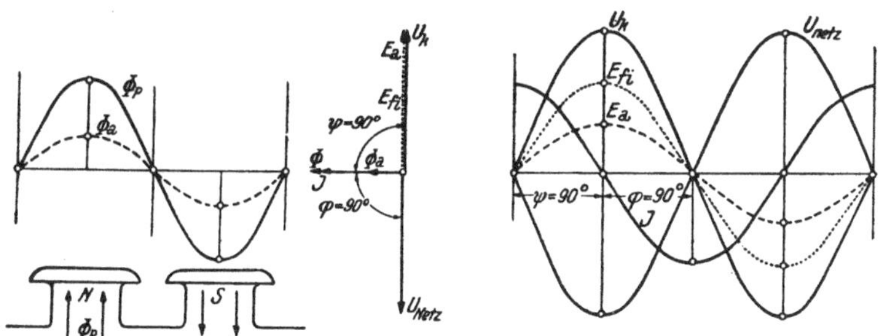

Abb. 62. Motor mit rein induktiver Leistungsaufnahme (untererregt $E_{fi} < U$).

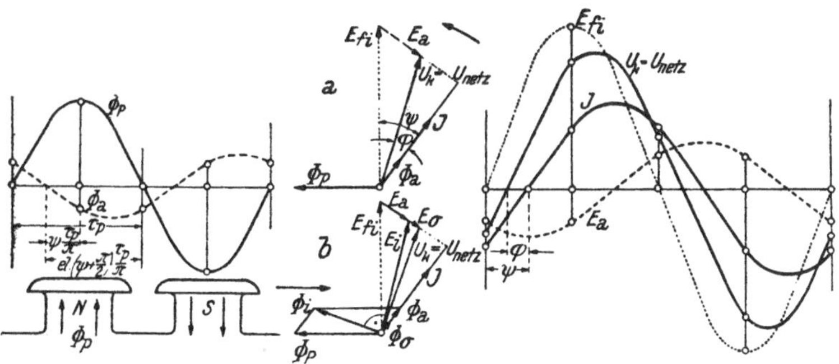

Abb. 63. Generator mit induktiver Leistungsabgabe (übererregt $E_{fi} > U$).

Im Felddiagramm ist der Winkel $\psi \frac{\tau_p}{\pi}$ zwischen den beiden Nulldurchgängen von Φ_p und Φ_a einzuzeichnen.

[1] *Pichlmayer, K.:* Wechselstromerzeuger. Sammlung Göschen Nr. 547. Leipzig: 1911.

Man entnimmt das Vektordiagramm aus der Abb. 63, dem Fall der induktiven Generatorbelastung, dreht es um 90⁰ und zeichnet es in dieser Lage von $\overline{O\,O_1}$ aus ein (Abb. 67). Da die induzierte Spannung konstant angenommen wurde, so bewegt sich der Punkt P auf einem Kreis um O_1 als Mittelpunkt.

Man kann die Strecke $\overline{O\,P} = E_a$ auch im Strommaßstab ausdrücken, indem man $J = \overline{O\,P}/k_a$ setzt, wobei k_a die Ankerreaktanz ist. Die Wattkomponente des Stromes ist dann $J_w = \overline{P\,P'}$ und die wattlose Komponente $J_b = \overline{O\,P'}$.

Da die Klemmenspannung konstant ist, so ist $\overline{P\,P'}$ auch ein Maß für die Leistung. In P_0 ist die Leistung Null, d. h. es liegt Leerlauf vor; in P_m, bezw. P_m' ist für den Generator, bezw. Motor ein Höchstwert der Leistung erreicht. In P_k liegt Kurzschluß vor, da sich in diesem Falle die Klemmenspannung U_k und die induzierte Spannung addieren. Im oberen Halbkreis arbeitet die Maschine als Motor, im unteren als Generator.

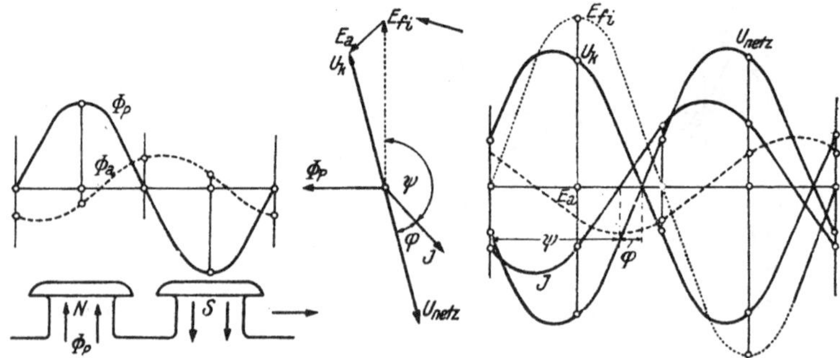

Abb. 64. Motor mit kapazitiver Leistungsaufnahme (übererregt $E_{fi} > U$).

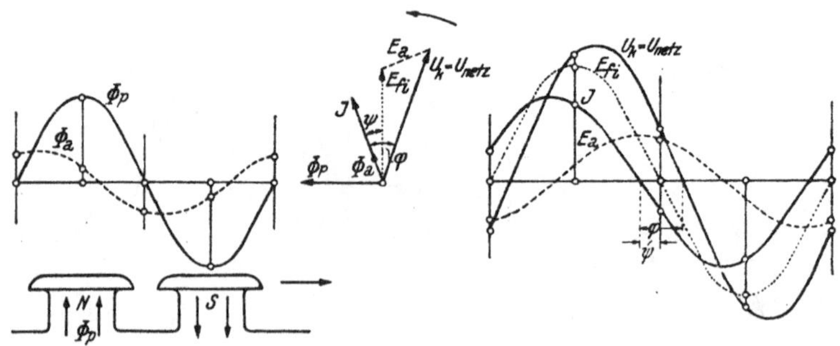

Abb. 65. Generator mit kapazitiver Leistungsabgabe (untererregt $E_{fi} < U$).

Wird beim *widerstandslos* gedachten Generator bei konstanter Leistung und Klemmenspannung die Erregung verändert, so bleibt auch die Wattkomponente des Stromes und damit die abgegebene elektrische Leistung konstant (Abb. 68). Der Strom J vergrößert oder verkleinert sich je nach der Einstellung der Erregung. Für eine bestimmte Erregung ergibt sich ein Mindestwert des Stromes für induktionsfreie Belastung. Man kann daraus die Kurvenschar $\widetilde{J}/i_m$ erhalten. Es sind dies V-artige Kurven, die für die

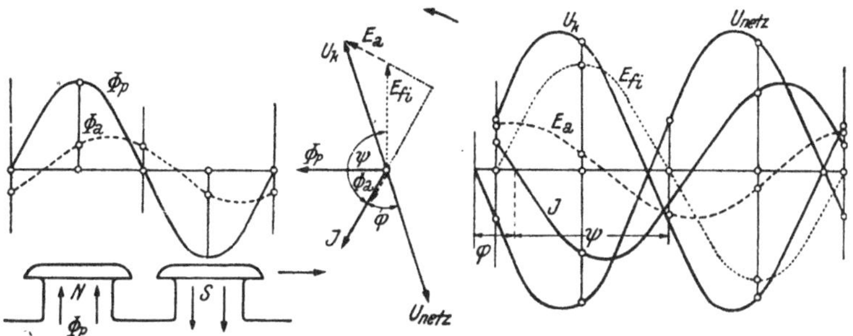

Abb. 66. Motor mit induktiver Leistungsaufnahme (untererregt $E_{fi} < U$).

Synchronmaschine charakteristisch sind (Abb. 69). Die genaue Kurvenform kann nur unter Berücksichtigung des ohmschen Widerstandes der Ständerwicklung gefunden werden.

Die in den Ankerleitern vom Feld des Polrades erzeugte Spannung E_{fi} erreicht ihren Höchstwert unter der Polmitte, wo die Zahl der geschnittenen Ankerleiter am größten ist. Bei induktiver Belastung nach Abb. 63 bei einem Winkel ψ zwischen E_{fi} und J erreicht der Strom den Höchstwert erst nach einer Zeit $t = \psi/(2\pi \,.\, T)$, in der sich das Polrad bereits um den Weg $x = 2\,\tau_p\, t/T = = \psi\,\tau_p/\pi$ weitergedreht hat. Die Anker AW_a-Welle und damit die Ankerfeldwelle Φ_a ist also gegenüber dem Polrad um $(\psi + \pi/2)$ elektrische Grade entsprechend einem räumlichen Winkel $1/p\ (\psi + \pi/2)$ verschoben. Der von AW_a erregte Ankerfluß Φ_a würde für sich allein betrachtet eine um 90^0 nacheilende Spannung erzeugen, wie es beim Ankerstreufluß Φ_σ der Fall ist, der die Ständerstreuspannung E_σ hervorruft. Der Hauptteil des von AW_a erregten Flusses schließt sich über den magnetischen Hauptweg Anker—Luftspalt—Pol—

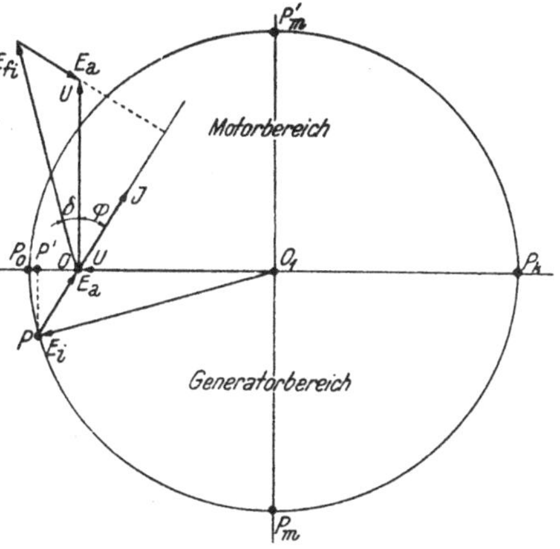

Abb. 67. Kreisdiagramm der Synchronmaschine für konstante Erregung. (Die Spannung U ist identisch mit U_k.)

Joch—Pol—Luftspalt—Anker und überlagert sich mit dem dort vorhandenen Haupt- oder Polradfluß. Das daraus resultierende Feld Φ_i erzeugt die um 90 el. Grade verzögerte, in der Maschine tatsächlich induzierte Spannung E_i, die in Abb. 63b dargestellt ist. Dem Fluß Φ_i entsprechen auch alle Sättigungen in der Maschine. Außer dem bereits erwähnten Ankerfelde ist noch das Streufeld Φ_σ vorhanden und im Zeigerbild 63b dargestellt, das sich aus dem Nuten- und dem Stirnstreufelde zusammensetzt und die *EMK* der Streuung $E_\sigma = k_\sigma J$ erzeugt, wobei k_σ die Streureaktanz genannt wird. Diese Streuspannung wird experimentell bei herausgenommenem Magnetrade ermittelt. Man mißt den Strom J, die Spannung U und die Leistungsaufnahme in Watt. Daraus berechnet man $U \sin \varphi$, das vom Nutenstreu-, Stirnstreu- und Bohrungsfeld herrührt. Die Größe des Bohrungsfeldes kann entweder berechnet oder mittels einer leicht aufbringbaren Meßwicklung bei herausgenommenem Läufer vom Nuten- und Stirnstreufeld getrennt gemessen werden. Die Streureaktanzspannung erhält man als Differenz von $U \sin \varphi - E_b$, wobei E_b die vom Bohrungsfeld induzierte *EMK* bedeutet. Im Zeigerbild (Abb. 63 b) ist der Spannungsabfall $E_r = J r$ noch vernachlässigt.

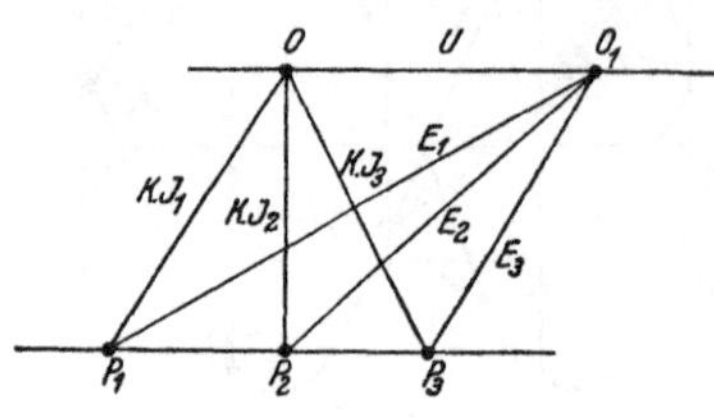

Abb. 68. Synchronmaschine für konstante Leistung.

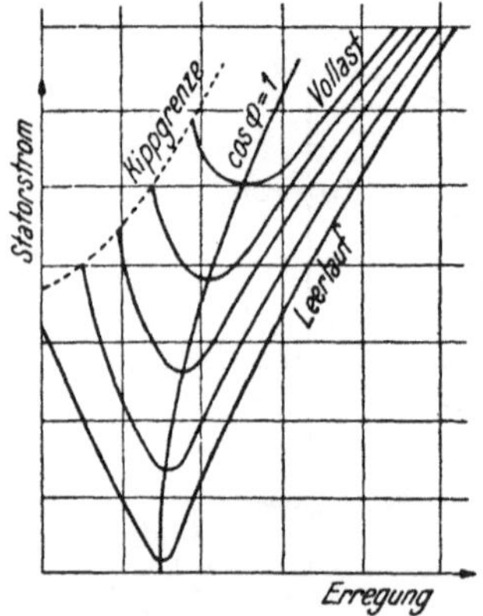

Abb. 69. Schaulinien der Synchronmaschine.

Die Vektordiagramme der Synchronmaschine werden oft im Zusammenhang mit der Magnetisierungslinie dargestellt. Berücksichtigt man noch die Tatsache, daß wegen der magnetischen Streuung zwischen den Polen diese und das Joch um diesen Streufluß stärker gesättigt sind als die Luft-, Zahn- und Ständerrückenschichten, so muß man mit zwei Magnetisierungslinien arbeiten und diese über die Magnetpolstreuung kombinieren.

II. Volltrommelmaschine.

Es soll zuerst in Abb. 70 das Vektordiagramm für die *Volltrommelmaschine* gezeichnet werden, ferner die *AW*-Linie für die Hauptdurchflutung über Luft, Zähne und Rücken und die *AW*-Linie für den Streufluß Pol und Joch. Die induzierte Spannung

E_i, die im gezeichneten Fall für eine induktive Belastung unter dem Winkel φ vom resultierenden Feld Φ_i, bezw. den resultierenden AW_i hervorgerufen wird, ist für den Sättigungszustand der Maschine allein maßgebend. Dreht man das Spannungsabfalldreieck $E_r E_\sigma$ um O_2 in die U-Richtung, so erhält man für die rein induktive Belastung im Schnittpunkt C der Horizontalen durch 1 mit der AW-Linie für Luft, Zähne und Rücken die für den betreffenden Sättigungszustand der Maschine notwendige Luft-, Zahn- und Rücken-AW

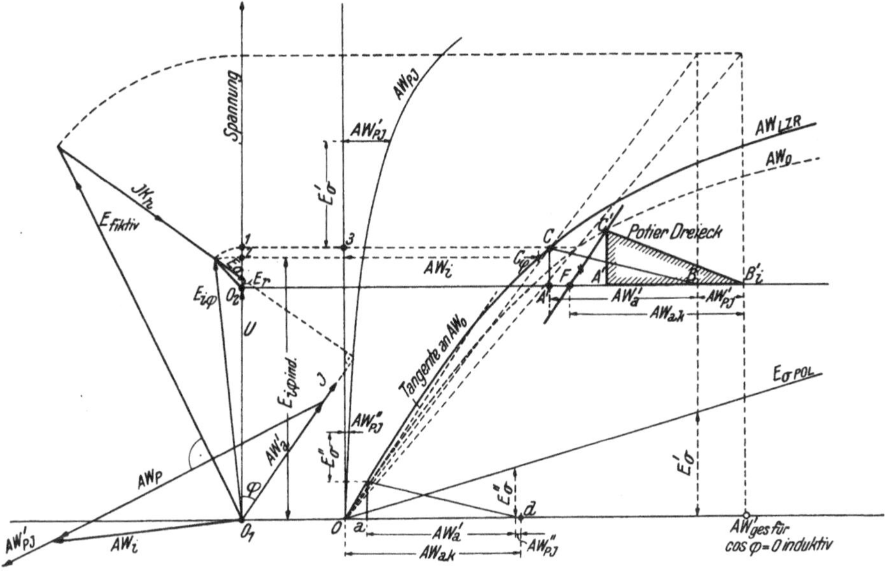

Abb. 70. Ermittlung der Erregung für induktive Belastung.

entsprechend der Strecke $\overline{C\,3}$. Zu diesen kommen noch die AW_a, die von der Ankerrückwirkung herrühren und die auf Magnet-AW umgerechnet AW_a' heißen sollen. Sie können durch eine schon von *Pichelmayer*[1] angegebene Konstruktion ermittelt werden: Die fiktive innere Spannung E_{fi} wird in die U-Richtung gedreht und mit dem Strahl durch den Sättigungspunkt C der Maschine zum Schnitt gebracht. Aber auch diese AW_a' ergeben noch nicht die volle Erregerstromstärke, da noch das Streufeld Pol + Joch aufgebracht werden muß. Trägt man die Polrad-Streuspannung $E_{\sigma\,Pol}$ als Funktion der gesamten Pol-AW auf, so erhält man wegen des großen Luftweges eine Gerade. Die Größe von E_σ' ergibt auf der AW_{PJ}-Linie die gesuchten AW_{PJ}', die auf der Horizontalen $\overline{A\,B}$ von B aus aufgetragen den Punkt B_i' und somit die volle Erregerstromstärke (Erreger AW) ergeben.

[1] *Pichlmayer, K.:* Wechselstromerzeuger. Sammlung Göschen Nr. 547. Leipzig: 1911.

Für die in Abb. 70 dargestellte Phasenlage des Stromes J ergibt sich auch ein charakteristisches Dreieck, dessen Eckpunkte durch Drehung der Vektoren E_{fi}, bezw. $E_{i\varphi}$ um O_1 und Hinüberloten auf die magnetische Kennlinie AW_{LZR} gefunden werden. In gleicher Weise wie für die rein induktive Belastung wird der Punkt $B_{i\varphi}$ der gesamten Erregung für den Leistungsfaktor $\cos\varphi$ unter Benützung von E_σ und AW_{PJ} erhalten. Von diesem Dreieck ist in Abb. 70 nur der eine Eckpunkt C_φ eingezeichnet.

Das beschriebene Verfahren zur Ermittlung der gesamten notwendigen Polraderregung ist zwar theoretisch einwandfrei, aber in der Praxis nicht gebräuchlich, da hiezu die Hauptreaktanz k_h bekannt sein muß, die vom augenblicklichen, entsprechenden Sättigungspunkt der Maschine abhängt. Dieser ändert sich jedoch sowohl mit der Last als auch mit dem Leistungsfaktor. Nach *Richter*[1] ist

$$k_h = 16\, m_1 f \frac{\tau_p}{p} \frac{l_i}{\delta''} w_1^2 f_w^2\, 10^{-9}\,\text{Ohm}, \tag{20}$$

wobei m_1 die primäre Windungszahl, f die Frequenz, τ_p die Polteilung, l_i die ideelle Eisenlänge, w_1 die in Serie geschalteten Windungen je Phase, f_w den Wicklungsfaktor bedeuten und δ'' der reduzierte Luftspalt entsprechend der Sättigung ist.

$$\delta'' = \delta' \frac{AW_{Luft} - AW_{Fe}}{AW_{Luft}}.$$

In der Praxis rechnet man meist die erforderlichen Anker-AW_a nach der Gl.:

$$AW_a = \frac{\sqrt{2}}{\pi} m_1 f_w \frac{w_1}{p} J;$$

Die Reduktion dieser am Luftspalt wirkenden AW_a auf die Polradwicklungs-AW_a' ist nur dann von Bedeutung, wenn man eine besondere Polschuhform zur Erzielung möglichst reiner Sinuswellen anstrebt. Auch dann ist mindestens $AW_a' = 0{,}92\, AW_a$, weshalb man für praktische Rechnungen ohne große Fehler $AW_a' = AW_a$ setzen kann.

Die Leerlaufkennlinie wird aus den AW_{LZR} punktweise, ähnlich wie der Lastpunkt B_i' ermittelt. Für jede Spannung $E_{i\varphi}$ werden aus AW_{LZR} die AW_i gewonnen und zu diesen unter Berücksichtigung der Polstreuung so wie beim Belastungspunkt B_i' die AW_{PJ} dazugezählt.

Das für überschlägige Kurzschlußberechnungen und zur experimentellen Ermittlung der Maschinenkonstanten bekannte *Potier*sche Dreieck $A'\,B_i'\,C'$ ist mit dem eben gezeichneten Dreieck $A\,B\,C$ keineswegs identisch.

[1] *Richter, R.:* Elektrische Maschinen. Bd. II, Synchronmaschinen und Einankerumformer. S. 29 Gl. 69a. Berlin, Julius Springer, 1930.

Das *Potier*dreieck gilt nur für reine induktive Belastung; zur Ermittlung dieses Dreiecks geht man vom Punkt der größten Erregung B_i' aus und trägt von hier nach links die AW_{ak} auf und erhält den Punkt F. Die AW_{ak} sind jene Amperewindungen, die notwendig sind, damit bei Kurzschluß der Maschine im Ständerkreis der Normalstrom fließt. Sie werden in folgender Weise bestimmt: Von O aus trägt man die Streuspannung E_σ bei Normalstrom und Kurzschluß auf der Ordinatenachse auf und erhält aus der Magnetisierungslinie die zugehörigen Amperewindungen $\overline{O\,a}$. Zu diesen sind noch die bereits ermittelten Amperewindungen der Ankerrückwirkung AW_a' zu addieren und schließlich die wegen der Polstreuung aufzubringenden AW_{PJ} hinzuzufügen. Die algebraische Summe dieser $AW_{ak} = \overline{O\,d}$ sind die im Kurzschluß bei Nennstrom nötigen Amperewindungen. (Abb. 70.)

Wie man aus dem Vergleich der Strecken $\overline{A\,C}$ und $\overline{A'\,C'}$ sieht, stimmt die gerechnete Streuspannung $\overline{A\,C} = E_\sigma$ mit der aus dem *Potier*dreieck sich ergebenden Streuspannung $\overline{A'\,C'}$ nicht überein.

Da die erforderlichen Bestimmungsgrößen des *Potier*schen Dreiecks wie

a) Leerlaufkennlinie $AW_0/i_{Erreg.}$,
b) Kurzschlußkennlinie $J_k/i_{Erreg.}$,
c) induktiver Vollastpunkt B_i

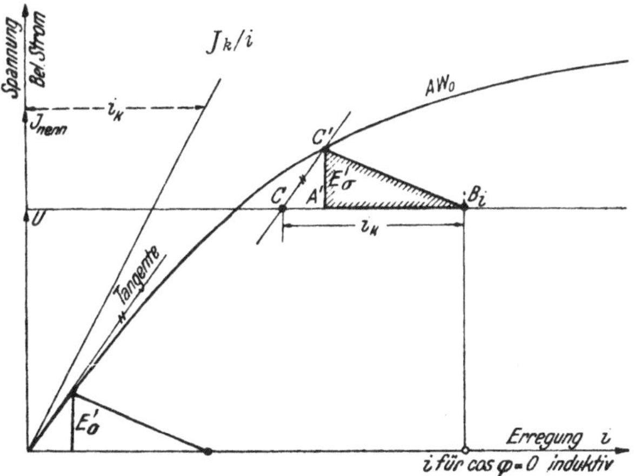

Abb. 71. Konstruktion des *Potierschen* Dreiecks.

im Prüffeld gemessen werden können, so wird im folgenden die Konstruktion dieses Dreieckes aus diesen Meßergebnissen gezeigt. Man ermittelt, wie in Abb. 71 dargestellt, die Kurzschlußerregung i_k für den Nennstrom J_{nenn}, trägt diese vom induktiven Vollastpunkt B_i aus auf, zieht durch C eine Parallele zur Tangente an die Leerlaufkennlinie und erhält das *Potier*dreieck $A'\,B_i\,C'$ und die *Potier*streuspannung E_σ'. Dieses E_σ' eignet sich nur zur relativen Beurteilung der Streugrößen verschiedener Maschinen untereinander und für ganz überschlägige Kurzschlußstromberechnungen.

Bei kapazitiver Belastung, bezw. bei Voreilwinkeln des Stromes wird $E_{i\varphi}$ kleiner als U und das Belastungsdreieck klappt um; die genaue kapazitive Vollasterregung erhält man in ähnlicher Weise wie bei der in Abb. 70 dargestellten induktiven Belastung. In

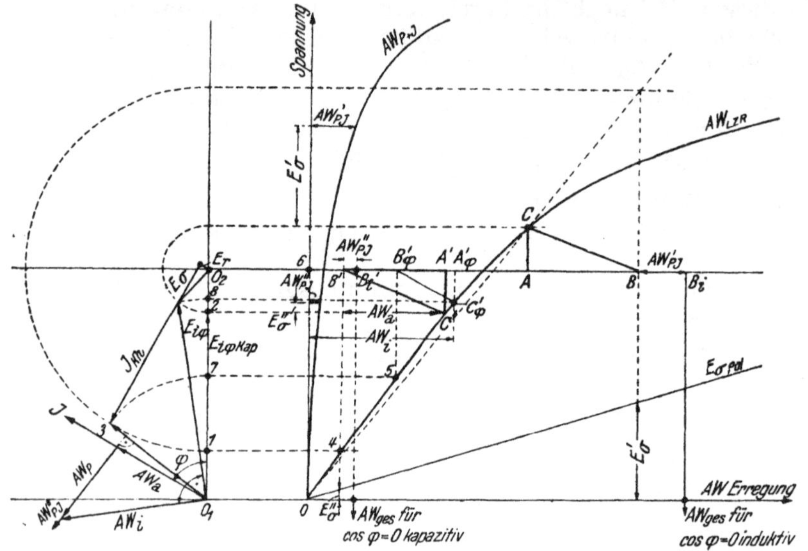

Abb. 72. Ermittlung der Erregung für kapazitive Belastung.

Abb. 72 ist nochmals das charakteristische Dreieck für die induktive Belastung $A\,B\,C$ eingezeichnet. Aus der allgemeinen Lage der Vektoren E_{fi}, bezw. $E_{i\varphi}$ erhält man die rein kapazitive durch Drehung in die Lage $\overline{O_1\,2}$, bezw. $\overline{O_1\,1}$. Lotet man die Punkte 1 und 2 auf die Charakteristik AW_{LZR}, so erhält man die Schnittpunkte C' und 4. Die Vertikale durch 4 ergibt mit der Horizontalen durch O_2 den zweiten Eckpunkt B' des charakteristischen Dreiecks. Zu den auf diese Weise ermittelten Amperewindungen $\overline{6\,B'}$ müssen noch wie bei der induktiven Belastung die AW_{JP} addiert werden. Die Vertikale durch B' schneidet auf der $E_{\sigma\,Pol}$-Geraden die Strecke E_σ'' ab, die zu $E_{i\varphi}$ addiert auf der AW_{PJ}-Kennlinie die erforderliche AW_{PJ}'' ergibt. Diese werden von B' aus nach rechts aufgetragen, wodurch man den Punkt B_i', die Gesamtamperewindungen für die rein kapazitive Belastung erhält.

Außerdem ist noch das charakteristische Dreieck $A_\varphi'\,B_\varphi'\,C_\varphi'$ für eine allgemeine kapazitive Belastung eingezeichnet, indem man E_{fi} und $E_{i\varphi}$ in die Vertikale um O_1 dreht und durch Hinüberloten von 7 und 8 auf die AW_{LZR} die Dreieckspunkte B_φ' und C_φ' findet.

Bei rein induktiver, bezw. rein kapazitiver Belastung verschwindet das Querfeld und bleibt nur das Längsfeld übrig.

Da in der Praxis die Generatorkennlinien für die Betriebsverhältnisse nicht aufgenommen werden können, so muß man die Belastungen für $\cos\varphi = 0$ aufnehmen und daraus die Erreger-

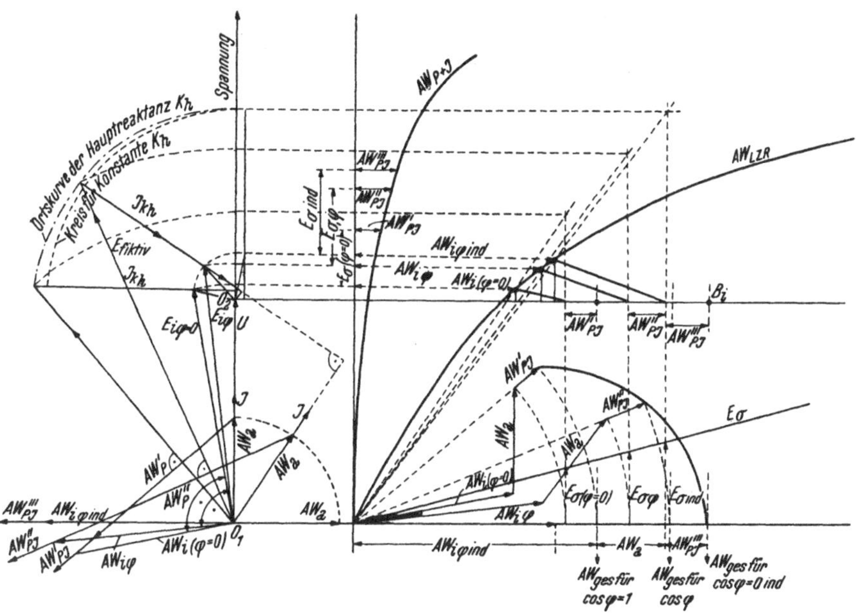

Abb. 73. Darstellung der resultierenden Erregung für $\cos\varphi = 1$ bis $\cos\varphi = 0$ induktiv.

größen für die verlangten Leistungsfaktoren entwickeln. Dies geschieht in Europa nach den schwedischen Maschinennormalien und in USA nach den amerikanischen Normalien USA C 50—1936. Diese Verfahren sollen im nachstehenden beschrieben werden.

Die Überleitung zum schwedischen Verfahren bildet die Konstruktion nach Abb. 73. Man trägt bei konstantem Strom für verschiedene Leistungsfaktoren die AW_i auf, deren Größe mit schlechter werdendem $\cos\varphi$ nur wenig wächst und deren Phasenlage sich auch nur wenig verändert. Dazu werden die zugehörigen AW_a aufgetragen, deren Endpunkte auf einer kreisähnlichen Kurve liegen. Zu dieser geometrischen Summe kommen für die Ermittlung der gesamten Erregung noch die AW_{PJ}, deren Größe nur wenig veränderlich ist, weshalb die Endpunkte der gesamten AW_g auf einer kreisähnlichen Kurve liegen. Nach den *schwedischen Normalien*[1] werden nun zur Ermittlung der Erregung und der Spannungserhöhung die folgenden bestimmbaren Größen benötigt: Leerlaufkennlinie, Leerlauf- und Kurzschlußerregerstrom (i_0 und i_k), Erregerstrom für Nennstrom bei $\cos\varphi = 0$ und Nennspannung.

Auf der Vertikalen über i_0 im Punkte A der Abb. 74 wird $i_k = \overline{AC}$ aufgetragen. $\overline{AC}$ wird bei kleinen Maschinen bis zu 100 kVA

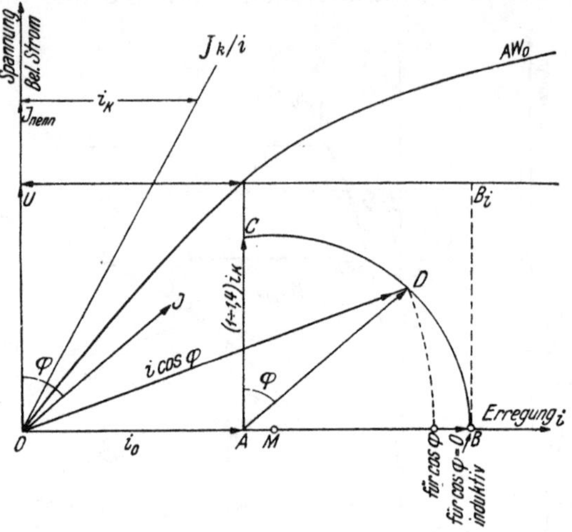

Abb. 74. Ermittlung der Erregung nach den schwedischen Normalien.

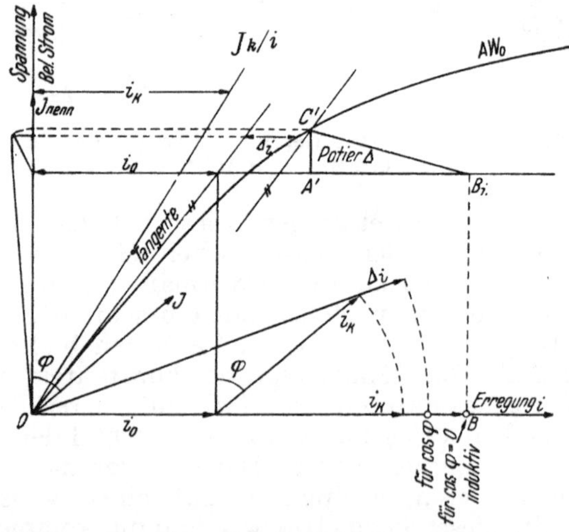

Abb. 75. Ermittlung der Erregung nach den amerikanischen Normalien.

[1] *Nürnberg, W.:* Die Prüfung elektrischer Maschinen. Berlin: Springer-Verlag, 1940.

um 10 v. H., bei Maschinen mittlerer Größe um 5 v. H. und bei ganz großen Einheiten bis zu 2 v. H. vergrößert. Weiters trägt man auf der x-Achse i für $\cos\varphi = 0$ auf und erhält den Punkt B. Man ermittelt nun auf der x-Achse den Mittelpunkt M eines Kreises, der durch die Punkte B und C geht. Trägt man von A aus den Winkel φ der übererregten Maschine, Generator oder Motor auf, so erhält man in der Verbindung von $\overline{OD}$ die diesem Leistungsfaktor entsprechende Erregung. Für Stromstärken, die von der Nennstromstärke abweichen, wird $\overline{AC}$ entsprechend proportional geteilt und auf $\overline{OB}$ werden die gemessenen Erregungen für $\cos\varphi = 0$ aufgetragen und die dazugehörigen Kreise gezeichnet.

Die Vertikalen über den so ermittelten Erregungen schneiden auf der Leerlaufkennlinie die Spannungserhöhungen ΔU ab, die sich ergeben, wenn die konstant erregte Synchronmaschine entlastet wird. Die Spannungserhöhung ε wird in v. H. ausgedrückt.

$$\varepsilon = \frac{\text{Leerlaufspannung bei Nennerregung} - \text{Nennspannung}}{100 \,.\, \text{Nennspannung.}}$$

Wegen der Größe der Kurzschlußspannung hat eine große Spannungserhöhung ε einen kleinen Kurzschlußstrom und ein kleines ε einen großen Kurzschlußstrom zur Folge. Die Wicklungen und ihre Reaktanzen müssen bei der Berechnung so ausgelegt werden, daß die gewünschten Kurzschlußströme, bzw. Spannungserhöhungen nicht überschritten werden. Nach den *REM* soll der Effektivwert des maximalen Kurzschlußstromes den 15-fachen Nennstrom nicht übersteigen und die Spannungserhöhung bei $\cos\varphi = 0{,}8$ nicht größer als 50 v. H. sein. Größere Spannungserhöhungen haben im allgemeinen keine betrieblichen Nachteile, da sie durch die Schnellregler ausgeglichen werden.

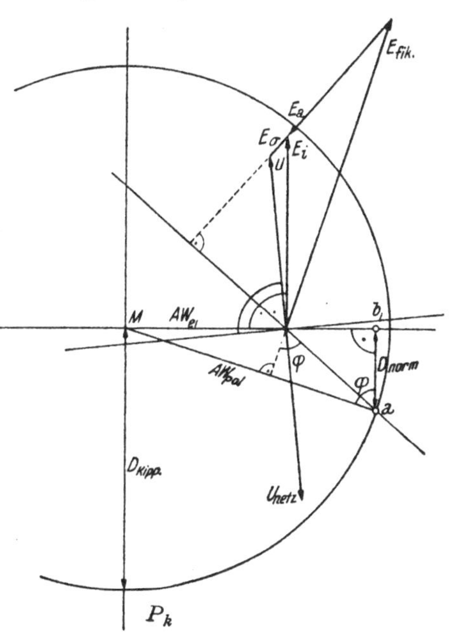

Abb. 76.

Nach den amerikanischen Normalien[1] wird die Streuspannung bei $\cos\varphi = 0$ (Potierspannung) zur Ermittlung des Erreger-

[1] *Nürnberg, W.*, l. c.

stromes benützt. Die übrigen erforderlichen Meßgrößen sind dieselben wie bei der schwedischen Methode. Der gesamte Erregerstrom wird, wie aus Abb. 75 hervorgeht, als vektorielle Summe aus dem Luftspaltanteil des zur Nennspannung gehörigen Leerlauferregerstromes i_0, dem Kurzschlußerregerstrome i_k und dem über die geradlinige Luftspaltlinie wegen der magnetischen Sättigung hinausgehenden Teiles Δ_i gefunden. Der so erhaltene Erregerstrom ist fast ebenso groß wie der nach der schwedischen Methode bestimmte. Für rein induktive Belastung erhält man durch algebraische Addition von i_0, i_k und Δ_i die Erregung für Nennstrom und $\cos\varphi = 0$. Für Teillasten ist i_k linear zu teilen und Δ_i durch ebenfalls lineare Verkleinerung des Spannungsabfalldreiecks zu ermitteln.

Das Kippverhältnis des Synchronmotors.

In der Praxis wird beim Synchronmotor häufig das Kippverhältnis $\lambda = \frac{D_{kipp}}{D_{norm}}$ angewendet. Zur Ermittlung dieses Ausdruckes geht man vom allgemeinen Diagramm des Volltrommel-Synchronmotors (Abb. 76) aus und stellt das größte Moment fest,

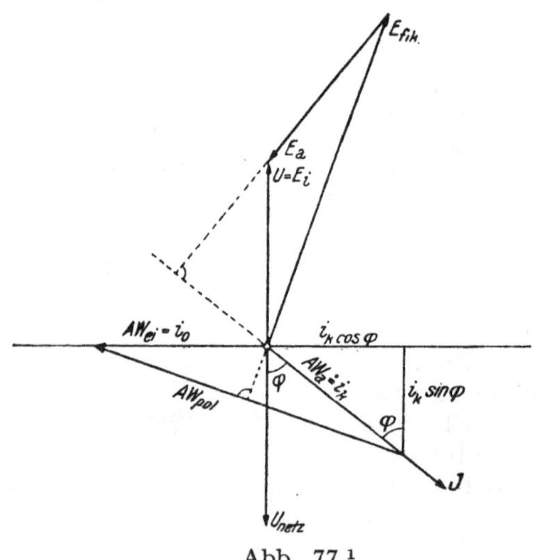

Abb. 77.[1]

das der Motor bei konstanter Erregung abgeben kann. Aus dem Amperewindungsdreieck AW_{ei}, AW_a, AW_{Pol} geht hervor, daß die zu E_i parallele Strecke ab dem Drehmoment des Motors proportional ist. Da bei konstanter Erregung $AW_{Pol} = \overline{Ma}$ konstant bleibt, so kann man mit dem Radius AW_{Pol} um M einen Kreis

[1] $i_k \cos\varphi$ und $i_k \sin\varphi$ sind zu vertauschen.

zeichnen und erhält den Kippunkt P_k und das Kippmoment $\overline{M\,P_k} = D_{kipp}$. Für die widerstandslose, aber mit Streuung behaftete Maschine ergibt sich das Kippverhältnis zu:

$$\lambda = \frac{\overline{M\,P_k}}{\overline{a\,b}} = \frac{D_{kipp}}{D_{norm}}.$$

Vernachlässigt man auch die Streuung, so vereinfacht sich das Zeigerbild, wie in Abb. 77 dargestellt, da U und E_i zusammenfallen. Daraus ergibt sich das Kippverhältnis λ zu:

$$\lambda = \frac{A\,W_{Pol}}{A\,W_a \cos\varphi} = \sqrt{\frac{(i_0 + i_k \sin\varphi)^2 + i_k^2 \cos^2\varphi}{i_k^2 \cos^2\varphi}},$$

$$\lambda = \sqrt{1 + \left(\frac{i_0}{i_k \cos\varphi} + \operatorname{tg}\varphi\right)^2}. \tag{21}$$

Diese angenäherte Formel wird in der Praxis auch für Schenkelpolmaschinen angewendet, obwohl dort die Unterschiede in der Quer- und Längsreaktanz die wahren Verhältnisse ziemlich stark beeinflussen können.

III. Schenkelpolmaschinen.

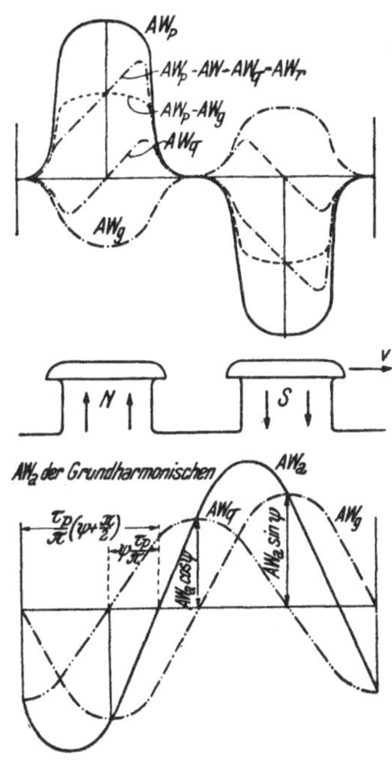

Abb. 78.

Diese unterscheiden sich im wesentlichen dadurch von den Volltrommelmaschinen, daß sie ausgeprägte Pole besitzen. Die entstehenden Pollücken haben zur Folge, wie in Abb. 78 dargestellt, daß die $A\,W_a$ in zwei Komponenten zerlegt werden können, deren jede auf einen konstanten magnetischen Widerstand arbeitet. Die Gegen-$A\,W_g$ besitzen mit den Pol-$A\,W$ die gleiche Achse und können zu diesen entweder addiert oder subtrahiert werden; sie verstärken oder schwächen die Pol-$A\,W$ bezw. das Erregerfeld. Räumlich um 90 elektrische Grade dazu stehen die Quer-$A\,W_q$, die auf der einen Seite eine Erhöhung der $A\,W$-Verteilung und damit der Induktion und auf der anderen Seite eine Schwächung bewirken. Infolge der durch die Sättigung hervorgerufenen Abschwächung des Flusses auf der einen Polhälfte ist ein geringer Mehraufwand an Polrad-$A\,W$ notwendig. Aus dem Diagramm (Abb. 79) folgt, daß die Amplituden der $A\,W_g$ und $A\,W_q$ sich zu $A\,W_a \sin\psi$, bezw. $A\,W_a \cos\psi$

ergeben. — Um das genaue Vektordiagramm der Schenkelpolmaschine zu entwickeln, muß die Hauptreaktanz k_h in die Gegenreaktanz k_g und in die Querreaktanz k_q zerlegt werden. Der Einfachheit halber wird im Magnetisierungsdiagramm nur eine einzige Magnetisierungslinie *AW* für Luft, Zähne, Rücken, Pol und Joch verwendet (Abb. 80).

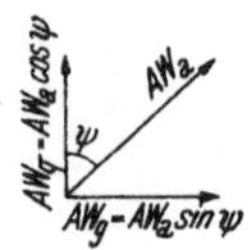

Abb. 79.

Genau wie bei der Volltrommelmaschine wird an die Klemmenspannung der *ohm*sche- und der Streuspannungsabfall angereiht. Um die Größe der tatsächlich in der Maschine induzierten Spannung E_i und den inneren Phasenwinkel ψ zu ermitteln, ist die Größe der Querreaktanz erforderlich. Nach *Pichelmayer*[1] beträgt sie:

$$k_q = \frac{l_i \, \tau \, w_\varphi^2 \, \varkappa_q \, 10^{-8}}{\delta_q''} \; ; \qquad \varkappa_q = 3{,}552 \, f_w \frac{\sqrt{2}}{\pi} m \left(\alpha - \frac{\sin \alpha \pi}{\pi}\right).$$

$$E_q = J \, k_q \cos \psi.$$

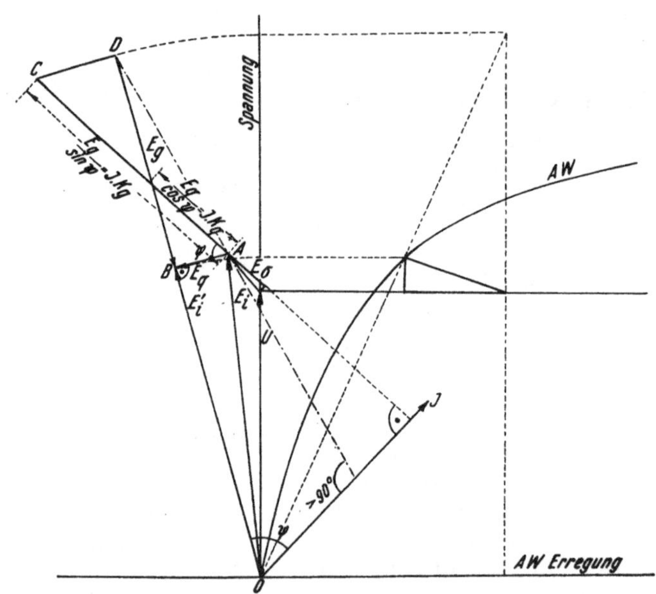

Abb. 80. Zeigerschaubild der Schenkelpolmaschine.

Hierin bedeuten:

l_i	Eisenbreite,	f_w	Wickelfaktor,
τ	Polteilung,	m	Phasenzahl,
w_φ	Windungen in Serie und Phase,	α	Polbedeckungsfaktor,
δ_q''	reduzierter Querfeldluftspalt,	$\varkappa_q$	Faktor der Querreaktanz.

[1] *Pichelmayer, K.*: Wechselstromerzeuger. Sammlung Göschen Nr. 547. Leipzig 1911.

Es ist $E_q = J \cos\psi\, k_q$ und daraus

$$\frac{E_q}{\cos\psi} = J\, k_q. \tag{22}$$

$J\, k_q$ kann aus den bereits bekannten Größen ermittelt werden. Wird es in der Verlängerung von E_σ in der Abb. 80 aufgetragen, so bekommt man die Richtung von E_i, bezw. den inneren Phasenwinkel ψ. Fällt man von A aus eine Senkrechte auf diese Richtung, so schneidet sie bei B den Endpunkt des Vektors E_i ab. Gleichzeitig erhält man auch die Größe von E_q.

In ähnlicher Weise läßt sich die Größe und die Richtung des Gegenfeldes ermitteln. Es ist

$$E_g = J\, k_g \sin\psi; \qquad k_g = \frac{l_i\, \tau\, w_\varphi^2\, \varkappa_g\, 10^{-8}}{\delta_g''}, \tag{23}$$

$$\varkappa_g = 3{,}552\, f_w \frac{\sqrt{2}}{\pi}\, m \left(\alpha + \frac{\sin \alpha\, \pi}{\pi}\right).$$

Daraus ist $\dfrac{E_g}{\sin\psi} = J\, k_g$.

Der Ausdruck $J\, k_g$ kann ebenfalls aus den bekannten Größen berechnet werden. Man trägt ihn in der Richtung von E_σ von A aus auf und erhält den Punkt C. Eine Senkrechte von C aus auf die E_i Richtung ergibt den Punkt D, den Endpunkt des Spannungsvektors E_g $(\overline{B\,D})$.

$\overline{O\,D}$ ist nun die fiktive innere Spannung der Maschine. Wie bei der Volltrommelmaschine kann man mit ihr die Gegen-Amperewindungen ermitteln. Es ist bemerkenswert, daß wegen der Verschiedenheiten der Quer- und der Gegenreaktanzen die Verlängerung von $\overline{A\,D}$ auf J nicht mehr senkrecht steht.

Da der Sättigungszustand der Maschine durch den magnetischen Hauptweg [Pol- (und nicht Pollücke!)-Luftspalt-Zahn-Rücken-Joch] bestimmt wird, so sind für ihn nur jene *EMK* maßgebend, die in dieser magnetischen Hauptachse auftreten. Es sind dies die fiktive innere Spannung der Maschine $\overline{O\,D}$ und die ihr entgegenwirkende $E_g = \overline{B\,D}$. Die Differenz aus diesen beiden Spannungen $\overline{O\,B}$ ist die in der Maschine tatsächlich auftretende induzierte Spannung E_i'.

In der Praxis werden aber die Maschinen mit ausgeprägten Polen meist ebenso behandelt wie die Volltrommelmaschinen, da zwischen der vorhin ermittelten induzierten Spannung E_i' und der Spannung $E_{i\varphi}$, wie sie sich bei Volltrommelläufern ergeben würde, in der Größe praktisch kein Unterschied ist und der Phasenwinkel ψ, der jedoch bei beiden Maschinen stark verschieden ist, für die Auslegung der Maschine nicht benötigt wird.

IV. Anlaßschaltungen für Synchronmotoren.

Für leeranlaufende Motoren und für solche, die im Anlauf bis 30 v. H. des normalen Drehmomentes erfordern, die also nur die Masse der eigenen Maschine, bezw. die der angekuppelten, leerlaufenden Arbeitsmaschinen zu beschleunigen haben, wird die

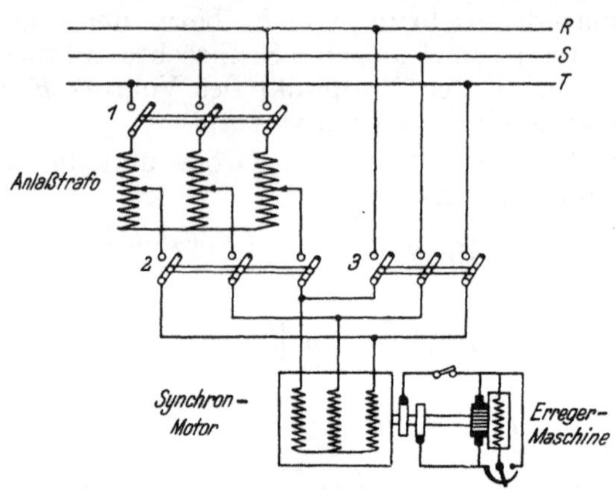

Abb. 81. Anlaufschaltung mit Anlaßtrafo.

übliche Bauart mit massiven Polen und massivem Joch angewandt. Die Polschuhe erhalten eine Dämpferwicklung.

Zur Verminderung des hohen, vorwiegend induktiven Anlaufstromes wird dem Motor zuerst nur eine kleinere Spannung zugeführt, wozu entweder ein eigener Anlaßtransformator (Spartrafo) oder eine Anzapfung des Betriebstransformators dient.

Die Magnetwicklung wird nach Abb. 81 über die Erregermaschine oder den Hauptstromregler kurzgeschlossen, damit die sonst beim Anlauf in ihr entstehenden hohen Transformatorspannungen vermieden werden.

Nun wird der Schalter 1 und 2 geschlossen, worauf der Motor anläuft. Kurz vor Erreichen der synchronen Drehzahl wird die Magnetwicklung schwach erregt, wodurch der Motor in den Synchronismus gezogen wird. Diese Erregung soll so groß sein, daß die Maschine als Generator betrieben, bei der synchronen Drehzahl rund 15 v. H. der Nennspannung erzeugen würde.

Nach Erreichen der synchronen Drehzahl wird der Motor so stark erregt, daß der Ständerstrom auf den kleinsten Wert sinkt. Dann ist der Schalter 2 zu öffnen und 3 (mit Vorkontakten) zu schließen. Der Anlaßtrafo kann nunmehr mit dem Schalter 1 vom Netz getrennt werden. Der Motor wird nun so stark erregt, bis der Erreger- und der Ständerstrom die angegebenen Nennwerte erreicht. Damit die beim Anlaßvorgang erforderlichen Schaltungen stets in der richtigen Reihenfolge ausgeführt werden, wurden eigene kombinierte Anlaßschalter ausgebildet, die Fehlschaltungen praktisch ausschließen.

Abb. 82 zeigt eine Schaltung mit eigenem Anlaßtrafo und einer Erregermaschine mit Nebenschlußregelung; in Abb. 83 ist eine ähnliche Schaltung mit einer Anzapfung des Haupttrafos dargestellt. Außerdem ist noch ein Magnetregler vorgesehen, der aber keine Ausschaltstellung besitzen darf.

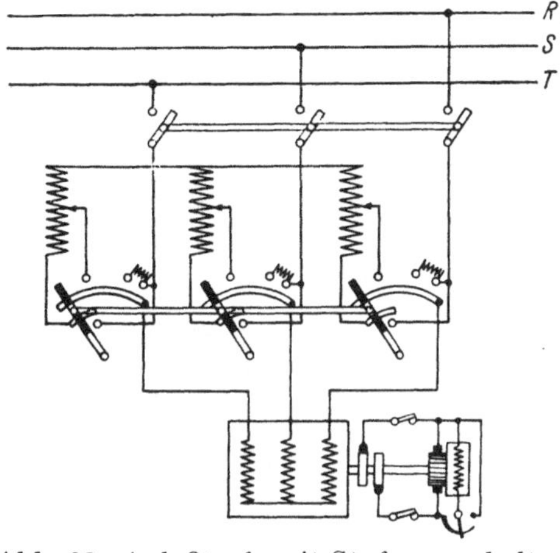

Abb. 82. Anlaßtrafo mit Stufenumschalter.

Zum möglichst stoßfreien Überschalten auf Synchronismus wird bei größeren Motoren eine Synchronisierdrosselspule angewendet, die allein und auch mit dem Anlaßtransformator kombiniert verwendet werden kann. Die Schaltskizze Abb. 84 zeigt ein Anlaßverfahren mit der Synchronisierdrossel und dem Überbrückungsschalter, der nach erfolgter Synchronisierung geschlossen wird.

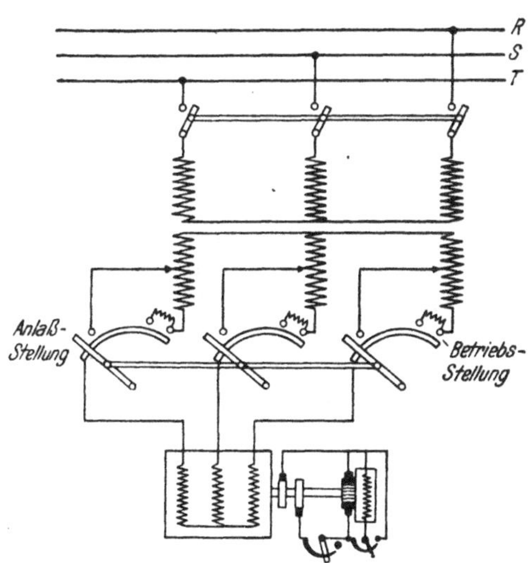

Abb. 83. Haupttrafo mit Anzapfung und Stufenumschalter.

Bei größeren Synchronmotoren würden die Anlaßstromstärken beim Einschalten auf volle Spannung das 3—3,5-fache des Normalstromes, bei Aluminiumwicklung das 4—5-fache ausmachen. Wenn diese Anlaßströme aber aus bestimmten Gründen nur einen Bruchteil des normalen Motorstromes betragen dürfen, so werden eigene Anwurfmotoren verwendet, welche den Synchronmotor genau auf die synchrone Drehzahl bringen, so daß er mit einer Synchronisiervorrichtung z. B. mit Phasenlampen stoßfrei ans Netz geschaltet werden kann. Ist der Synchronmotor mit

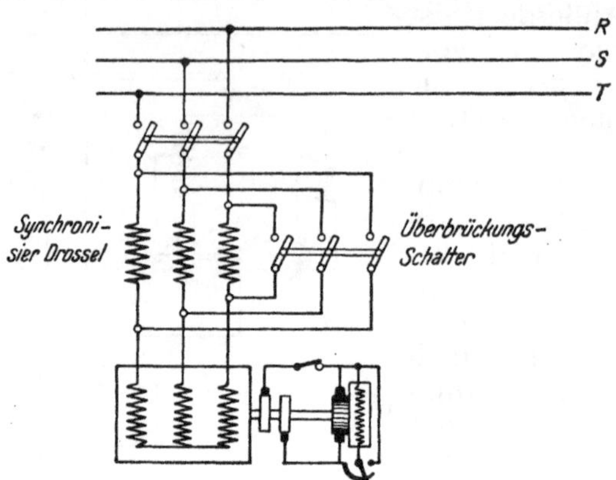

Abb. 84. Anlaßschaltung mit Synchronisierdrossel.

einem Gleichstromgenerator gekuppelt, so kann das Anlassen von der Gleichstromseite aus in idealer Weise vorgenommen werden. Für alle anderen Fälle ist meist ein asynchroner Anwurfmotor vorgesehen. Damit dieser genau die synchrone Drehzahl erreicht, gibt es verschiedene Möglichkeiten. Er kann

1. mit einer elektromagnetisch auskuppelbaren Zahnradübersetzung die Hauptwelle antreiben,
2. eine um zwei kleinere Polzahl als der Hauptmotor besitzen und
3. bei gleichpoliger Ausführung als Asynchronmotor anlaufen und mittels der Gleichstromerregermaschine synchronisiert werden, wodurch dann der Hauptmotor — falls er in richtiger Stellung auf die Welle aufgekeilt ist — stoßfrei synchron eingeschaltet werden kann.

In der Praxis wird das unter Punkt 3 genannte, im Schaltschema Abb. 85 dargestellte Verfahren, das sich für zweipolige Synchron-Phasenschieber vorwiegend eignet, angewendet. Die Erregermaschine muß zu diesem Zweck etwas stärker ausgeführt werden.

Der *DAM* wird durch den Schalter 2 eingeschaltet und mittels der Anlaßwiderstände normal angelassen. Der Rotorumschalter steht hiebei auf Stellung *A* „Anlassen". Das ganze, auf einer Welle sitzende Aggregat kommt dabei allmählich auf Touren. Die Erregermaschine erregt sich, ihr Magnetregler (*MR*) ist dabei so einzustellen, daß sich am Synchronmotor die volle Klemmenspannung ergibt. Ist der *DAM* nunmehr ganz angelassen, so wird der Rotorumschalter auf Gleichstromerregung E umgestellt, wodurch der Anwurfmotor synchronisiert wird. Der Vorschaltwiderstand VW dient zur Verminderung der Spannung in der Erregung des An-

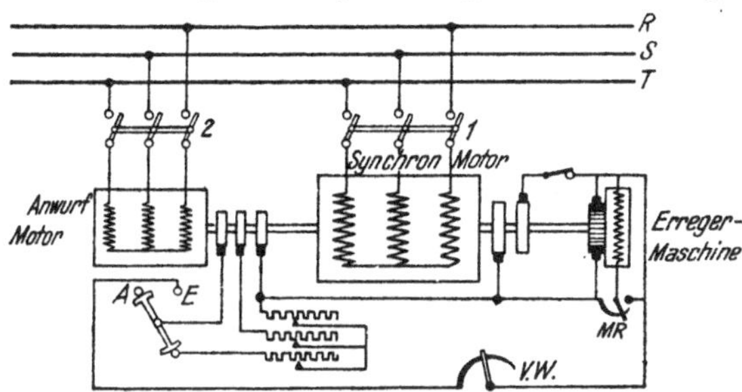

Abb. 85. Anlaßschaltung mit synchronisiertem Anwurfmotor.

wurfmotors, da der Rotorwiderstand der asynchronen Motoren klein ist. Nunmehr kann der Schalter zwischen der Erregermaschine und dem Schleifring des Synchronmotors eingeschaltet werden. Ist der Synchronmotor richtig aufgekeilt und wurde die Stellung des MR so gewählt, daß der Synchronmotor die Netzspannung ergibt, so kann der Schalter 1 geschlossen werden und der Synchronmotor kann durch entsprechende Erregung neben der mechanischen Leistung auch induktive oder kapazitive wattlose Energie abgeben. Daraufhin schaltet man den Anwurfmotor durch den Schalter 2 elektrisch aus und bringt den Rotorumschalter auf die Anlaßstellung.

In der letzten Zeit geht man bei großen, zur Verfügung stehenden El.-Werksleistungen dazu über, auch große Synchronmotoren beim Anlassen direkt an die volle Spannung zu legen. Es handelt sich meist um ganz langsam laufende Motoren mit rund 125 Umdr/Min, wie sie zum Antrieb für Kolbenkompressoren[1] zur Kunstbenzin- und Kunstgummierzeugung gebraucht werden, die wegen des Selbstanlaufes eine besonders stark ausgebildete asynchrone Kurzschlußwicklung besitzen.

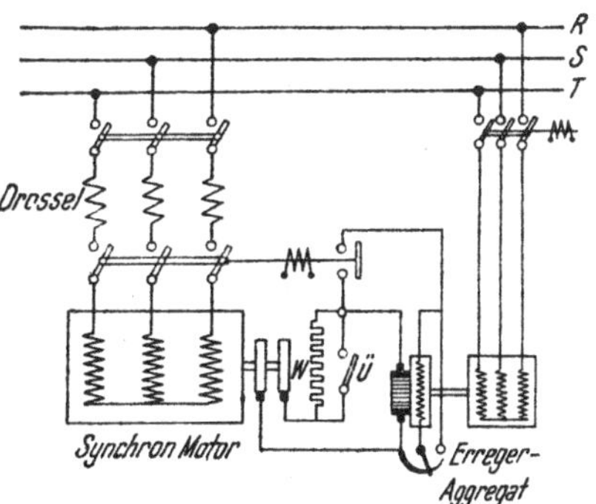

Abb. 86. Anlaßschaltung mit Drossel und raschlaufendem Erregeraggregat.

Zur Erregung dieser langsam laufenden Motoren haben sich eigene schnellaufende Erregersätze als wirtschaftlich erwiesen.

Die Begrenzung des Anlaufstromes besorgt eine dauernd eingeschaltete Drossel, die beim Motornennstrom einen Spannungs-

[1] *Raymund*, Dr. Ing.: Siemens Z. 1940. Heft 6.

abfall von rund 7 v. H. der Nennspannung hervorruft. Bei einem Anlaufstrom vom 3,2-fachen Nennstrom bewirkt die Drossel eine Spannungsabsenkung auf rund 75 v. H. des Nennwertes, während die Netzspannung praktisch konstant bleibt.

Nach der Schaltskizze (Abb. 86) wird beim Einschalten des Umformermotors, der einen Kurzschlußläufer besitzt, der Hauptschalter freigegeben und die Erregermaschine normal erregt. Der Widerstand *W* im Erregerkreis dient zur Vergrößerung des asynchronen Anlaufmomentes des Motors. Zur Erklärung der Wirkungsweise kann man sich den mit Dämpferkäfig und Erregerfeldwicklung ausgerüsteten Motor wie einen *DAM*-Motor mit Doppelkäfigwicklung vorstellen, in dessen einer Wicklung ein

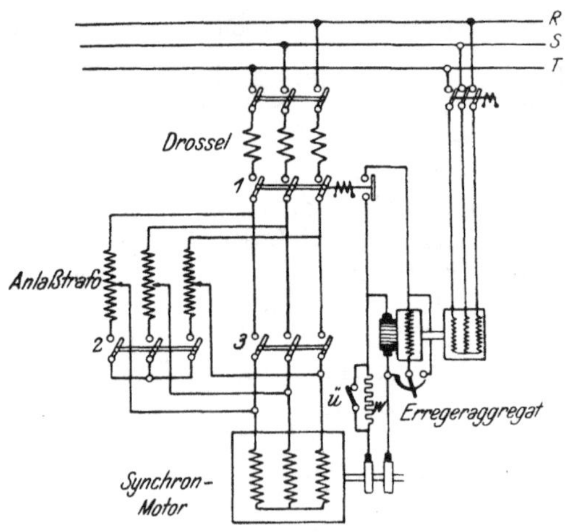

Abb. 87. Anlaßschaltung mit Anlaßtrafo und Erregeraggregat.

Widerstand zusätzlich eingeschaltet wird. Mit Rücksicht auf die in der Läuferwicklung entstehende große Spannung darf nach den *REM* der Widerstand höchstens den zehnfachen Wert des Widerstandes der Erregerwicklung besitzen. Nach Erreichen der größten asynchronen Drehzahl wird der Überbrückungsschalter des Erregerwiderstandes *W* eingeschaltet, so daß der Motor seine normale Gleichstromerregung erhält und in den Synchronismus geht.

Wenn der für den Motor zugelassene Anlaufstrom auf den zweifachen Normalstrom begrenzt werden muß, so kann man entweder einen Anlaßtransformator verwenden oder führt die Ständerwicklung umschaltbar aus. Die Anlaßschaltung mit Anlaßtrafo ist in der Schaltskizze (Abb. 87) dargestellt. Beim Anlauf ist der Schalter 1 und 2 zu schließen, der Überbrückungsschalter 3 bleibt vorläufig noch offen, der Motor läuft mit einer Teilspannung asynchron an. Nach Erreichen der größten asynchronen Drehzahl wird der Sternpunktschalter 2 geöffnet, wodurch ein Teil des Anlaßtrafo als Drosselspule wirkt. Durch das Einschalten des Überbrückungsschalters 3 läuft der Synchronmotor mit voller Spannung weiter an. Durch Kurzschließen des Erregerwiderstandes *W* schlüpft er in die synchrone Drehzahl.

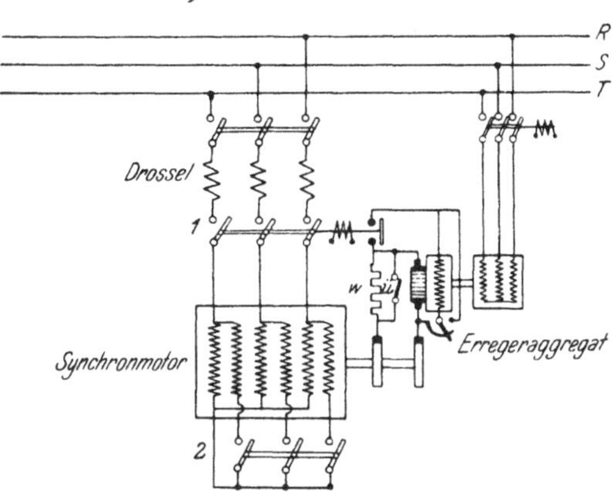

Abb. 88. Anlaßschaltung mit Ständerumschaltung und Erregeraggregat.

Auch die Ständerwicklungsumschaltung begrenzt den Anlaufstrom, der vielleicht etwas größer als der mit dem Anlaßtrafo ist, ungefähr auf den zweifachen Normalstrom. Beim Anlassen nach Schaltskizze Abb. 88 ist zunächst der Schalter 2 offen; wird nun der Hauptschalter 1 geschlossen, so läuft der Motor mit der halben Ständerwicklung an. Da die Streureaktanz dadurch rund den zweifachen Wert erreicht, wird der Anlaßstrom nur halb so groß als er beim Einschalten der ganzen Wicklung wäre, wodurch die Maschine auch nur ein kleines Anlaufmoment entwickelt. Nach Erreichen der größten asynchronen Drehzahl wird der Schalter 2 geschlossen, der Motor läuft weiter an und nach Überbrücken des Erregerwiderstandes *W* schlüpft der Läufer in den Synchronismus.[1]

V. Einankerumformer.

1. Allgemeines.

Die Einankerumformer sind synchronlaufende Maschinen, die Wechselstrom in Gleichstrom und umgekehrt umformen. Die Gleichstromerregung wird am Ständer angeordnet, während der Anker eine Gleichstromwicklung mit Kommutator erhält, die an drei um 120°, bezw. an sechs um 60° elektr. voneinander entfernten Punkten angezapft und zu drei, bezw. sechs Schleifringen geführt wird.

---

[1] Dr.-Ing. *Raymund:* Siemens Zeitschrift, Heft 6, (1940).

Diese Maschine weist daher zum Teil sowohl die Eigenschaften einer Gleichstromnebenschlußmaschine auf, als auch die einer Wechselstromsynchronmaschine. Sie kann durch Änderung der Erregung vor-, bezw. nacheilenden Strom aufnehmen und von der Gleichstromseite aus wie ein Nebenschlußmotor angelassen werden. Im Betrieb sollen sich ideell das Wechselfeld und das Gleichstromfeld aufheben. Da aber durch die Eisensättigung ein Restfeld übrigbleibt, so werden öfter schwache Wendepole angeordnet.

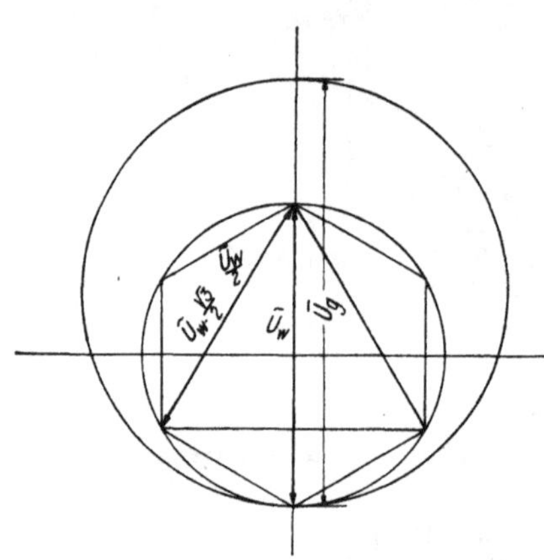

Abb. 89.

Zur Erleichterung des Synchronisierens und zur Verhinderung des Außertrittfallens erhält die Maschine meist eine Dämpfer- oder Käfigwicklung.

Da die Ankerwicklung sowohl von Gleichstrom als auch in entgegengesetzter Richtung von Wechselstrom durchflossen wird, so hebt die Wattkomponente des Wechselstromes den Gleichstrom praktisch auf, so daß die Stromwärmeverluste klein und der Wirkungsgrad sehr günstig wird.

Die Gleich- und die Wechselstromspannung stehen wegen der gemeinsamen Ankerwicklung und der Erregung in einem festen Verhältnis.

Bezeichnet man mit U_w die effektive Wechselstromspannung und mit U_g den Höchstwert oder die Gleichstromspannung, so ist für einphasigen Wechselstrom:

$$U_g = U_w \sqrt{2}; \qquad U_w = 0{,}707\, U_g. \tag{24}$$

Da von einem Gleichstromanker alle Arten von Wechsel-, bezw. Drehstrom abgenommen werden können, so läßt sich die Größe von Drei- und Sechsphasenumformer aus den geometrischen Beziehungen der Abb. 89 ableiten, wenn reine Sinusform des Wechselstromes angenommen wird. Für Dreiphasenstrom ist

$$U_{\curlywedge} = U_w \frac{\sqrt{3}}{2} = U_g \frac{\sqrt{3}}{2} \frac{1}{\sqrt{2}} = 0{,}612\, U_g. \tag{25}$$

Bei nicht reiner Sinusform ist infolge des Auftretens von Oberwellen

$$U_{\curlywedge} = (0{,}63 \div 0{,}66)\, U_g. \tag{26}$$

Für Sechsphasenstrom ist

$$U_{*} = \frac{U_w}{2} = \frac{U_g}{2} \frac{1}{\sqrt{2}} = 0{,}354\, U_g. \tag{27}$$

Auf die Durchmesserspannung bezogen

$$U_{\curlywedge} = 0{,}707\, U_g. \tag{28}$$

Bei nicht reiner Sinusform

$$U_{\curlywedge} = (0{,}71 \div 0{,}74)\, U_g. \tag{29}$$

2. Spannungsregelung und Anlassen der *EAU*.

Wegen des festen Übersetzungsverhältnisses von der Gleich- zur Wechselstromspannung müssen zur Regelung der Gleichstromspannung besondere Anordnungen getroffen werden.

Schaltet man vor den Schleifringen eine Drossel ein, so eilt der Vektor der Drosselspannung dem Strom um 90° nach, wenn man den ohmschen Widerstand der Drossel vernachlässigt. Da nun der *EAU* wie eine Synchronmaschine bei Untererregung phasennacheilenden und bei Übererregung phasenvoreilenden Strom aufnimmt, so kann man diese Eigenschaft zur Regelung der Wechselstromspannung und daher zur Änderung der Gleichstromspannung benützen. In Abb. 90 ist U_k die Netzspannung, U_s die Drosselspulenspannung und U_{sch} die Schleifringspannung.

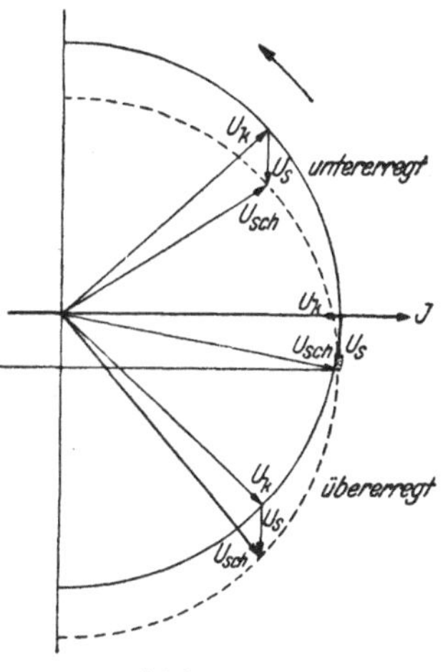

Abb. 90. Zeigerschaubild des *EAU*.

Wie man aus dem Vektordiagramm ersieht, tritt bei Übererregung eine Spannungserhöhung und bei Untererregung eine Spannungsverminderung der Schleifringspannung ein. Durch die zwangsläufig damit verbundene Phasenverschiebung treten im Anker größere Kupferverluste auf, weshalb die Spannungsregelung mit der Drosselspule nur in kleinen Grenzen wirtschaftlich durchführbar ist.

Bei einem Leistungsfaktor von 0,9 steigen die Verluste bei dreiphasiger Ausführung um rund 50% und verschlechtern den Wirkungsgrad um 2,5 bis 3%. Eine Spannungsregelung von ± 5% erfordert bei dem Leistungsfaktor von 0,9 eine Drossel von rund 10% der Umformerleistung. Eine größere Spannungsregelung von z. B. ± 10% kann man bei demselben Leistungsfaktor von 0,9 nur durch eine größere Drosselspule mit größerem Spannungsabfall U_s erzielen. Sie müßte dann eine kVA-Leistung von rund 22% der Umformerleistung erhalten.

Diese einfache und billige Spannungsregelung wird nur für kleinere Umformer bis zu einem Bereich von ± 5% ausgeführt.

Zum Anlassen wird der *EAU* an eine kleinere Spannung gelegt und erst nach Erreichung der synchronen Drehzahl auf volle Spannung unter Vorschaltung der Regulierdrossel umgeschaltet.

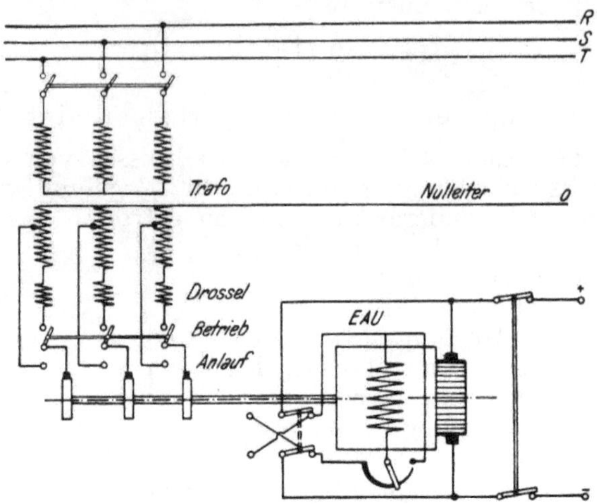

Abb. 91. Anlauf und Spannungsregelung eines dreiphasigen *EAU* mit Drossel. Polarisiertes Voltmeter nicht eingezeichnet.

Das Schaltbild in Abb. 91 zeigt die grundsätzliche Schaltung eines dreiphasigen *EAU* mit einer dreiphasigen Drosselspule, wobei ein Nulleiter ausgeführt werden kann. Zum Anzeigen und Erzielen der richtigen Polarität dient ein polarisiertes Voltmeter in Verbindung mit einem Erregerumschalter. Bei einem sechsphasigen *EAU* und einer dreiphasigen Drosselspule muß der Nulleiter in der Anfahrperiode nach Schaltbild Abb. 92 abgeschaltet werden. Nur bei einer sechsphasigen Drossel in symmetrischer Schaltung kann der Nulleiter fest angeschlossen werden.

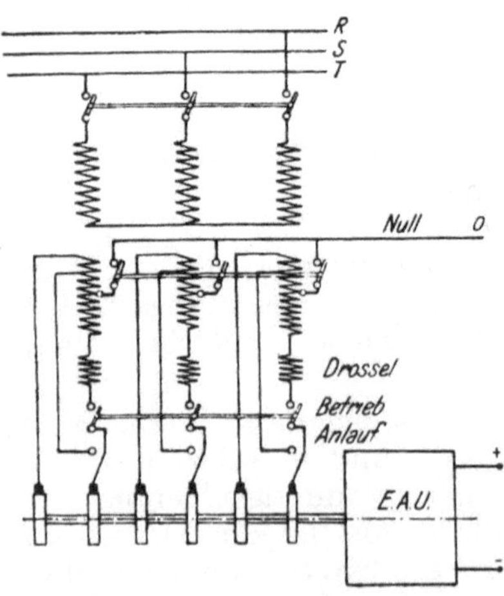

Abb. 92. Anlauf und Spannungsregelung eines sechsphasigen *EAU* mit dreiphasiger Drossel.

Für größere Leistungen über 250 kW werden zur Spannungsregelung Drehtransformatoren verwendet, wodurch die Spannung bis zu 25% geregelt und unabhängig vom Leistungsfaktor eingestellt werden kann. Die Erregerwicklung des Drehtrafos kann beim asynchronen Anlauf entweder an die verminderte oder an die volle Spannung geschaltet werden.

Befindet sich der Drehregler nach Schaltbild Abb. 93 in der Mittellage, so liefert er in der Anlaufstellung die Spannungen U_k', U_z' und U_{sch}', während er bei voller Erregung die Spannungen U_k, U_z und U_{sch} ergibt. Der Drehtrafo kann nun wie das Vektorbild Abb. 93 b zeigt, wegen des Spannungsabfalles eine so niedrige Spannung ergeben, daß der *EAU* nicht anläuft, weshalb es vorteilhafter ist, die Erregerwicklung des Drehtrafos nach Abb. 93c auch im Anlauf schon an die volle Spannung zu legen. Die zuerst erwähnte Methode hat den Vorteil, daß man in jeder Stellung des Drehreglers von Anlauf auf Lauf umschalten kann, da U_{sch}' und U_{sch} stets die gleiche Phasenlage beibehalten.

Wird jedoch, wie im Schaltbild Abb. 93 a strichliert gezeichnet, die Erregerwicklung an die volle Spannung angeschlossen, so darf

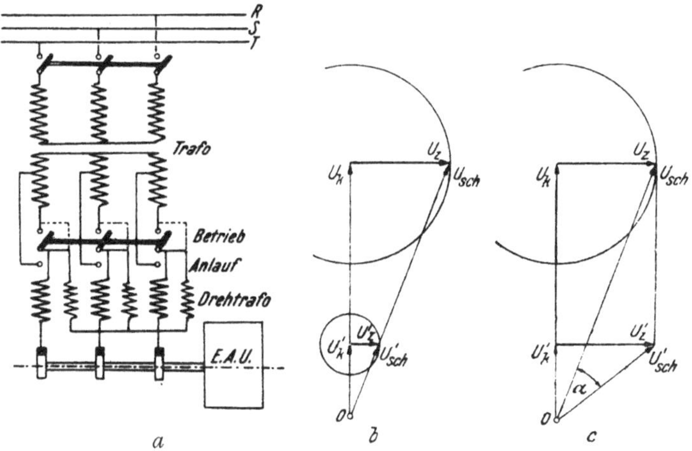

Abb. 93. Anlauf und Spannungsregelung mit Drehtrafo.

nur in einer der beiden Endlagen des Drehtrafos umgeschaltet werden, da sonst U_{sch} und U_{sch}' einen Winkel miteinander einschließen, der beim Überschalten einen Stromstoß zur Folge hätte (Abb. 93 c).

In ähnlicher Weise wie bei Regelung mit der Drossel können Schaltungen für sechsphasige *EAU* mit drei- und sechsphasigen Drosseln auch mit Nulleiter ausgeführt werden.

Will man bei größeren *EAU* den Stromstoß beim Überschalten in den Synchronismus vermeiden, so verwendet man den synchronisierten *DAM*-Anwurfmotor nach Schaltung Abb. 94. Der Anwurfmotor, der die gleiche Polzahl wie der *EAU* erhält, wird asynchron angelassen und dann mit Gleichstrom erregt, wodurch er synchron mit dem *EAU* läuft, jedoch muß zur Erreichung der richtigen Polarität des *EAU* das Erregerfeld wie bisher umschaltbar gemacht werden.

In der vorliegenden Schaltung Abb. 94 wurde ein sechsphasiger *EAU* mit sechsphasiger Drossel mit Nulleiter gewählt. Schlägt das polarisierte Voltmeter falsch aus, so kann entweder der Drehstrom kurzzeitig unterbrochen oder der Fahrtwender bei kleiner Erregung rasch umgelegt werden, damit der Anker um eine Polteilung schlüpft.

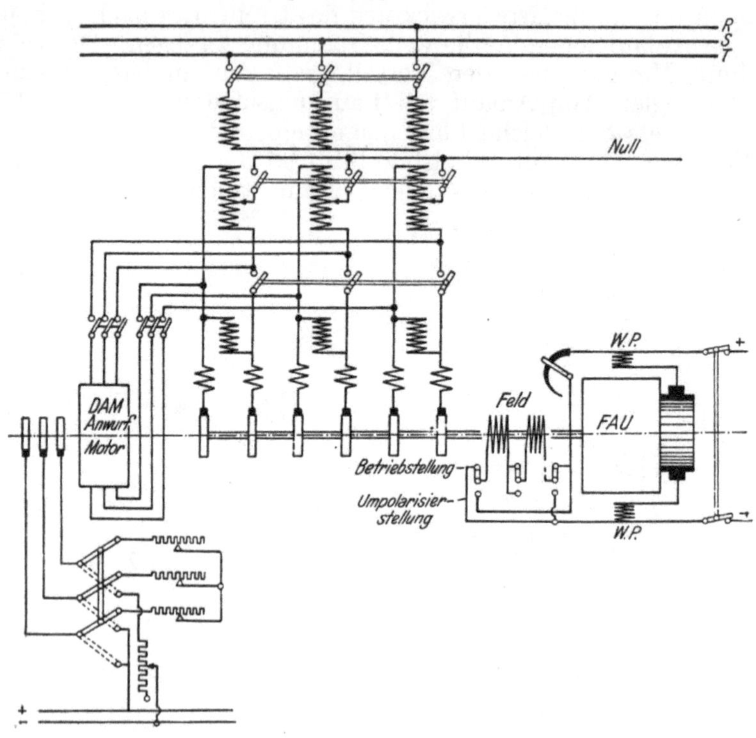

Abb. 94. *EAU* mit synchronisiertem Anwurfmotor und sechsphasigem Drehtrafo mit Nulleiter (AEG.).

B. Die asynchronen Maschinen.

I. Allgemeines.

Der Drehstromasynchronmotor besteht aus einem Ständer mit einer Mehrphasenwicklung — heute fast ausschließlich dreiphasig — und einem Läufer, der entweder eine Mehrphasenwicklung von gleicher Polzahl wie der Ständer oder eine Kurzschlußwicklung besitzt.

Bleibt die Läuferdrehzahl infolge der Belastung etwas hinter der synchronen Drehzahl zurück, so schneiden die Läuferstäbe das Drehfeld und es entsteht in der Läuferwicklung eine Spannung, die wieder einen Strom zur Folge hat, der das Drehmoment des Motors hervorruft.

Die Beziehungen zwischen Klemmenspannung, Drehzahl, Stromstärke, Drehmoment und Leistung können am übersichtlichsten durch das Kreisdiagramm dargestellt werden. Der *Heyland*sche Kreis ist nur ein angenäherter, weil unter anderem auch der Ständerwiderstand vernachlässigt wird. Den weiteren Entwicklungen wird der genauere *Ossanna*-Kreis zugrunde gelegt.

Die Bedeutung des Kreisdiagrammes besteht in der Übersichtlichkeit der Darstellung der Wirkungsweise des *DAM* und ähnlicher Aufgaben. Es besitzt daher nicht nur einen großen pädagogischen Wert, sondern ist auch für die Auslegung von *DAM* mittlerer Leistung ein wertvoller Behelf.

II. Die Schleifring- und Kurzschlußankermotoren.

1. Die Ableitung des Kreisdiagrammes.

Im *primären* Stromkreis, der durch den Anschluß an ein Drehstromnetz die Kreisfrequenz ω besitzt, bedeutet nach Abb. 95:

u_1 den Augenblickswert der primären Spannung,
i_1 den Augenblickswert der primären Stromstärke,
U_1 den Effektivwert der Spannung,
J_1 den Effektivwert des Stromes.

Die Ständer-$AW = J_1 w_1$ rufen den Kraftfluß $\Phi_1 = \Phi_{11} + \Phi_{1\sigma}$ hervor.

$\Phi_{1\sigma}$ ist nur mit dem Ständer-AW verkettet, hat Rückschluß durch die Luft und ist praktisch phasengleich mit J_1.

Φ_{11} verläuft durch Ständer und Läufer fast stets im Eisen und verursacht auch die Eisenverluste; es ist um φ gegenüber J_1 verzögert.

φ_1 = Phasenverschiebungswinkel zwischen U_1 und J_1.

r_1 = ohmscher Widerstand einer Phase.

k_{11} = Reaktanz einer Phase bei f_1 Perioden (Hertz).

$k_{12} = k_{11} w_2/w_1$ Wechselreaktanz zwischen einer Phase der primären und der sekundären Wicklung bei f_1 Perioden.

w_1, w_2 primäre und sekundäre Windungszahlen.

$k_{1\sigma}$ = Streureaktanz einer Phase bei f_1 Perioden (Hertz).

$k_1 = k_{11} + k_{1\sigma} = k_{11}(1 + \sigma_1)$ gesamte Reaktanz einer Phase bei der Periodenzahl f_1.

$\sigma_1 = k_{1\sigma}/k_{11}$ Streukoeffizient der primären Wicklung.

J_{10} = Effektivwert des Magnetisierungsstromes.

J_{1m} und J_{1w} wattlose- und Wattkomponente des Magnetisierungsstromes.

$\overline{E}_{g1} = j\,k_{11}\,\overline{J}_{1m} = \overline{E}_{11} + \overline{E}_{21}$ *EMK* einer Phase, die vom gemeinsamen Felde $\overline{\Phi}_g = \overline{\Phi}_{11} + \overline{\Phi}_{22}$ im Ständer induziert wird.

$\overline{E}_{1\sigma} = \mathrm{j}\, k_{1\sigma}\, \overline{J}_1$ Streuspannung vom Streufelde $\Phi_{1\sigma}$ herrührend.
$\overline{E}_{1r} = -r_1\, \overline{J}_1$ ohmscher Spannungsabfall.

Im *sekundären* Stromkreis bedeuten nach Abb. 95:

i_2 Augenblickswert, J_2 Effektivwert der sekundären Stromstärke. Die Läufer-$AW = J_2 w_2$ rufen den Kraftfluß $\Phi_2 = \Phi_{22} + \Phi_{2\sigma}$ hervor.

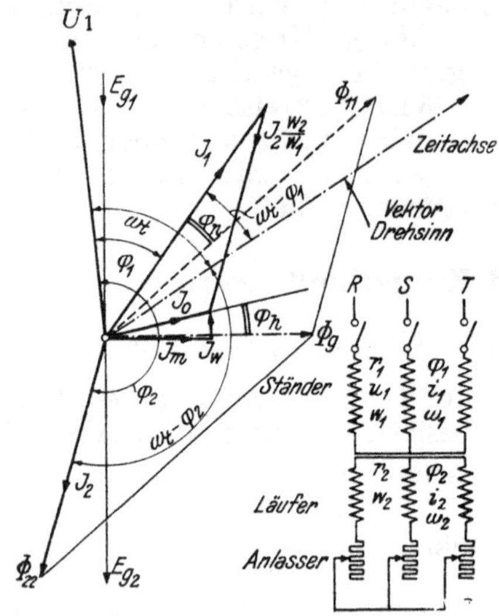

Abb. 95. Zeigerschaubild des *DAM*.

Der Streufluß $\Phi_{2\sigma}$ ist nur mit den Läufer-AW verkettet. Φ_{22} durchsetzt den Läufer und den Ständer und ist mit J_2 phasengleich. Die fiktiven Felder Φ_{11} und Φ_{22} setzen sich vektoriell zum gemeinsamen wirksamen Fluß Φ_g zusammen.

φ_2 = Phasenverschiebungswinkel zwischen $\overline{U}_1$ und $\overline{J}_2$.
r_2 = ohmscher Widerstand einer Phase.
k_{22} = Reaktanz einer Phase bei f_1 Perioden (Hertz).
$k_{21} = k_{12} = k_{22}\, w_1/w_2 = k_{11}\, w_2/w_1$. Wechselreaktanz zwischen einer Wicklung der sekundären und primären Phase.
$k_{2\sigma}$ Streureaktanz einer Phase bei f_1 Perioden (Hertz).
$k_2 = k_{22} + k_{2\sigma} = k_{22}(1 + \sigma_2)$ gesamte Reaktanz einer Phase bei f_1 Perioden.
$\sigma_2 = k_2/k_{22}$ Streukoeffizient der sekundären Wicklung.

Zur Ermittlung der Beziehungen zwischen Spannung, Stromstärke, Drehmoment und Leistung werden die folgenden zwei Zustände des Motors angenommen:

a) Der Läufer drehe sich nicht und sei über einen Widerstand kurzgeschlossen. Daher besitzen alle im Läufer induzierten EMK die Periodenzahl f_1.

$\overline{E}_{g2} = j\, k_{12}\, \overline{J}_{1m} = \overline{E}_{22} + \overline{E}_{12}$ EMK einer Phase, die vom gemeinsamen Felde Φ_g im Läufer induziert wird.
$\overline{E}_{2s} = j\, k_{2\sigma}\, \overline{J}_2$ Streuspannung vom Streufelde $\Phi_{2\sigma}$ herrührend.
$\overline{E}_{2r} = -r_2\, \overline{J}_2$ ohmscher Spannungsabfall.

b) Der Läufer drehe sich mit n_2 Umdr/Min und sei kurzgeschlossen, $U_2 = 0$.

Die Läufer-*EMKe* weisen daher nur eine der Schlüpfung $s = \frac{f_1 - f_2}{f_1} = \frac{n_1 - n_2}{n_1}$ proportionale Periodenzahl auf. Infolgedessen ist sowohl die vom gemeinsamen Felde herrührende Spannung E_{g2} als auch die Streuspannung $E_{2\sigma}$ mit s zu verkleinern. Bei übersynchronen Drehzahlen $n_2 > n_1$ kann s auch negativ werden. Beim statischen Transformator ist $s = 1$.

Legt man an die Ständerwicklung eine sinusförmige Wechselspannung mit dem Augenblickswerte u und der Frequenz $f = \omega/2\pi$, so gelten die folgenden Gl.:[1]

$$\overline{U}_1 + \overline{E}_{1r} + \overline{E}_{1\sigma} + \overline{E}_{g1} = 0. \tag{30}$$

$$\overline{E}_{2r} + s\,\overline{E}_{2\sigma} + s\,\overline{E}_{g2} = 0. \tag{31}$$

Setzt man in Gl. (30) und (31) die Werte für die Spannungen ein, so erhält man:

$$\overline{U}_1 = \overline{J}_1 (r_1 - j\,k_{1\sigma}) = -\overline{E}_{g1}. \tag{32}$$

$$s\,\overline{E}_{g2} = \overline{J}_2 (r_2 - j\,s\,k_{2\sigma}); \; E_{g2} \text{ durch } E_{g1} \text{ ausdrücken.} \tag{33}$$

$$\overline{E}_{g1} = \overline{E}_{g2}\frac{w_1}{w_2} = j\,k_{11}\,\overline{J}_{1m} = j\,k_{11}\,\overline{J}_{10}\cos\varphi_h(\cos\varphi_h + j\sin\varphi_h).$$

$$\overline{J}_2 (r_2 - j\,s\,k_{2\sigma}) = s\frac{w_2}{w_1}\,[j\,k_{11}\,\overline{J}_{10}\cos\varphi_h(\cos\varphi_h + j\sin\varphi_h)].$$

$\overline{J}_{10}$ durch $\overline{J}_1$ und $\overline{J}_2$ ausdrücken.

$$\overline{J}_2 (r_2 - j\,s\,k_{2\sigma}) = j\,s\,k_{12}\left(\overline{J}_1 + \overline{J}_2\frac{w_2}{w_1}\right)\cos\varphi_h(\cos\varphi_h + j\sin\varphi_h).$$

Es ist nun

$$\cos^2\varphi_h + j\sin\varphi_h\cos\varphi_h = \cos^2\varphi_h(1 + j\,\mathrm{tg}\,\varphi_h) = \\ = \frac{1}{1 + \mathrm{tg}^2\varphi_h}(1 + j\,\mathrm{tg}\,\varphi_h).$$

$$\overline{J}_2 (r_2 - j\,s\,k_{2\sigma}) = \left(j\,s\,k_{22}\frac{w_1}{w_2}\overline{J}_1 + \overline{J}_2\,j\,s\,k_{22}\right)\frac{1}{1 + \mathrm{tg}^2\varphi_h}(1 + j\,\mathrm{tg}\,\varphi_h).$$

$$1 + \mathrm{tg}^2\varphi_h = (1 + j\,\mathrm{tg}\,\varphi_h)(1 - j\,\mathrm{tg}\,\varphi_h).$$

$$\overline{J}_2 (r_2 - j\,s\,k_{2\sigma})(1 - j\,\mathrm{tg}\,\varphi_h) = j\,s\,k_{22}\left(\overline{J}_1\frac{w_1}{w_2} + \overline{J}_2\right).$$

$$\overline{J}_1\,w_1 = -\overline{J}_2\,w_2\left[1 - \frac{(r_2 - j\,s\,k_{2\sigma})(1 - j\,\mathrm{tg}\,\varphi_h)}{j\,s\,k_{22}}\right].$$

[1] *Ossanna, J.:* Starkstromtechnik, 5. u. 6. Aufl. *Arnold, E.:* Bd. V/1. *Richter, R.:* Bd. IV.

$$\overline{J}_1 w_1 = -\overline{J}_2 w_2 \left[1 - \frac{r_2}{j\,s\,k_{22}} + \frac{j\,s\,k_{2\sigma}}{j\,s\,k_{22}} + \frac{j\,r_2 \operatorname{tg}\varphi_h}{j\,s\,k_{22}} - \frac{j^2\,s \operatorname{tg}\varphi_h\,k_{2\sigma}}{j\,s\,k_{22}}\right].$$

Setzt man für

$$\frac{k_{2\sigma}}{k_{22}} = \sigma_2 \text{ und } 1 + \sigma_2 = \frac{k_2}{k_{22}}$$

so erhält man:

$$\overline{J}_1 w_1 = -\overline{J}_2 w_2 \left[\frac{k_2}{k_{22}} + \frac{r_2}{s\,k_{22}} \operatorname{tg}\varphi_h + j\left(\frac{r_2}{s\,k_{22}} - \sigma_2 \operatorname{tg}\varphi_h\right)\right]. \tag{34}$$

Aus Gl. (32) und (33) ist:

$$\overline{U}_1 = \overline{J}_1 (r_1 - j\,k_{1\sigma}) - \overline{E}_{g2} \frac{w_1}{w_2} = \overline{J}_1 (r_1 - j\,k_{1\sigma}) - \frac{w_1}{w_2} \overline{J}_2 \left(\frac{r_2}{s} - j\,k_{2\sigma}\right).$$

J_2 aus Gl. (34) eingesetzt ergibt:

$$\overline{U}_1 = \overline{J}_1 \left[(r_1 - j\,k_{1\sigma}) + \left(\frac{w_1}{w_2}\right)^2 \frac{\frac{r_2}{s} - j\,k_{2\sigma}}{\frac{k_2}{k_{22}} + \frac{r_2}{s\,k_{22}} \cdot \operatorname{tg}\varphi_h + j\left(\frac{r_2}{s\,k_{22}} - \sigma_2 \operatorname{tg}\varphi_h\right)}\right].$$

Vernachlässigt man vorderhand die Eisenverluste und setzt $\operatorname{tg}\varphi_h = 0$, so vereinfacht sich die Gl. zu:

$$\overline{U}_1 = \overline{J}_1 \left[r_1 - j\,k_{1\sigma} + k_{11} \frac{\frac{r_2}{s} - j\,k_{2\sigma}}{k_2 + j\frac{r_2}{s}}\right]; \quad \frac{k_{11}}{k_{22}} = \left(\frac{w_1}{w_2}\right)^2,$$

$$\overline{U}_1 = \overline{J}_1 \left[r_1 + \frac{-j\,k_2\,k_{1\sigma} + \frac{r_2}{s} k_{1\sigma} + \frac{r_2}{s} k_{11} - j\,k_{11}\,k_{2\sigma}}{k_2 + j\frac{r_2}{s}}\right],$$

$$\overline{U}_1 = \overline{J}_1 \left[r_1 + \frac{k_1 \frac{r_2}{s} - j\,(k_1\,k_2 - k_{11}\,k_{22})}{k_2 + j\frac{r_2}{s}}\right]$$

$$\overline{U}_1 = \overline{J}_1 \left[r_1 + \frac{k_1 \frac{r_2}{s\,k_2} - j\,k_1\,\sigma}{1 + j\frac{r_2}{s\,k_2}}\right]; \tag{35}$$

$$\text{wobei } \sigma = 1 - \frac{k_{11}\,k_{22}}{k_1\,k_2}.$$

Gl. (35) hat die Form:

$$\frac{\overline{A}}{\overline{B}} = \frac{\alpha a + \beta}{\gamma a + \delta}; \tag{36}$$

wobei α, β, γ und δ komplexe Zahlen sind. Bekanntlich bewegt sich bei konstantem A der Endpunkt des Vektors B für verschiedene Werte von a auf dem Umfang eines Kreises. Wird in der Gl. (35) $\overline{U}_1$ konstant gehalten, so ergibt sich $\overline{J}_1$ zu:

$$\overline{J}_1 = \frac{j\,\overline{U}_1 \frac{r_2}{s\,k_2} + \overline{U}_1}{(j\,r_1 + k_1)\frac{r_2}{s\,k_2} + (r_1 - j\,k_1\,\sigma)}, \tag{37}$$

wobei $a = \frac{r_2}{s\,k_2}$ ist.

Nach den Regeln der Vektorrechnung[1] ergibt sich der Mittelpunktsvektor zu:

$\overline{M} = \frac{\alpha\,\delta_k - \beta\,\gamma_k}{\gamma\,\delta_k - \delta\,\gamma_k}$; und der absolute Wert

des Radius: $\varrho = \left|\frac{\alpha\,\delta - \beta\,\gamma}{\delta\,\gamma_k - \gamma\,\delta_k}\right|$.

Hiebei ist nach Gl. (37)

$$\alpha = j\,U_1; \qquad \beta = U_1; \qquad \gamma = j\,r_1 + k_1; \qquad \delta = r_1 - j\,k_1\,\sigma;$$

der Index k bei γ und δ bedeutet die jeweils konjugiert komplexe Zahl.

Bevorzugt man für den Beweis des Kreisdiagrammes die analytische Form, so setzt man für den veränderlichen Vektor $\overline{J} = \overline{y} + j\,\overline{x}$.

Die Gl. (35) lautet dann folgendermaßen:

$$\overline{U}_1 = (y + j\,x)\left(r_1 + \frac{k_1\,a - j\,k_1\,\sigma}{1 + j\,a}\right), \tag{38}$$

$$\overline{U}_1 + j\,\overline{U}_1\,a = y\,r_1 + j\,y\,r_1\,a + y\,k_1\,a - j\,y\,k_1\,\sigma + j\,x\,r_1 - x\,r_1\,a + \\ + j\,x\,k_1\,a + x\,k_1\,\sigma.$$

Diese Gl. zerfällt nach den Regeln der komplexen Rechnung in zwei Gl., wenn man die reellen und die imaginären Glieder untereinander gleich setzt:

$$U_1 = y\,r_1 + y\,k_1\,a - x\,r_1\,a + x\,k_1\,\sigma. \tag{39}$$

$$U_1\,a = y\,r_1\,a - y\,k_1\,\sigma + x\,r_1 + x\,k_1\,a. \tag{40}$$

[1] Siehe *Hauffe, G.:* Ortskurven der Starkstromtechnik, S. 45. Berlin: Julius Springer, 1932. — *Fränckel, A.:* Theorie der Wechselströme, S. 36. Berlin: Julius Springer, 1921. — *Michael, W.:* Theorie der Wechselstrommaschinen in vektorieller Darstellung. Leipzig: Teubner, 1937.

Aus Gl. (39)

$$a = \frac{U_1 - y r_1 - x k_1 \sigma}{y k_1 - x r_1}$$

und dies eingesetzt in Gl. (40) ergibt:

$$U_1 \frac{U_1 - y r_1 - x k_1 \sigma}{y k_1 - x r_1} = y r_1 \frac{U_1 - y r_1 - x k_1 \sigma}{y k_1 - x r_1} -$$
$$- y k_1 \sigma + x r_1 + x k_1 \frac{U_1 - y r_1 - x k_1 \sigma}{y k_1 - x r_1}.$$

Multipliziert man die Gl. aus und ordnet sie nach den Potenzen von x und y, so erhält man:

$$x^2 (r_1^2 + k_1^2 \sigma) - x U_1 k_1 (1 + \sigma) + y^2 (r_1^2 + k_1^2 \sigma) -$$
$$- 2 y U_1 r_1 = - U_1^2.$$

Da die Glieder $x \,.\, y$ sich wegkürzen und die Faktoren von x^2 und y^2 gleich sind, so stellt diese Gl. die eines Kreises dar. Ergänzt man die quadratischen Glieder, so erhält man:

$$\left[x - \frac{U_1 k_1 (1 + \sigma)}{2 (r_1^2 + k_1^2 \sigma)}\right]^2 + \left[y - \frac{U_1 r_1}{r_1^2 + k_1^2 \sigma}\right]^2 =$$
$$= - \frac{U_1^2}{r_1^2 + k_1^2 \sigma} + \frac{U_1^2 r_1^2}{(r_1^2 + k_1^2 \sigma)^2} + \frac{U_1^2 k_1^2 (1 + \sigma)^2}{4 (r_1^2 + k_1^2 \sigma)^2} =$$
$$= \frac{U_1^2 (1 - \sigma)^2}{4 k_1^2 \left(\frac{r_1^2}{k_1^2} + \sigma\right)^2}. \tag{41}$$

Die Mittelpunktkoordinaten des Kreises und der Radius ergeben sich daraus wie folgt:

$$x_m = \frac{U_1 (1 + \sigma)}{2 k_1 \left(\frac{r_1^2}{k_1^2} + \sigma\right)}; \qquad y_m = \frac{U_1 \frac{r_1}{k_1}}{k_1 \left(\frac{r_1^2}{k_1^2} + \sigma\right)};$$
$$\varrho = \frac{U_1 (1 - \sigma)}{2 k_1 \left(\frac{r_1^2}{k_1^2} + \sigma\right)}. \tag{42}$$

Aus Gl. (35) können noch einige ausgezeichnete Punkte des Kreises ermittelt werden, die für die Konstruktion des Kreisdiagrammes von Vorteil sind.

a) Synchroner Punkt P_s für $s = 0$.

$$\overline{U}_1 = \overline{J}_s k_1 \left[\frac{r_1}{k_1} - j\right]; \qquad \overline{J}_s = \frac{\overline{U}_1}{k_1 \left[\frac{r_1}{k_1} - j\right]}$$

und daraus der absolute Wert

$$|J_s| = \frac{U_1}{k_1\sqrt{\left(\frac{r_1}{k_1}\right)^2 + 1}} \doteq \frac{U_1}{k_1}; \quad \left(\frac{r_1}{k_1}\right)^2 \text{ kann gegenüber 1 ver-}$$

nachlässigt werden. Die Koordinaten des Punktes J_s ergeben sich aus einer Umformung der Gl. für J_s:

$$\overline{J}_s = \frac{\overline{U}_1}{k_1} \frac{\frac{r_1}{k_1} + j}{\left(\frac{r_1}{k_1}\right)^2 + 1} = \frac{\overline{U}_1 \frac{r_1}{k_1}}{k_1\left[\left(\frac{r_1}{k_1}\right)^2 + 1\right]} + j \frac{\overline{U}_1}{k_1\left[\left(\frac{r_1}{k_1}\right)^2 + 1\right]}, \tag{43}$$

$$x_s = \frac{U_1}{k_1} \frac{1}{\left(\frac{r_1}{k_1}\right)^2 + 1} \doteq \frac{U_1}{k_1} \doteq J_0;$$

$$y_s = \frac{U_1}{k_1} \frac{\frac{r_1}{k_1}}{\left(\frac{r_1}{k_1}\right)^2 + 1} \doteq \frac{U_1}{k_1}\frac{r_1}{k_1} \doteq J_0 \frac{r_1}{k_1}, \tag{44 a, b}$$

$$\operatorname{tg} \varphi_s = \frac{U_1}{U_1 \frac{r_1}{k_1}} = \frac{k_1}{r_1}; \qquad \cos \varphi_s = \frac{1}{\sqrt{\left(\frac{k_1}{r_1}\right)^2 + 1}} \doteq \frac{r_1}{k_1}.$$

b) Unendlichkeitspunkt P_∞ für $s = \infty$.

$$\overline{U}_1 = \overline{J}_\infty\, k_1 \left[\frac{r_1}{k_1} - j\,\sigma\right]; \quad \overline{J}_\infty = \frac{\overline{U}_1}{k_1} \frac{1}{\frac{r_1}{k_1} - j\,\sigma} = \frac{\overline{U}_1}{k_1} \frac{\frac{r_1}{k_1} + j\,\sigma}{\left(\frac{r_1}{k_1}\right)^2 + \sigma^2},$$

$$\overline{J}_\infty = \frac{\overline{U}_1}{k_1} \frac{\frac{r_1}{k_1}}{\left(\frac{r_1}{k_1}\right)^2 + \sigma^2} + j \frac{\overline{U}_1}{k_1} \frac{\sigma}{\left(\frac{r_1}{k_1}\right)^2 + \sigma^2}.$$

Für den absoluten Wert von J_∞ erhält man:

$$|J_\infty| = \frac{U_1}{k_1} \frac{1}{\sqrt{\left(\frac{r_1}{k_1}\right)^2 + \sigma^2}} \doteq \frac{U_1}{k_1\,\sigma}.$$

Die Koordinaten des Punktes P_∞ ergeben sich zu:

$$x_\infty = \frac{U_1}{k_1} \frac{\sigma}{\left(\frac{r_1}{k_1}\right)^2 + \sigma^2} \doteq \frac{J_0}{\sigma}. \tag{45 a}$$

$$y_\infty = \frac{U_1}{k_1} \frac{\frac{r_1}{k_1}}{\left(\frac{r_1}{k_1}\right)^2 + \sigma^2} \doteq J_0 \frac{\frac{r_1}{k_1}}{\sigma^2} \doteq x_\infty \frac{r_1}{k_1 \sigma}. \tag{45 b}$$

$$\operatorname{tg} \varphi_\infty = \frac{\sigma}{\left(\frac{r_1}{k_1}\right)} \quad \text{und} \quad \cos \varphi_\infty = \frac{1}{\sqrt{1 + \frac{\sigma^2}{\left(\frac{r_1}{k_1}\right)^2}}} \doteq \frac{\frac{r_1}{k_1}}{\sigma}.$$

c) Kurzschlußpunkt P_k für $s = 1$ oder $n_2 = 0$.

$$\overline{U}_1 = \overline{J}_k \left[r_1 + \frac{k_1 \frac{r_2}{k_2} - j k_1 \sigma}{1 + j \frac{r_2}{k_2}} \right]:$$

$$\overline{J}_k = \overline{U}_1 \frac{1 + j \frac{r_2}{k_2}}{\left(r_1 + k_1 \frac{r_2}{k_2}\right) + j \left(r_1 \frac{r_2}{k_2} - k_1 \sigma\right)} =$$

$$= \overline{U}_1 \frac{r_1 \left[1 + \left(\frac{r_2}{k_2}\right)^2\right] + k_1 \frac{r_2}{k_2} (1 - \sigma) + j k_1 \left[\sigma + \left(\frac{r_2}{k_2}\right)^2\right]}{\left(r_1 + k_1 \frac{r_2}{k_2}\right)^2 + \left(r_1 \frac{r_2}{k_2} - k_1 \sigma\right)^2}.$$

Der absolute Wert des Kurzschlußstromes ergibt sich zu:

$$|J_k| = U_1 \sqrt{\frac{1 + \left(\frac{r_2}{k_2}\right)^2}{\left(r_1 + k_1 \frac{r_2}{k_2}\right)^2 + \left(r_1 \frac{r_2}{k_2} - k_1 \sigma\right)^2}} \doteq \frac{U_1}{\sqrt{r_1^2 + k_1^2 \sigma^2}}.$$

Die Koordinaten des Kurzschlußpunktes ergeben sich zu:

$$x_k = U_1 \frac{k_1 \left[\sigma + \left(\frac{r_2}{k_2}\right)^2\right]}{\left(r_1 + k_1 \frac{r_2}{k_2}\right)^2 + \left(r_1 \frac{r_2}{k_2} - k_1 \sigma\right)^2} \doteq \frac{U_1 k_1 \sigma}{r_1^2 + k_1^2 \sigma^2}.$$

$$y_k = U_1 \frac{r_1 \left[1 + \left(\frac{r_2}{k_2}\right)^2\right] + k_1 \frac{r_2}{k_2} (1 - \sigma)}{\left(r_1 + k_1 \frac{r_2}{k_2}\right)^2 + \left(r_1 \frac{r_2}{k_2} - k_1 \sigma\right)^2} \doteq \frac{U_1 r_1}{r_1^2 + k_1^2 \sigma^2}.$$

Der Kurzschlußwinkel $\operatorname{tg}(90-\varphi_k)$ ergibt sich aus folgendem Ausdruck:

$$\operatorname{tg}(90-\varphi_k)=\frac{r_1\left[1+\left(\frac{r_2}{k_2}\right)^2\right]+k_1\frac{r_2}{k_2}(1-\sigma)}{k_1\left[\sigma+\left(\frac{r_2}{k_2}\right)^2\right]}\doteq\frac{\frac{r_1}{k_1}+\frac{r_2}{k_2}}{\sigma}.$$

Vernachlässigt man weiters den primären Widerstand r_1, so gelangt man zum *Heyland*kreis und dem sogenannten ideellen Kurzschlußstrom.

$$J_{ki}=\frac{U_1}{k_1\,\sigma}=\frac{J_0}{\sigma}\,;\qquad x_{ki}=\frac{U_1}{k_1\sigma}=J_{ki}=J_\infty;\qquad y_{ki}=0.$$

2. Die Konstruktion des Kreisdiagrammes.

Man ermittelt die Koordinaten des synchronen Punktes und des Mittelpunktes, ferner den ideellen Kurzschlußstrom, den Leerlaufstrom und den Kreisradius. Auf Grund der angenäherten Gl. (44) und (45 a, b) können die erforderlichen Bestimmungsgrößen auch in der folgenden Weise berechnet werden:

$$x_s\doteq J_0,\qquad x_m\doteq\frac{J_{k_i}+J_0}{2},\qquad \varrho\doteq\frac{J_{k_i}-J_0}{2}$$

$$y_s\doteq J_0\frac{r_1}{k_1},\qquad y_m\doteq r_1\frac{J_{k_i}J_0}{U_1}.\qquad J_{k_i}\doteq\frac{J_k}{\sin\varphi_k}=\frac{J_0}{\sigma}.$$

Ferner wählt man den primären Strommaßstab zu 1 mm = $= a$ Ampere, woraus sich der Maßstab des sekundären Stromes ergibt zu:

$$1\text{ mm}=\frac{w_1}{w_2}(1+\sigma_1)\,a\text{ Ampere},$$

der Leistungsmaßstab: 1 mm $= 3\;a\;U_{1\varphi}=b$ Watt; die Phasenspannung $U_{1\varphi}$ in Volt, der Drehmomentmaßstab: 1 mm $=\frac{b\,p}{2\,\pi\,g\,f_1}$ in kgm. p Zahl der Polpaare, $\frac{2\,\pi\,f_1}{p}$ Winkelgeschwindigkeit.

Mit diesen Angaben kann der Kreis in Abb. 96 in seiner richtigen Größe und Lage gezeichnet werden.

Der oben angegebene sekundäre Strommaßstab kann unter Vernachlässigung der Eisenverluste aus Gl. (32) abgeleitet werden.

$$\overline{U}_1=\overline{J}_1(r_1-j\,k_{1\sigma})-\overline{E}_{g1}=\overline{J}_1(r_1-j\,k_{1\sigma})-(\overline{E}_{11}+\overline{E}_{21})$$

$$\overline{E}_{11}=j\,k_{11}\,\overline{J}_1\cos\varphi_h(\cos\varphi_h+j\sin\varphi_h);$$

$$\overline{E}_{21}=j\,k_{21}\,\overline{J}_2\cos\varphi_h(\cos\varphi_h+j\sin\varphi_h).$$

Setzt man $\varphi_h=0$, so erhält man:

$$\overline{E}_{11}+\overline{E}_{21}=j\,(k_{11}\overline{J}_1+k_{21}\overline{J}_2).$$

$$\overline{U}_1 = \overline{J}_1 (r_1 - j\,k_1) - j\,k_{21} \overline{J}_2.$$

$$\frac{\overline{U}_1}{r_1 - j\,k_1} - \overline{J}_1 = -j \frac{k_{21}}{r_1 - j\,k_1} \overline{J}_2 = \overline{J}_s - \overline{J}_1.$$

$$\overline{J}_2 = (\overline{J}_s - \overline{J}_1) \frac{j\,r_1 + k_1}{k_{21}} = \frac{k_1}{k_{21}} \left(1 + j \frac{r_1}{k_1}\right) (\overline{J}_s - \overline{J}_1);$$

der absolute Wert des Stromes J_2 ergibt sich zu:

$$|J_2| = \frac{k_1}{k_{11}} \frac{w_1}{w_2} \sqrt{1 + \left(\frac{r_1}{k_1}\right)^2} (J_s - J_1) = \frac{w_1}{w_2} (1 + \sigma_1) \overline{P_1 P_s},$$

woraus auch der Strommaßstab ermittelt werden kann.

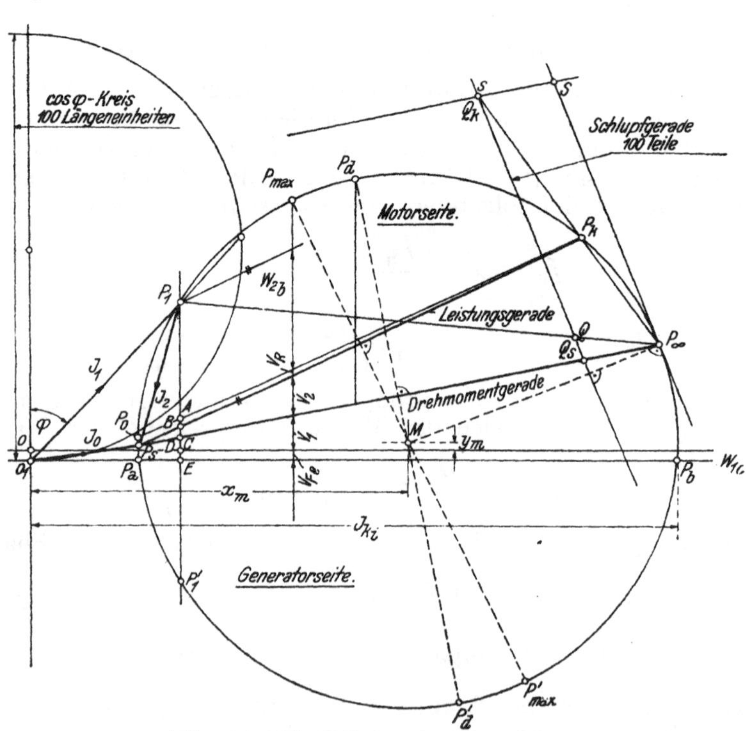

Abb. 96. Kreisdiagramm des *DAM*.

Die Drehmomentengerade $\overline{P_s P_\infty}$ ergibt sich durch die angenäherte und praktisch meist ausreichende Konstruktion aus den primären Kupferverlusten. Da J_0 bei ausgeführten Motoren im Vergleich zu J_{ki} klein ist, so kann $J_1^2 r_1$ ebenso wie $J_2^2 r_2$ auf einer Parallelen zur Ordinatenachse aufgetragen werden.

Die Eisenverluste, die bei der Ableitung des Kreisdiagrammes vorübergehend vernachlässigt wurden, können durch eine Tieferlegung der Abszissenachse auf W_{1c} berücksichtigt werden. Diese Gerade schneidet die Ordinatenachse in O_1, von wo aus auch das Stromdiagramm seinen Ausgang nimmt.

Weiters werden die Reibungsverluste V_R, die Bremsleistung W_{2b} und der Belastungspunkt P_1 als Schnittpunkt eines zur $\overline{P_s P_k}$ parallelen Strahles mit dem Kreis erhalten.

Die Drehzahl, bezw. die Schlüpfung erhält man durch die sogenannte Schlüpfungsgerade $s\,s$, die eine Parallele zur Tangente im Punkt P_∞ ist. Der Abstand $\overline{Q_s Q_k}$ wird in der Regel gleich der Längeneinheit = 100 mm groß gewählt. Die Strecke $\overline{Q_s Q}$ entspricht der Schlüpfung im Punkte P_1, beziehungsweise ist $\overline{Q Q_k}$ proportional der Drehzahl dieses Belastungspunktes.

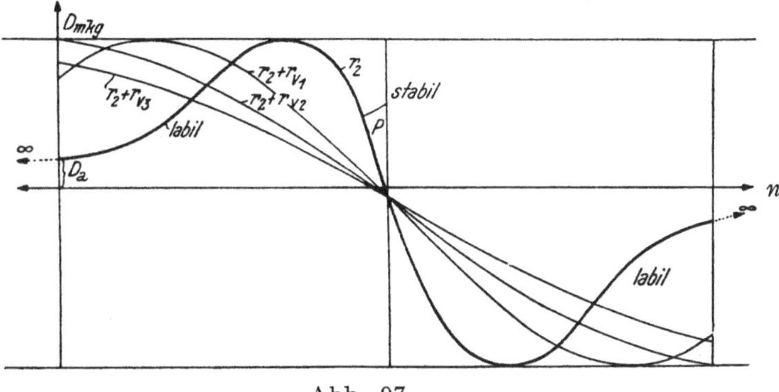

Abb. 97.

Durch diese Konstruktion ist es möglich, zu allen Kreispunkten P, beziehungsweise Drehmomenten $\overline{P C}$ die zugehörigen Drehzahlen oder Schlüpfungen zu ermitteln.

Der Leistungsfaktor ($\cos\varphi$) kann am J_1-Strahl des $\cos\varphi$-Kreises direkt in Längeneinheiten abgelesen werden, wenn der Durchmesser dieses Kreises 100 Längeneinheiten groß ausgeführt wird.

Der Wirkungsgrad wird für die einzelnen Belastungspunkte am raschesten und genauesten durch die Addition der berechneten Eisen-, Reibungs- und Kupferverluste ermittelt. Die in der Literatur angegebenen graphischen Verfahren haben nur ideellen, aber keinen praktischen Wert.

Trägt man aus dem Kreisdiagramm (Abb. 96) das Drehmoment in Abhängigkeit von der Drehzahl auf, so erhält man die Schaulinie (Abb. 97), die sowohl im Motor- als auch im Generatorbereich einen Kippunkt aufweist. Der normale Arbeitspunkt P liegt im unteren Drittel des stabilen Astes der Kurve. Der Motor besitzt im Stillstand ein Drehmoment D_a.

Durch Einschalten eines Widerstandes im Läuferstromkreis kann die Lage des Kurzschlußpunktes in weiten Grenzen verändert werden. Bei r_{v2}, z. B. erreicht das Anfahrdrehmoment seinen größten Wert, um bei noch größeren r_v wieder abzunehmen. Die stabilen Kurventeile können im Gegenstrombereich mit Vorteil zur elektrischen Bremsung verwendet werden.

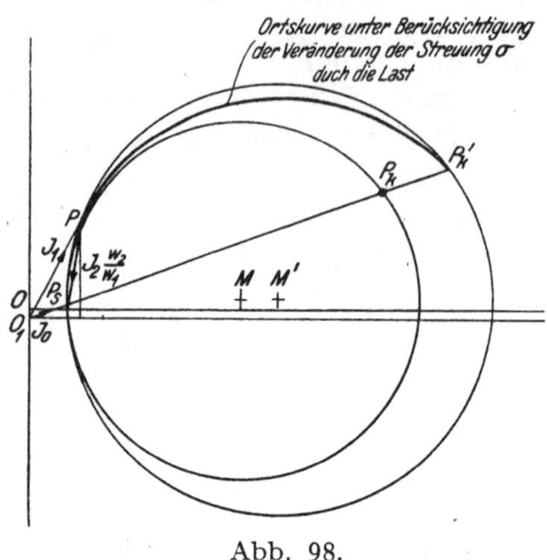

Abb. 98.

Für andere Werte von U ändert sich der Kreishalbmesser entsprechend, wie aus Gl. (42)

$$\varrho = \frac{U_1 (1 - \sigma)}{2 k_1 \left[\sigma + \left(\frac{r_1}{k_1}\right)^2\right]}$$

hervorgeht.

Mit kleiner werdender Streuung wird der Kreis immer größer, bis er schließlich für $\sigma = 0$ in eine Gerade parallel zur Ordinatenachse übergeht. Da die Streuung zwischen Leerlauf und Kurzschluß keineswegs konstant ist, so liegen bei größer werdender Stromstärke die Belastungspunkte auf immer größeren Kreisen, so daß wir eigentlich nicht ein Kreisdiagramm, sondern wie in Abb. 98 dargestellt, eine Schar von Kreisen haben. Auf dem normalen Arbeitsbereich zwischen P_s und P hat die Vergrößerung des Kreisdurchmessers praktisch einen Einfluß. Die kleinere Streuung im Kurzschlußpunkt hat zwar einen größeren Kurzschlußstrom zur Folge, bewirkt aber auch ein größeres Anlaufdrehmoment, was meistens sehr erwünscht ist.

3. Diskussion der verschiedenen Punkte des Kreisdiagrammes.

Unter der Zugrundelegung des Kreisdiagrammes (Abb. 96) sind der größeren Übersichtlichkeit halber in Abb. 99 auf dem gerade ausgestreckten Kreisumfang die Drehmomente, die mechanischen und elektrischen Leistungen, Drehzahlen und Schlüpfungen aufgetragen.

a) Kreispunkte zwischen P_s und P_k. Für diese ist die primäre elektrisch zugeführte Leistung $W_1 = \overline{P_1 E}$ stets positiv, da alle Werte oberhalb der W_{1c}-Geraden liegen. Das Drehmoment $\overline{P_1 C}$ ist stets positiv. Im Punkt Q_s (synchroner Punkt) ist die Schlüpfung $s = 0$ und im Punkt Q_k (Kurzschlußpunkt) $s = 1$. Sie bewegt sich zwischen den Geraden $0 < s < 1$; da nun $s = \frac{n_1 - n_2}{n_1}$, so ist auch $0 < n_2 < n_1$, d. h. die Drehzahl des Motors liegt zwischen Stillstand und Synchronismus, erreicht ihn aber niemals, weshalb es üblich ist, den Lauf des Motors als „asynchron" zu bezeichnen.

Da weiters das Drehmoment $D > 0$ ist, so ist auch die mechanische Bremsleistung $W_{2b} > 0$. Der Wirkungsgrad ist ebenfalls positiv. $\eta = W_{2b}/W_1 > 0$; da für alle Punkte zwischen P_s und P_k $W_1 > W_{2b}$ ist, so ist $\eta < 1$. Der Wirkungsgrad η liegt deshalb

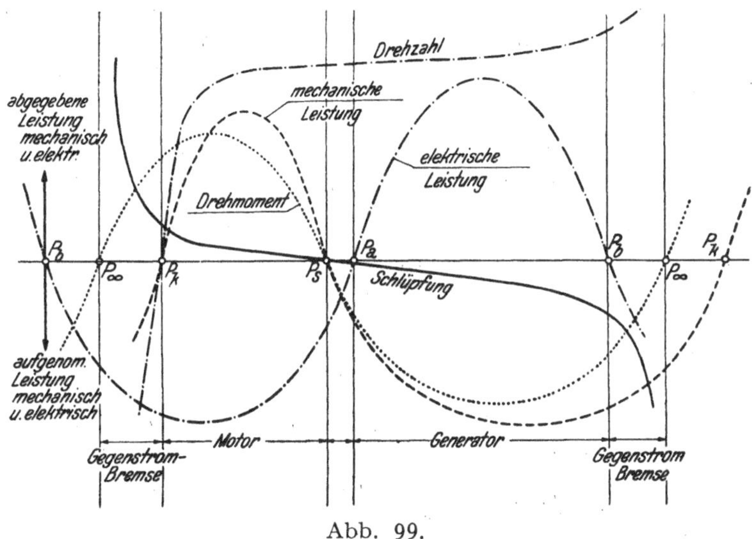

Abb. 99.

zwischen den Grenzen: $0 < \eta < 1$. Ferner ist zwischen P_s und P_k die Leistung $W_1 > 0$; es wird daher elektrische Leistung aufgenommen und mechanische Leistung abgegeben und die Maschine arbeitet in diesem Bereich als Motor. Von P_s bis P_d ist der Motorzustand stabil und von P_d bis P_k labil.

b) Kreispunkte zwischen P_a, P_d' und P_b. Unterhalb Q_s ist der Schlüpfungswert negativ und die Drehzahlen sind übersynchron.

$$n_2 = n_1 (1 - s) \ldots n_2 > n_1.$$

Die elektrische Leistung proportional der Strecke $\overline{P_1' E}$ ist positiv, also eine abgegebene Leistung. Das Drehmoment $P_1 C$ und die Leistung $\overline{P_1' B}$ werden mechanisch zugeführt. Der Wirkungsgrad $\eta = W_{2b}/W_1 > 0$, da aber $W_{2b} > W_1$ ist, so wollen wir den reziproken Wert von η mit dem Generatorwirkungsgrad η_g bezeichnen, $1/\eta = \eta_g$, wobei $\eta_g < 1$ ist. Der Wirkungsgrad η_g liegt zwischen den Grenzen $0 < \eta_g < 1$. Im Bereiche zwischen $\overline{P_a P_d'}$ und P_b nimmt die Maschine mechanische Leistung auf und gibt elektrische Leistung ab. Sie arbeitet daher als Generator.

c) Die Kreisstrecke $P_k P_\infty$. Das Drehmoment dieses Kreisstückes ist positiv. Der Rotor, der entgegen dem Drehfeld angetrieben wird, nimmt sowohl mechanische als auch elektrische Leistung auf, die in seinen inneren Widerständen aufgebraucht wird. In dem Geschwindigkeitsbereich zwischen 0 und $-n_s$ (synchroner Geschwindigkeit) dieses Kreisabschnittes wird die Maschine als Gegenstrombremse verwendet.

d) Die Kreisstrecken $\overline{P_s P_a}$ und $\overline{P_b P_\infty}$. In diesen beiden Fällen werden sowohl mechanische als auch elektrische Leistungen aufgenommen, die zur Deckung der inneren Verluste dienen. Es sind Übergangsstellungen, in denen die Maschine weder Generator noch Motor ist.

4. Drehmoment und Leistung.

Die Leistung, die dem Motor je Phase zugeführt wird, beträgt:

$$W_1 = U_1 J_1 \cos\varphi_1 = J_1 (r_1 J_1 + E_{g1} \cos\delta_1).$$

Im Vektordiagramm (Abb. 100) ist:

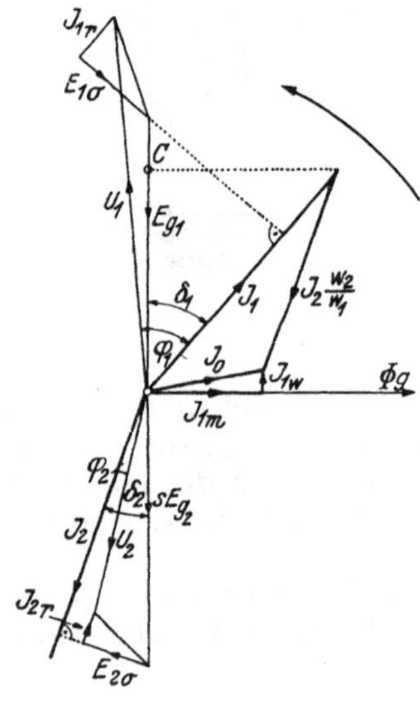

Abb. 100.

$$U_1 \cos\varphi_1 = E_{g1} \cos\delta_1 + J_1 r_1$$
$$W_1 = r_1 J_1^2 + E_{g1} J_1 \cos\delta_1.$$

Ferner ist:

$$J_1 \cos\delta_1 = J_{1w} + J_2 \frac{w_2}{w_1} \cos\delta_2.$$

Wird dies in die Gl. für W_1 eingesetzt, so erhält man:

$$W_1 = \underbrace{r_1 J_1^2}_{V_{cu1}} + \underbrace{E_{g1} J_{1w}}_{V_{Fe}} + \underbrace{E_{g2} J_2 \cos\delta_2}_{W_2};$$

$$E_{g1} = E_{g2} \frac{w_1}{w_2}.$$

Die vom Ständer auf den Läufer übertragene Leistung ist $W_2 = E_{g2} J_2 \cos\delta_2$ Die im Läuferstromkreis auftretende elektrische Leistung ergibt sich zu $W_{2e} = U_2 J_2 \cos\varphi_2 + J_2^2 r_2 = J_2 (U_2 \cos\varphi_2 + J_2 r_2)$ unter der allgemeinen Annahme, daß dem Läuferstromkreis noch die elektrische Leistung $U_2 J_2 \cos\varphi_2$ nach außen entnommen wird.

Für den kurzgeschlossenen Läufer ist:

$$W_{2e} = J_2^2 r_2 = V_{cu2}\,. \tag{46}$$

Diese wird die innere elektrische Leistung genannt.

Aus dem vorhergehenden Vektordiagramm kann an Stelle der Summe $U_2 \cos\varphi_2 + J_2 r_2$ auch die Strecke $s E_{g2} \cos\delta_2$ gesetzt werden:

$$W_{2e} = J_2\, s\, E_{g2} \cos \delta_2 = s\, W_2 = \frac{f_1 - f_2}{f_1} W_2. \tag{47}$$

Die in mechanische Arbeit umsetzbare Leistung ist:

$$W_{2m} = (1 - s)\, W_2 = \frac{f_2}{f_1} W_2, \text{ somit ist } W_2 = W_{2e} + W_{2m}.$$

Die abbremsbare Leistung ist $W_{2b} = W_{2m} - V_r$ in Watt und

$$N_b = \frac{W_{2m} - V_r}{736} \text{ in PS; } V_r \text{ Reibungsverluste.}$$

Das Drehmoment an der Motorwelle beträgt je Phase (Abb. 101)

$$D_{ph} = \frac{W_{2m}}{2\pi g \frac{n_2}{60}} = \frac{W_2 \frac{f_2}{f_1}}{2\pi g \frac{f_2}{p}} = \frac{W_2}{2\pi g \frac{f_1}{p}} = \frac{U_1 - 2\, r_1\, y_m}{2\pi g \frac{f_1}{p}} \overline{PC}. \tag{48}$$

Vernachlässigt man die Eisenverluste, so kann man die Leistung W_2, die vom Ständer auf den Rotor übertragen wird, auch schreiben:

$$W_2 = U_1 J_1 \cos \varphi_1 - J_1^2 r_1.$$

Bezeichnet man der Kürze halber
den Wattstrom $J_1 \cos \varphi_1 = y$,
den wattlosen Strom $J_1 \sin \varphi_1 = x$,
so ergibt sich: $W_2 = U_1\, y - r_1\, (x^2 + y^2)$ und aus der allgemeinen Kreisgleichung: $(y - y_m)^2 + (x - x_m)^2 = \varrho^2$ erhält man:

$$x^2 + y^2 = \varrho^2 - (x_m^2 + y_m^2) + 2\, y_m\, y + 2\, x_m\, x$$

$$W_2 = (U_1 - 2\, r_1\, y_m)\, (y - z).$$

$$z = \frac{2\, r_1\, x_m}{U_1 - 2\, r_1\, y_m}\, x - r_1 \frac{x_m^2 + y_m^2 - \varrho^2}{U_1 - 2\, r_1\, y_m} = a\, x - b.$$

Die Abschnitte z sind die Ordinaten einer Geraden und die Differenz $y - z$ sind Strecken, die W_2, der dem Läufer zugeführten Energie, proportional sind. Das Einzeichnen der Geraden ist einfacher, wenn ihre beiden Schnittpunkte mit dem Kreis bestimmt werden, da für diese $W_2 = 0$ ist.

$$W_{2e} = J_2^2\, r_2 = s\, W_2 = \frac{n_1 - n_2}{n_1} W_2;$$

$$W_2 = \frac{J_2^2\, r_2}{\frac{n_1 - n_2}{n_1}}, \tag{49}$$

daraus ist $W_2 = 0$, wenn $J_2 = 0$ ist und weiters
$W_2 = 0$, wenn $n_2 = \infty$ ist,
daher ist $W_2 = (U_1 - 2\, r_1\, y_m)\, \overline{PC}$, wobei $\overline{PC}$ im Strommaßstab zu messen ist.

5. Verhalten des Motors bei geänderter Klemmenspannung.

Hiebei sind zwei Fälle zu unterscheiden:

a) Bei gleichbleibender Schlüpfung. Nach Gl. (48) ergibt sich das Drehmoment D in mkg für eine m-phasige Maschine zu:

$$D = m \frac{W_2}{2\pi g \frac{f_1}{p}} = m \frac{U_1 - 2 r_1 y_m}{2\pi g \frac{f_1}{p}} \overline{PC} = m \frac{30 (U_1 - 2 r_1 y_m)}{\pi g n_1} \overline{PC}$$

Der Zählerfaktor $U_1 - 2 r_1 y_m$ ist der Klemmenspannung U_1 proportional, da auch $y_m = \frac{U_1 r_1 1}{k_1 k_1 \sigma}$ dem U_1 proportional ist.

Daher kann die vorhergehende Gl. für das Drehmoment auch wie folgt geschrieben werden:

$D = K U_1 \overline{PC}$ für die Spannung U_1 und

$D' = K (U_1 a)(\overline{PC} a)$ für die Spannung $U_1' = U_1 a$,

$D' = K U_1 \overline{PC} a^2 = a^2 D$. K Proportionalitätsfaktor (50)

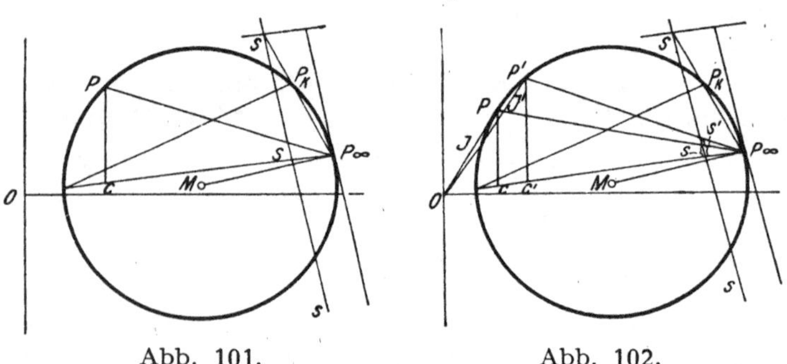

Abb. 101. Abb. 102.

Das Drehmoment ändert sich daher bei gleichbleibender Schlüpfung quadratisch mit der Spannung oder man sagt auch, der Motor ist sehr spannungsempfindlich.

Zur besseren Veranschaulichung kann man, wie in Abb. 101 dargestellt, für beide Spannungen U_1 und $a\,U_1$ den Radius des Kreisdiagrammes gleich groß ausführen und nur den Strommaßstab ändern, also

für U_1 $\qquad \mu_J$ und

für $U_1' = a\,U_1$ $\qquad \frac{\mu_J}{a}$

setzen.

b) *Bei gleichbleibender primärer Stromstärke.* Die Ströme bei der Spannung U_1 werden, wie auch aus Abb. 102 hervorgeht, im Maßstabe μ_J und bei der Spannung $U_1' = a \cdot U_1$ im Maßstabe μ_J/a gemessen.

Bei $J = J'$ kann, wenn $\overline{OP}$ und $\overline{OP'}$ in annähernd dieselbe Richtung fallen:

$$\frac{\overline{OP}}{\mu_J} = \frac{\overline{OP'}}{\frac{\mu_J}{a}}$$

gesetzt werden. Daraus ist $a\overline{OP'} = \overline{OP}$.

Das Drehmoment

bei U_1 ist $D = K\, U_1 \overline{PC}$ und

bei $U_1' \ldots D' = K\, a\, U_1 (\overline{P'C'}\, a) = K\, a^2\, U_1 \overline{P'C'}$

Es ist nun

$$\frac{D'}{D} = a^2 \frac{\overline{P'C'}}{\overline{PC}} \doteq a \text{ oder } D' \doteq a\, D.$$

Da im vorliegenden Falle angenähert $\frac{\overline{P'C'}}{\overline{PC}} = \frac{1}{a}$ gesetzt werden kann, so verhalten sich bei gleichbleibender primärer Stromstärke die Drehmomente praktisch wie die Klemmenspannungen.

Die Kurzschlußläufer werden heute vielfach den gewünschten Anlauf- und Kippverhältnissen angepaßt. Führt man die Rotorwicklung mit großen Leiterhöhen aus, so macht sich bei Stillstand und kleinen Drehzahlen die Stromverdrängung bemerkbar, die von dem Querfeld herrührt, das der stromdurchflossene Ankerleiter in der Nut hervorruft und das sich zeitlich wie das Hauptfeld ändert. Das wechselnde Nutenquerfeld induziert im Leiter eine Wirbelströmung, die den Hauptstrom vom Nutengrund zur Nutenöffnung verdrängt. Bei derartigen Wicklungen ist sowohl der Wirkwiderstand als auch die Streureaktanz von der Periodenzahl in der Läuferwicklung abhängig. Man unterscheidet dabei drei verschiedene Ausführungen von Kurzschlußläufern:

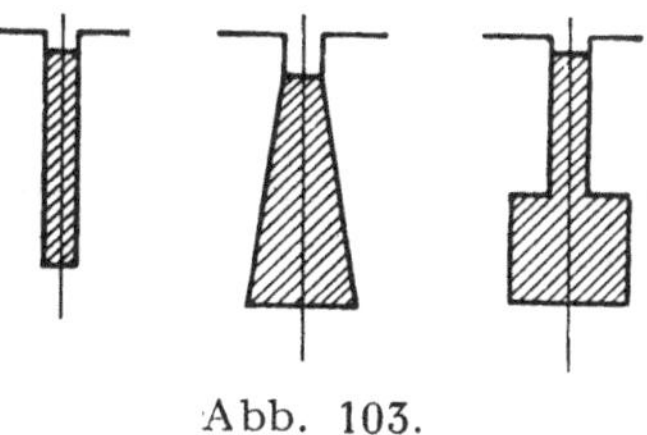

Abb. 103.

a) *Der Hoch- und Keilstabläufer.* Die Nuten-, bezw. Stabform ist in Abb. 103 dargestellt. Die charakteristischen Eigenschaften dieser Bauart sind großes Kippmoment, großer Anlaufstrom und ein mittleres Anlaufmoment, das größer als beim normalen Käfigläufer ist. In der Anlaufperiode sind wegen der großen

Läuferfrequenz die unteren Teile der engen Nut für den Läuferstrom praktisch gesperrt, wodurch das Anlaufmoment vergrößert wird. Im normalen Betrieb tritt im Läufer nur mehr die kleine Schlupffrequenz auf, weshalb der Läuferstrom sich dann über den ganzen Querschnitt gleichmäßig verteilt.

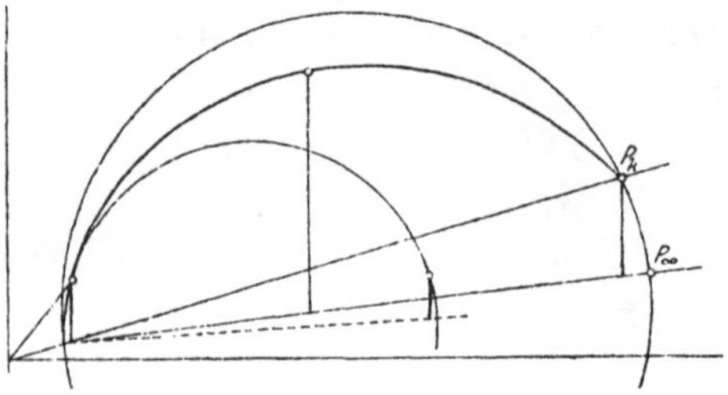

Abb. 104. Ortskurve des Stromes für den Keilstabläufermotor der Abb. 103.

Die Ortskurve des Stromes nach Abb. 104 ist eine Kurve zweiten Grades und kann angenähert als Mittelwert zwischen den beiden Kreisdiagrammen für Anlauf und Lauf dargestellt werden.

Bei modernen Ausführungen wird heute die Keilnut aus fabrikatorischen Gründen bevorzugt. Für Motoren mittlerer Größe (50 bis 250 kW) beträgt das Verhältnis von Kippmoment zum Normalmoment drei bis sechs zu eins.

b) Der Doppelnut- oder Zweifachkäfigläufer. Die Nut oder Stabform ist aus der Abb. 105 ersichtlich. Die charakteristischen Eigenschaften dieses Motors sind kleines Kippmoment, großes Anlaufmoment und kleiner Anlaufstrom. Diese Ausführungsform hat mitunter den Nachteil, daß die Ortskurve, die im Diagrammbild Abb. 106 dargestellt ist, im unteren Drehzahlbereich einen mehr oder weniger stark ausgeprägten Sattel aufweist, der zu Schleichdrehzahlen Anlaß geben kann.

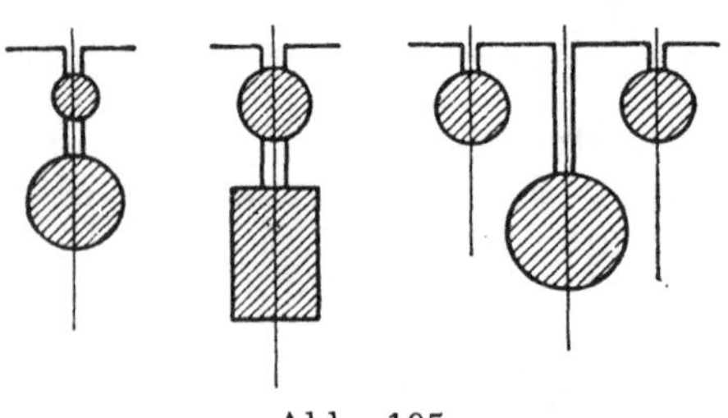

Abb. 105.

Bei dieser Bauart besitzt die obere Kurzschlußwicklung bei Stillstand und kleinen Drehzahlen eine kleine Streureaktanz und einen großen ohmschen Widerstand. Die untere Kurzschlußwicklung in halber Kernhöhe hingegen hat eine große Reaktanz und einen kleinen ohmschen Widerstand. Die radialen Schlitze zwischen den Nuten haben den Zweck, die Reaktanz des unteren Stabes zu verändern.

Beim Anlauf entwickelt praktisch nur die obere Wicklung ein Drehmoment, während die untere wegen der großen Streuung fast keines erzeugt. In der Nähe der synchronen Drehzahl, also bei kleiner Ankerfrequenz, ist die Streuung sehr klein und der Strom verteilt sich praktisch im Verhältnis der ohmschen Widerstände auf beide Wicklungen. Da aber die Reaktanz der unteren Wicklung wegen der tieferen Lage in der Nut größer als bei der oberen ist und diese Wicklung wegen des größeren Querschnittes hauptsächlich das Normaldrehmoment erzeugt, so ist der Leistungsfaktor dieser Motoren kleiner als bei der normalen Ausführung der Kurzschlußwicklung.

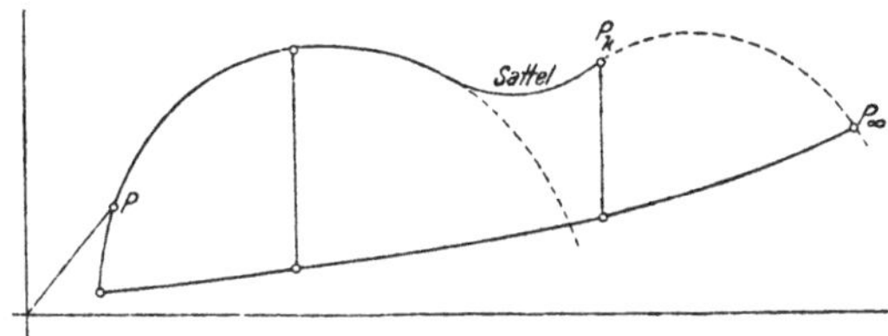

Abb. 106. Stromortskurve zu den Nutenformen der Abb. 105.

Das Kippverhältnis für Maschinen mittlerer Leistung (25 bis 250 kW) ist ein zwei- bis vierfaches.

c) *Doppelnutläufer mit ausgegossenem Steg.* (*Dreifachkäfigläufer*). Die Nutenform zeigt Abb. 107. Diese Bauform wird hauptsächlich für kleinere Motoren bis zu 50 kW ausgeführt. Da der Käfig meistens aus Aluminiumspritzguß hergestellt wird, ist

Abb. 107.

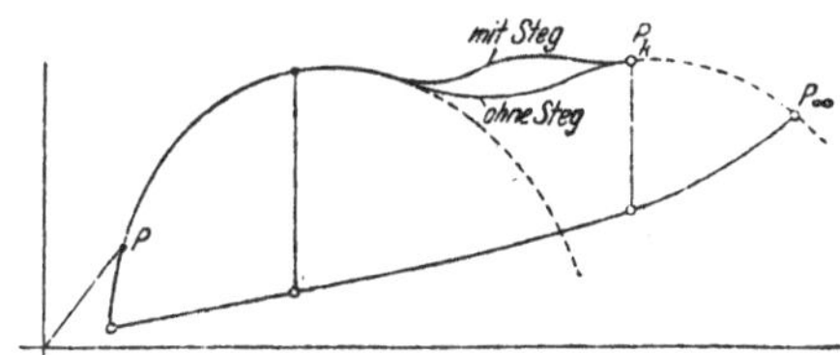

Abb. 108. Stromortskurve zu der Nutenform der Abb. 107.

man gezwungen, den Steg mit auszugießen. Diese fabrikatorische Notwendigkeit wirkt sich, wie aus der Ortskurve (Abb. 108) hervorgeht, elektrisch günstig aus, da der Steg bei richtiger Auslegung wie ein zusätzlicher dritter Käfig gerade an jener Stelle des Diagrammes einen Höcker bildet, wo normalerweise zwischen Ober- und Unterstab ein leichter Sattel entsteht, so daß dadurch Schleichdrehzahlen vermieden werden.

III. Anlassen des *DAM*.[1]

Das Anlassen des *DAM* erfolgt ganz verschieden, je nachdem er als Schleifring-, oder als Kurzschlußmotor ausgeführt ist, weshalb diese beiden Bauarten hier getrennt behandelt werden.

[1] *Ossanna, J.:* Starkstromtechnik. *Rziha* und *Seidener*, 6. Auflage. 1922. Wilh. Ernst u. Sohn Berlin. — *Arnold, E.* und *J. L. la Cour:* 5. Band: Die asynchronen Wechselstrommaschinen. I. Teil: Die Induktionsmaschinen. Berlin: Julius Springer, 1912. — *Richter, R.:* Elektrische Maschinen. 4. Band: Die Induktionsmaschinen. Berlin: Julius Springer, 1936.

1. Anlassen des Schleifringankermotors.

Dies erfolgt stufenförmig wie bei den Gleichstrommotoren in der Weise, daß das Drehmoment D, bezw. die auf den Rotor übertragene Leistung W_2 um einen Mittelwert pendelt.

Entsprechend der Gl. (46) ist $V_{cu2} = 3\,J_2{}^2\,R_x = s_x\,W_2$. Daraus ist

$$W_2 = 3\,J_2{}^2\,\frac{R_x}{s_x}. \tag{51}$$

Man muß daher, um den Motor anzulassen, dem Rotor Widerstände vorschalten. Ist für einen bestimmten Kreispunkt W_2, bzw. J_2 konstant, so ist auch $\frac{R_x}{s_x}$ = konstant. Aus dieser Beziehung lassen sich die Anlaßwiderstände ermitteln.

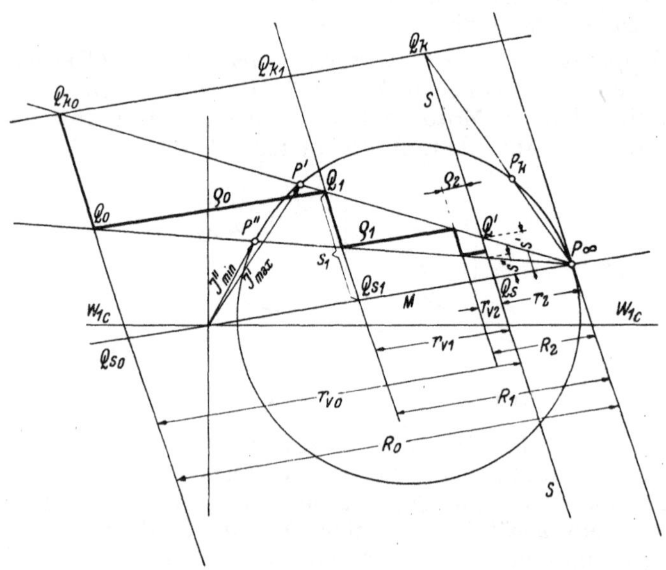

Abb. 109. Anlasserstufung des Schleifringankermotors.

Es sind R_0, R_1, R_2 ... R_x die Gesamtwiderstände je Motorphase.

Ist r_2 der Widerstand einer Ankerphase, so ist $R_x = r_2 + r_{vx}$, $\varrho_0 = R_0 - R_1$, $\varrho_1 = R_1 - R_2$, $\varrho_2 = R_2 - R_3$, $\varrho_3 = R_3 - R_4$ ... $\varrho_x = R_x - r_2$ sind die Anlaßstufenwiderstände.

Die Schlüpfungen s' und s'' treten im Beharrungszustand bei den Schaltstromstärken J'_{max} und J''_{min} auf.

Aus $\frac{R_x}{s_x}$ ergibt sich:

$$\frac{R_x}{s_x} = \frac{r_2}{s'} = \frac{r_2 + r_{v0}}{s_0} = \frac{r_2 + r_{v1}}{s_1} = \frac{r_2 + r_{vx}}{s_x} \tag{52}$$

Wird in Abb. 109 $\overline{Q_s Q_k} = 100$ mm ausgeführt, so ist $\overline{Q_s Q'} = s'$ für P', bezw. J'_{max}.

Für die einzelnen Vorschaltwiderstände verschiebt sich die Schlüpfungsgerade parallel zu sich selbst.

So ist z. B. für den Vorschaltwiderstand $r_{v1} = R_1 - r_2$ die Schlüpfung $\overline{Q_{s1} Q_1} = s_1$.

Aus der Ähnlichkeit der Dreiecke $P_\infty \; Q_s Q'$ und $P_\infty \; Q_{s1} Q_1$ ergibt sich

$$\frac{\overline{P_\infty \; Q_s}}{\overline{Q_s Q'}} = \frac{\overline{P_\infty \; Q_{s1}}}{\overline{Q_{s1} Q_1}}.$$

Nun ist aber $\overline{Q_s Q'} = s'$ und $\overline{Q_{s1} Q_1} = s_1$, daher ist

$$\frac{\overline{P_\infty \; Q_s}}{s'} = \frac{\overline{P_\infty \; Q_{s1}}}{s_1} = \frac{\overline{P_\infty \; Q_s} + \overline{Q_s \; Q_{s1}}}{s_1}. \tag{53}$$

Vergleicht man die Gl. (52) mit der Gl. (53), so ergibt sich daraus, daß $\overline{P_\infty \; Q_s} = r_2$ und $\overline{Q_s Q_{s1}} = r_{v1}$ sein muß. Bei der Wiederholung dieses Verfahrens erhält man die einzelnen Anlaßstufen:

$$\frac{r_2 + r_{v0}}{s_0} = \frac{r_2 + r_{v1}}{s_1} = \frac{r_2 + r_{v2}}{s_2} = \ldots\ldots = \frac{r_2}{s'}; \text{ wobei } s_0 = 1.$$

Da für die Ermittlung der Anlaßwiderstände die Konstruktion des Kreisdiagrammes unbequem ist, so führt man sie im rechtwinkeligen Achsenkreuz nach Abb. 110 wie folgt durch. Es sind die beiden Stromgrenzen J' und J'' und die zugehörigen Schlüpfungen s' und s'', sowie der Widerstand der Rotorphase r_2 gegeben.

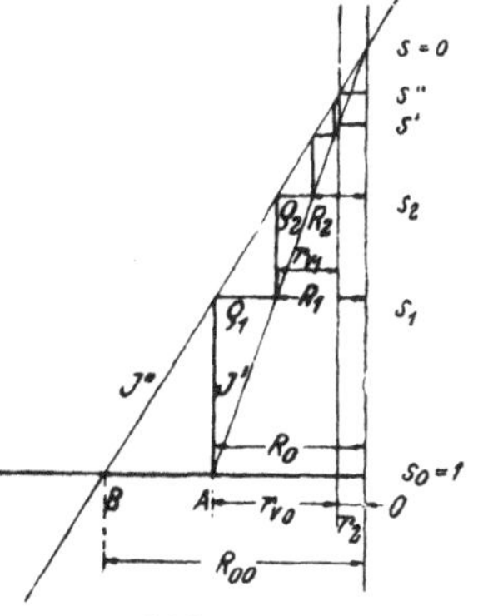

Abb. 110.

Für die Stromstärke J' gelten die Gl.:

$$\frac{R_0}{1} = \frac{R_1}{s_1} = \frac{R_2}{s_2} = \ldots = \frac{R_{x-1}}{s_{x-1}} = \frac{r_2}{s'} \tag{54}$$

und für die Stromstärke J'':

$$\frac{R_{00}}{1} = \frac{R_0}{s_1} = \frac{R_1}{s_2} = \ldots = \frac{R_{x-1}}{s_x} = \frac{r_2}{s''}. \tag{55}$$

Dividiert man Gl. (54) durch Gl. (55), so erhält man:

$$\frac{s_1}{1} = \frac{s_2}{s_1} = \frac{s_3}{s_2} = \ldots = \frac{s_x}{s_{x-1}};$$

daraus ist $$s_x = (s_1)^x.$$

Für die einzelnen Stufenwiderstände gelten die Gl.:

$$\varrho_1 = R_0 - R_1 = R_0 (1 - s_1) = \varrho_1,$$
$$\varrho_2 = R_1 - R_2 = R_0 (s_1 - s_1^2) = \varrho_1 s_1,$$
$$\varrho_3 = R_2 - R_3 = R_0 (s_1^2 - s_1^3) = \varrho_1 s_1^2,$$
$$\ldots\ldots\ldots\ldots\ldots\ldots\ldots\ldots\ldots\ldots\ldots\ldots$$
$$\varrho_x = R_{x-1} - R_x = R_0 (s_1^{x-1} - s_1^x) = \varrho_1 s_1^{x-1},$$

daraus ergibt sich:

$$s_1 = \frac{\varrho_2}{\varrho_1} = \frac{\varrho_3}{\varrho_2} = \ldots \frac{\varrho_x}{\varrho_{x-1}}.$$

Sowohl die Stufenwiderstände ϱ als auch die Schlüpfungen s folgen beim Anlassen mit konstantem Drehmoment einer geometrischen Reihe.

Um die Widerstände bei gegebener Stufenzahl ermitteln zu können, muß zuerst der Gesamtwiderstand R_0 und die Schlüpfung s_1 der ersten Stufe bestimmt werden.

Damit beim Abschalten der x^{ten} Stufe auf den Rotorwiderstand r_2 der Strom gerade auf J'_{max} ansteigt, muß der Motor eine Geschwindigkeit haben, die der Schlüpfung s' entspricht. Es ist dann:

$$s_x = s_1^x = s' \quad \text{oder} \quad s_1 = \sqrt[x]{s'}.$$

Der Gesamtwiderstand R_0 der ersten Stufe ist nach Gl. (54) $R_0 = r_2/s' = \overline{OA}$. Durch die Beziehung $s_1 = \sqrt[x]{s'}$ ist auch die Größe von J''_{min} festgelegt, damit die letzte Stufe den Strom J'_{max} gerade erreicht und die Stufen dadurch voll ausgenützt werden.

Nach Gl. (55) ist $R_{00} = \overline{OB} = \frac{r_2}{s''} = \frac{R_0}{s_1}$; aus Gl. (54) ist $R_0 = \frac{r_2}{s'}$, somit ist

$$\overline{OB} = \frac{r_2}{s''} = \frac{r_2}{s_1 s'} = \frac{1}{s_1} \overline{OA}.$$

Die einzelnen Stufenwiderstände errechnen sich aus:

$$\varrho_1 = R_0 (1 - s_1); \qquad \varrho_2 = \varrho_1 s_1; \qquad \varrho_3 = \varrho_1 s_1^2 \text{ u. s. f.}$$

2. Anlassen des Kurzschlußankermotors.

Da man bei dieser Bauart nicht wie beim Schleifringläufer dem Rotor Widerstände in vielen Stufen vorschalten kann, so kommt es beim Anlaßvorgang darauf an, die Einschaltstromstärke, die dem Strome des Kurzschlußpunktes entspricht, zu vermindern, damit die Stöße im Netz vermieden werden. Dies kann

a) durch Verminderung der Spannung,
b) durch speziell gebaute Stromverdrängungsanker,
c) durch Änderung der Periodenzahl erfolgen.

Im folgenden werden diese drei Methoden näher behandelt.

a) Anlassen durch Verminderung der Spannung. Da das Drehmoment bei gleichbleibender Schlüpfung mit dem Quadrat der Spannung abnimmt, so ist das Anlassen derartiger Motoren meist nur im Leerlauf oder bei kleinen Belastungen möglich.

Die Klemmenspannung kann in der folgenden Weise herabgesetzt werden:

1. Durch Widerstände vor dem Ständer.
2. Durch einen Anlaßtransformator.
3. Durch Stern-Dreieckschaltung des Ständers.

1. Widerstände vor dem Ständer (Abb. 111). Der Anlaufstrom beim vorgeschalteten Widerstand r_v beträgt bei Stillstand des Motors:

$$J_1 = \frac{U_1}{z} = \frac{U_1}{\sqrt{(r_1 + r_v)^2 + k_1^2}};$$

daraus ergibt sich

$$r_v = \sqrt{\left(\frac{U_1}{J_1}\right)^2 - k_1^2} - r_1;$$

r_1, r_v und k_1 sind Widerstände und Reaktanzen je Phase.

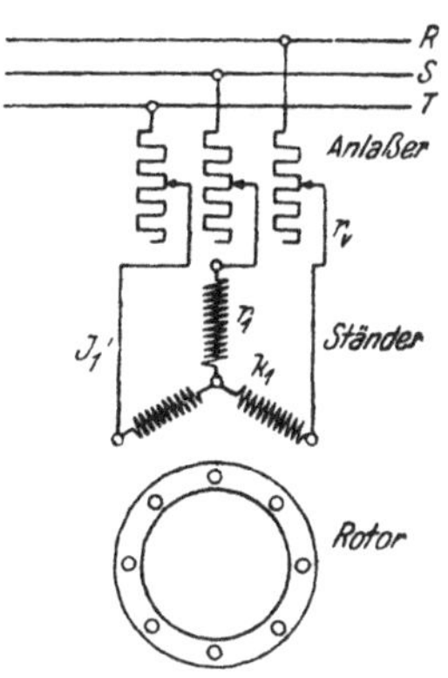

Abb. 111. Anlassen des *DAM* mit Ständerwiderstand.

Die auf den Rotor übertragene Leistung ist nach Gl. (49) $W_2 = 3\,J_2^2\,r_2/s$ und das normale Drehmoment an der Motorwelle:

$$D_n = \frac{W_2}{2\pi g \frac{f_1}{p}}.$$

Für die Anfahrt ist $s = 1$ und daher $W_{2a} = 3\,J_{2a}^2\,R_2 = V_{cu2}$. Da der Anfahrstrom ein Vielfaches des Normalstromes $J_{1a} = a\,J_{1n}$ betragen kann und der Rotorstrom rund auch a mal so groß ist, so verhält sich das Anfahrmoment zum Normalmoment wie:

$$\frac{D_a}{D_n} = \frac{3\,J_{2a}^2\,r_2}{3\,J_{2n}^2\,\frac{r_2}{s}} \doteq a^2\,s = \left(\frac{J_{1a}}{J_{1n}}\right)^2 s. \tag{56}$$

Beträgt bei der normalen Drehzahl z. B. $s = 3{,}0$ v. H., so ist bei Normalstrom das Anlaßdrehmoment 3,0 v. H. vom Normaldrehmoment und bei doppeltem Normalstrom $a = 2$ rund 12 v. H. Dieses Anlaßverfahren eignet sich daher nur für den Anlauf kleiner Motoren.

2. Anlaßtransformator (Abb. 112). Dieser gestattet bei gleichem Netzstrom J_{1a} die Erreichung eines größeren Anlaufdrehmomentes. Der Trafo wird meist als Autotrafo und wegen der kurzen Einschaltzeit zur Verringerung des Preises mit hoher magnetischer Sättigung und mit kleinen Drahtquerschnitten ausgeführt. Der Umschalter steht zuerst in der Anfahrstellung und wird nach erfolgtem Anlauf in die normale Stellung nach oben umgelegt.

Ohne Anlaßtrafo besitzt der Motor bei einer Spannung U_1 eine Kurzschlußimpedanz z_k und einen Kurzschlußstrom $J_k = U_1/z_k$.

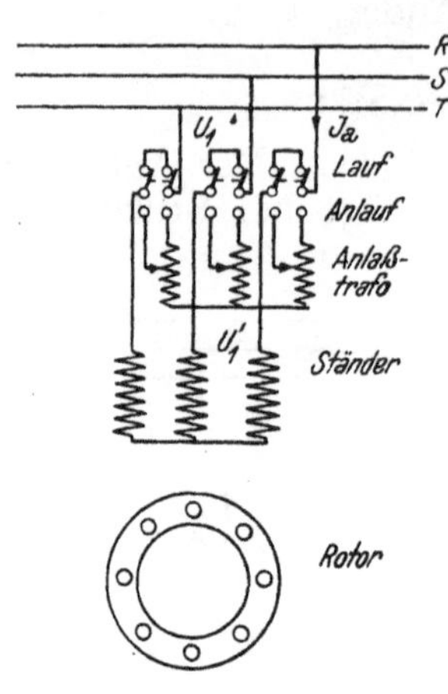

Abb. 112. Anlassen des *DAM* mit Anlaßtransformator.

Mit Anlaßtrafo bei einem Übersetzungsverhältnis $ü$ beträgt die Motorspannung $U_1' = U_1/ü$, der Netzstrom bei Stillstand des Motors J_{1a} und der Kurzschlußstrom J_k'.

$$J_k' = \frac{U_1'}{z_k} = \frac{U_1}{ü\, z_k} = \frac{J_k}{ü};$$

wenn der Spannungsabfall und die Impedanz des Anlaßtrafos vernachlässigt werden, kann für den Netzstrom wie unter a) das a-fache des Normalstromes gesetzt werden.

$$J_{1a} = a\, J_{1n} = \frac{J_k'}{ü} = \frac{J_k}{ü^2}. \quad (57)$$

Es ist daher bei einem Netzstrom J_{1a} der Motorstrom $ü\, J_{1a}$ oder auch $ü\, J_{1a} = a\, ü\, J_{1n}$, welcher Strom für das Anfahrdrehmoment maßgebend ist. Da der Rotorstrom wie unter a) proportional dem Ständerstrom angenommen werden kann, verhalten sich das Anfahrdrehmoment zum Normalmoment wie:

$$\frac{D_a}{D_n} \doteq (ü\, a)^2\, s = a \left(\frac{J_k}{J_{1n}}\right) s. \quad (58)$$

Da sowohl s als auch J_k/J_{1n} für einen bestimmten Motor konstante Größen sind, so wächst das Anfahrmoment beim Anlaßtrafo nur linear mit dem Anlaufstrom.

Beträgt wie im letzten Beispiel $a = 2$, $s = 3$ v. H. und $\frac{J_k}{J_{1n}} = 6{,}6$, so ist

$$D_a = \frac{2 \cdot 6{,}6 \cdot 3}{100} = 0{,}4\, D_n.$$

Das Anlaßdrehmoment ist umso größer, je größer der Kurzschlußstrom und der Rotorwiderstand gewählt werden können. Der Anlaßtrafo wird zur besseren Regelung des Anlaufstromes in mehreren Stufen ausgeführt und meist nur für größere Kurzschlußmotoren verwendet, die leer oder nur mit kleinen Belastungen angelassen werden.

3. *Stern-Dreieck-Anlaßverfahren* (Abb. 113 und 114). Diese Methode ist die verbreitetste und beruht ähnlich wie die mit dem Anlaßtransformator auf der Veränderung der Phasenspannung, jedoch nur mit einer unveränderlichen Stufe $1 : \sqrt{3}$.

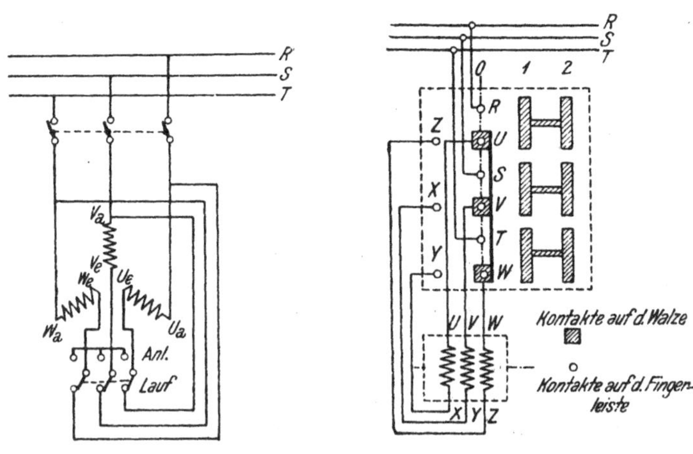

Abb. 113.

Abb. 114. Stern-Dreieck-Anlasser. (Verbindungsleitungen x und y sind zu kreuzen.)

Beim Anlauf ist die Statorwicklung in Stern geschaltet und besitzt daher die Phasenspannung $\frac{U_1}{\sqrt{3}} = 0{,}58\, U_1$; im Lauf ist sie in Dreieck geschaltet, wobei der Strom im Leiter eine Größe von $J_\Delta \sqrt{3}$ aufweist.

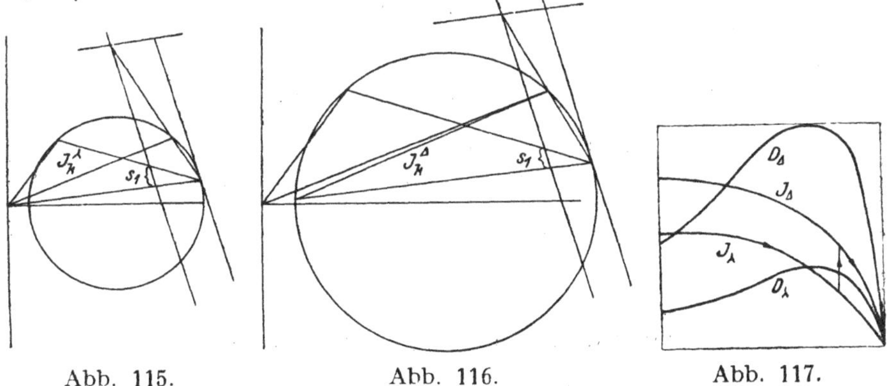

Abb. 115. Abb. 116. Abb. 117.

Beträgt das Verhältnis von Kurzschluß- zu Normalstrom $\frac{J_k}{J_{1n}} = 6{,}6$, so ist der Anlaufstrom im Ständer $J_{1a} = \frac{6{,}6}{3} J_{1n} = 2{,}2\, J_{1n}$, und das Anlaufdrehmoment:

$$D_a = D_n \, a \frac{J_k}{J_{1n}} s = D_n \frac{2{,}2 \cdot 6{,}6 \cdot 3}{100} = 0{,}43 \, D_n .$$

Die beiden Kreisdiagramme für Stern- und Dreieckschaltung (Abb. 115 und 116) sind maßstabrichtig gezeichnet; im Augenblick des Umschaltens bleibt die Schlüpfung s_1 gleich groß.

Bei dem Stern-Dreieck Anlaßverfahren ist zu beachten, daß vor dem Umschalten auf höhere Spannung der Motor seine Beharrungsgeschwindigkeit erreicht hat, da sonst zu große Stromstöße auftreten können. (Siehe Abb. 117.)

Das erreichte Anlaufmoment ist bei dieser Methode verhältnismäßig klein. Eine Vergrößerung des Rotorwiderstandes zur Erreichung eines größeren Anlaufdrehmomentes ist wegen der Verschlechterung des Wirkungsgrades nur bei kleineren Motoren zulässig. Größere Kurzschlußankermotoren müssen daher meist leer oder mit einer Zentrifugalkupplung angelassen werden (z. B. Zuckerzentrifuge).

Die Stern-Dreieckschaltung besitzt außer der Einfachheit der Schaltung noch einen weiteren Vorteil. Läßt man den Motor bei kleinen Belastungen in der Sternschaltung laufen, so erzielt man einen wesentlich besseren Leistungsfaktor als in der Dreieckschaltung und kann so zu $\cos \varphi$-Verbesserung des Netzes ohne irgend welche Unkosten beitragen.

b) Anlaßverfahren durch Stromverdrängung (Boucherot) bei direktem Einschalten. Die Grundlagen für diese Anlaßverfahren wurden bereits im fünften Abschnitt behandelt. Man ist daher in der Lage, durch besondere Nutenformen und Käfigausführungen den Anlauf den gestellten Bedingungen weitgehendst anzupassen.

c) Änderung der Periodenzahl. Durch stete Veränderung der primären Periodenzahl von Null bis zum normalen Wert kann der Motor mit dem vollen Drehmoment angelassen werden. Da der Kraftfluß der Spannung direkt und der Periodenzahl indirekt proportional ist, so braucht man beim Anlassen nur das Produkt aus Spannung und Periodenzahl praktisch konstant zu halten, um den vollen Strom, bezw. das volle Drehmoment zu erzielen.

Zu diesem Zweck müßte z. B. der Motor einen eigenen Generator haben, der mit ihm zusammen angelassen wird. Praktisch ausgeführt wurde diese Methode auch mit einem asynchronen Frequenzumformer.

IV. Drehzahlregelung des *DAM*.

Den großen Vorteilen dieser einfachen und robusten Maschine, die ausschlaggebend für die große Verbreitung des Drehstromsystems war, steht als Nachteil ihre praktisch fast starre Drehzahl gegenüber. Seit dem Bestehen dieser Maschine wurden eine Reihe von Methoden entwickelt, um ihre Drehzahl zu regeln. Im folgenden sollen die wichtigsten Regelverfahren behandelt werden, die meist nur für bestimmte Antriebe geeignet sind, da es hier eine ideale Regelung wie beim Gleichstrom-Nebenschlußmotor nicht gibt.

1. Mit Motorwiderständen.

Die Gl. (49) des Drehmomentes, bezw. die auf den Läufer übertragene Leistung, löst man nach n_x auf.

$$W_2 = n_1 3 J_2^2 \frac{R_x}{n_1 - n_x}, \qquad n_x = n_1 \left(1 - \frac{3 J_2^2 R_x}{W_2}\right).$$

Für ein konstantes Drehmoment ist sowohl W_2 als auch J_2 konstant. Die Drehzahl ist daher umso kleiner je größer der Rotorwiderstand R_x ist, was auch aus dem Anlaßverfahren mittels Rotorwiderständen hervorgeht. Diese Regelmethode ist aber wegen der Vernichtung der Schlupfleistung in Widerständen nicht nur sehr unwirtschaftlich, sondern ergibt bei großen Rotorwiderständen sehr weiche Kennlinien und daher schon bei kleineren Schwankungen des Widerstandsdrehmomentes große Drehzahländerungen (siehe Abb. 118). Dieses Verfahren kann daher nur bei kleineren Motoren und Drehzahländerungen im Ausmaße von höchstens 1 : 2 verwendet werden.

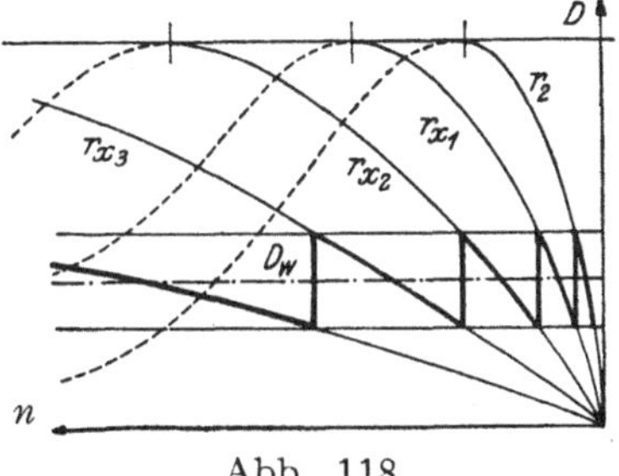

Abb. 118.

2. Durch Änderung der Periodenzahl.

In gleicher Weise wie das Anlassen unter Punkt 3 mit Änderung der Periodenzahl, kann auch die Drehzahl nach der Gl. $n = (60\, f/p)$ geregelt werden. Bei diesem Verfahren kann der Rotor mit Vorteil als Kurzschlußanker ausgeführt werden.

3. Durch Änderung der Polzahl (Polumschaltung).

Läßt man in der Formel $n = (60\, f/p)$ die Frequenz f konstant, so kann man die Drehzahl durch stufenweise Änderung der Polpaarzahl regeln. Bei der Ausführung zweier oder mehrerer getrennter Wicklungen für verschiedene Polpaarzahlen wäre der Vorteil der Polumschaltung sehr gering, deshalb werden die meisten derartigen Wicklungen so ausgeführt, daß alle Leiter bei den verschiedenen Polpaarzahlen wirksam sind.

Um die vielen Schleifringe am Rotor zu ersparen, wird meist nur der Ständer polumschaltbar ausgeführt, während der Rotor eine Kurzschlußwicklung erhält. Unter der großen Zahl möglicher Schaltungen sind im folgenden zwei der gebräuchlichsten als Beispiele angegeben.

Polumschaltungen nach Dahlander und Lindström. Jede Wicklungsphase besitzt zwei Wicklungen, die wie die Schaltskizze (Abb. 119) zeigt, beide in Stern, und zwar für $2p$ Pole in Serie und für p Pole parallel geschaltet sind.

Hiebei lassen sich in den beiden Polpaarzahlen die folgenden Werte erzielen:

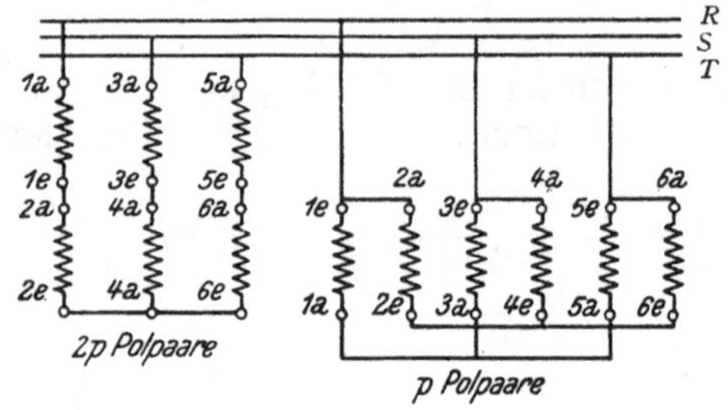

Abb. 119.

Tab. 2.

Polpaare:		Beispiel	
p	$2p$	$p = 4$	$p = 8$
Amp. J_{k_i}	$\frac{J_{k_i}}{4}$	180	42
kW W_2	$\frac{W_2}{4}$	14,7	2,9
mkg D	$D/2$	26,3	12,9

Günstiger für die Ausnützung der höheren Polzahl ist die Dreieckschaltung, wie die folgende Schaltskizze (Abb. 120) und das Beispiel zeigt:

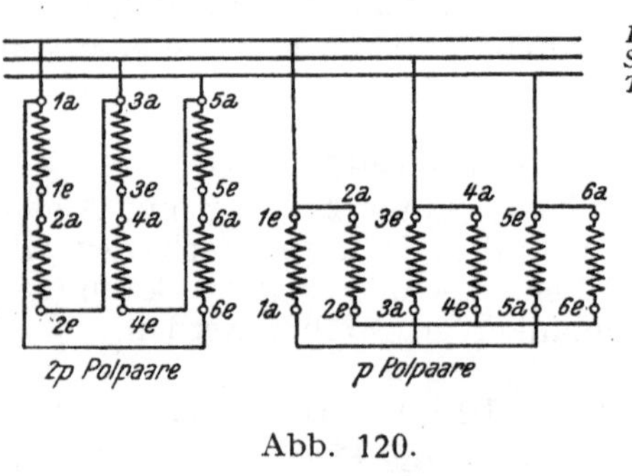

Abb. 120.

Tab. 3.

Polpaare:		Beispiel	
p	$2p$	$p = 4$	$p = 8$
Amp. J_{k_i}	$\frac{3\,J_{k_i}}{4}$	180	136
kW W_2	$\frac{3\,W_2}{4}$	12	7,5
mkg D	$\frac{3}{2}D$	16,6	22

Auch für andere Polzahlverhältnisse gibt es Schaltungen mit Ausnützung aller Wicklungen.

Polumschaltbare Motoren werden für Lüfter, Wasserhaltungsmaschinen und für landwirtschaftliche Antriebe mit Vorteil benützt.

4. Kaskadenschaltungen.

Die Kaskadenschaltungen beruhen darauf, die Schlüpfleistung, die bei der Regelung unter (1) in den Widerständen vernichtet wird, in eigenen Maschinen für die geregelte Drehzahl nutzbar zu machen. Dadurch wird der Wirkungsgrad des Antriebes und die Wirtschaftlichkeit der Regelung wesentlich verbessert.

a) Kaskadenschaltung zweier DAM. Der Läufer der ersten Maschine ist entweder mit dem Ständer oder mit dem Läufer der zweiten Maschine nach Abb. 121 verbunden. Zum Anlassen besitzt die zweite Maschine Widerstände, die an ihren Schleifringen, bezw. an den Ständerwicklungen angeschlossen sind. Die Wellen der beiden Maschinen seien zuerst noch nicht gekuppelt, so daß jeder Motor seine eigene Drehzahl erreichen kann.

Die Netzfrequenz ist $f_1 = \frac{p_1 n_1}{60}$ und die ideellen Frequenzen der Läuferdrehzahlen n_2 und n_3 sind $f_2 = \frac{p_1 n_2}{60}$ und $f_3 = \frac{p_2 n_3}{60}$

Die Schlüpfung des Motors I ist $s_1 = \frac{f_1 - f_2}{f_1} = \frac{n_1 - n_2}{n_1}$.

Im tertiären Kreise besteht die Frequenz $(f_1 - f_2) - f_3$. Daher ist die Schlüpfung des Motors II

$$s_2 = \frac{f_1 - f_2 - f_3}{f_1 - f_2} = 1 - \frac{p_2 n_3}{p_1 (n_1 - n_2)}.$$

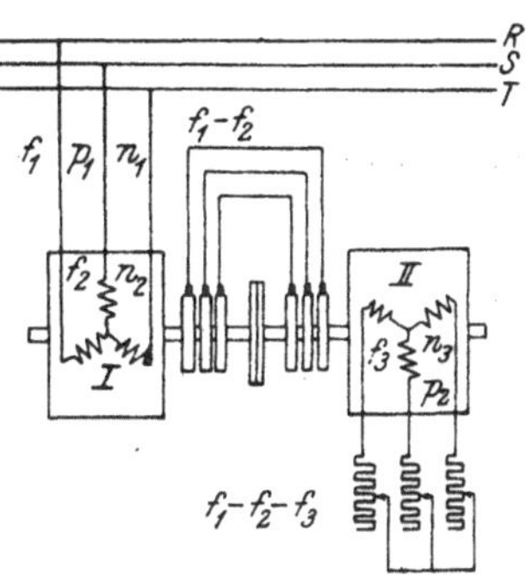

Abb. 121.

Werden die beiden Läuferwellen *mechanisch gekuppelt,* so machen sie $n = n_2 = n_3$ Umdrehungen. Die Frequenz im sekundären Kreise ist

$$f = f_1 - f_2 = \frac{n_1 - n}{60} p_1 \qquad (59)$$

und $f_3 = 0$. Der zweite Motor mit p_2 Polpaaren kann aber stabil nur mit einer Drehzahl laufen, die in der Nähe seiner synchronen Drehzahl liegt; deren Frequenz ist:

$$f = f_1 - f_2 = \frac{p_2 n}{60}. \qquad (60)$$

Die Gl. (59 und 60) gleichgesetzt, ergeben:

$$\frac{n_1 - n}{60} p_1 = \frac{p_2 n}{60}; \qquad n = \frac{p_1 n_1}{p_1 + p_2} = \frac{60 f_1}{p_1 + p_2}. \qquad (61)$$

Die Kaskade besitzt somit eine synchrone Drehzahl, die der Summe der Polpaare beider Motore entspricht. Im ganzen erhält man drei Drehzahlen, und zwar je eine für einen Motor allein und eine für die Kaskade:

$$n_1 = \frac{60 f_1}{p_1}; \qquad n_2 = \frac{60 f_1}{p_2}; \qquad n = \frac{60 f_1}{p_1 + p_2}.$$

Der mechanische Anteil der Leistung ist der Drehzahl und der elektrische der Schlüpfung proportional. Die Anteile der beiden Motoren an der gesamten Leistung verhalten sich in der Nähe der synchronen Drehzahlen wie ihre Polpaarzahlen:

$$\frac{n}{n_1 - n} = \frac{\dfrac{60\,f_1}{p_1 + p_2}}{\dfrac{60\,f_1}{p_1} - \dfrac{60\,f_1}{p_1 + p_2}} = \frac{p_1}{p_2}.$$

Die Drehmomente sind proportional $k\,p\,J\,\Phi$ und da in beiden Rotoren derselbe Strom fließt, so verhalten sich die Drehmomente auch wie die Polzahlen. Beispiel für $p_1 = 12$ und $p_2 = 8$:

1. Beide Motoren in Kaskade $n = \dfrac{60\,f_1}{8+12} = 150.$

2. Erster Motor allein $n_1 = \dfrac{60\,f_1}{12} = 250.$

3. Zweiter Motor allein $n_2 = \dfrac{60\,f_1}{8} = 375.$

$D_1 : D_2 : D_3 = 20 : 12 : 8 = 10 : 6 : 4$. Da $60\,f_1 = (p_1 + p_2)\,n = p_1\,n_1 = p_2\,n_2$ ist, so bildet die Abhängigkeit von D/n nach Abb. 122 eine Hyperbel, wie sie z. B. für Bahnen erwünscht ist. Diese Schaltung wurde auch für die ersten Drehstromlokomotiven der oberitalienischen Staatsbahnen angewandt.

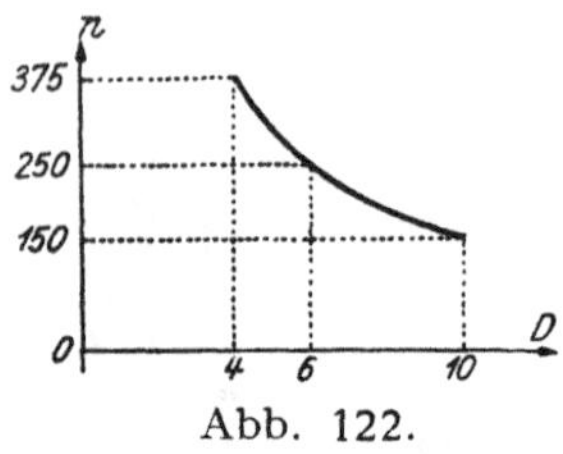

Abb. 122.

Der Kaskadenschaltung haftet als Nachteil ein verhältnismäßig niedriger Leistungsfaktor an, der dadurch entsteht, daß im Rotorkreis der ersten Maschine keine ohmschen Widerstände, sondern eine Impedanz angeschlossen ist.

Kehrt man nach *Danielson* das Drehfeld des zweiten Motors um, so erhält man eine Kaskadendrehzahl $n = \dfrac{60\,f_1}{p_1 - p_2}$. Diese Schaltung hat aber wegen der großen Verluste bei den hohen auftretenden Periodenzahlen keine praktische Bedeutung erlangt.

b) Drehstromkaskade mit Hintermotor (*Krämer*kaskade).[1] Bei dieser am meisten verbreiteten Kaskade, die unter anderem bei Walzwerkantrieben verwendet wird, formt ein Einankerumformer die Schlupfenergie in Gleichstrom um und führt sie einem Gleichstromhintermotor zu. Das Anlassen des *DAM* er-

[1] Siehe auch *Zabransky, H.:* Die wirtschaftliche Regelung der Drehstrommotoren durch Drehstrom-Gleichstromkaskaden. Berlin: Julius Springer, 1927.

folgt nach Einschalten des Schalters 1 (Abb. 123) in normaler Weise mit Rotorwiderständen. Nach Erreichung der synchronen Drehzahl wird durch Einschalten des Schalters 2 und Öffnung des Schalters 1 der *EAU*, der eine asynchrone Anlaufwicklung besitzt, angelassen und gleichzeitig der Gleichstrommotor erregt.

Der Regler R_2 dient nur zur Einstellung des gewünschten Leistungsfaktors des *EAU*.

Wird nun das Feld des Gleichstromhintermotors durch den Regler R_1 verstärkt, so ist er bestrebt, eine niedrigere Drehzahl anzunehmen. Die elektrische Wirkung kommt aber der mechanischen Drehzahlerniedrigung zuvor, indem im Anker zuerst eine höhere Spannung auftritt. Diese Spannungserhöhung überträgt sich rückwirkend auf den *EAU* und wegen des festen Übersetzungsverhältnisses von $\overline{\overline{U}} : \tilde{U}$ auch auf den Läufer des *DAM*. Damit dieser nun die erhöhte Spannung auf der Rotorseite erzeugen kann, ist er gezwungen, mit größerem Schlupf zu laufen. Die im Läufer des *DAM* erzeugte Schlupfenergie wird nun über den *EAU* dem Gleichstromhintermotor zugeführt. Durch Veränderung der Stellung des Nebenschlußreglers R_1 kann jede Drehzahl innerhalb des Regelbereiches von zirka 50 v. H. der asynchronen Drehzahl eingestellt werden. Noch weiter abwärts zu regeln würde unwirtschaftlich sein, da die Maschinen des Regelsatzes zu groß werden würden.

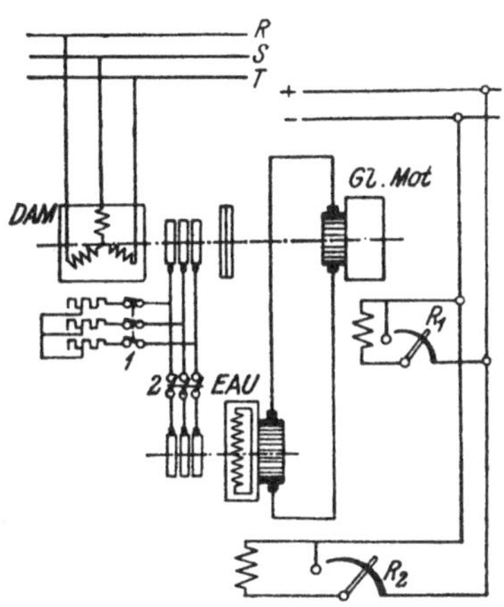

Abb. 123. *Krämer*kaskade.

Der Wirkungsgrad einer *Krämer*kaskade von 700 kW Leistung beträgt um die in folgendem angegebenen von Hundert Sätze weniger als der Wirkungsgrad des Vordermotors:

Bei einer Regelung bis zu 70.... 50 v. H. d. synchr. Drehzahl

a) in der Nähe der synchr. Drehzahl . . . . —2,5...—4 v. H. des Wirkungsgrades,
b) bei der kleinsten Drehzahl —4 ....—6 v. H. des Wirkungsgrades.

Ist W_2 die auf den Läufer übertragene elektrische Leistung, auch Luftspaltleistung genannt, so teilt sie sich in W_{2m} und W_{2e}.

Die an die Läuferwelle mechanisch abgegebene Leistung ist:

$$W_{2m} = W_2\,(1 - s) = W_2 \frac{f_2}{f_1}$$

und die an den Hintermotor übertragene elektrische Leistung, entspricht — wenn man von den Verlusten vorläufig absieht — der von ihm abgegebenen mechanischen Leistung, für die er zu dimensionieren ist.

$$W_{2e} = W_2 s = W_2 \frac{f_1 - f_2}{f_1}.$$

Wird W_2 und daher auch der primäre Ständerstrom bei allen Drehzahlen des Regulierantriebes konstant gehalten, dann bleibt auch die Leistung an der Motorwelle bei allen Drehzahlen konstant.

Die gesamte mechanische Leistung ist somit $W_{2M} = W_{2m} + W_{2e}$, daraus ist

$$W_{2e} = W_{2M} \frac{f_1 - f_2}{f_1}.$$

c) *Die Scherbius*kaskade[1]. Wird vom Regelsatz konstantes Drehmoment gefordert, dann wird die Schlupfenergie über einen mit der Hintermaschine gekuppelten Asynchrongenerator (*DAG*) an das Drehstromnetz nach Schaltskizze Abb. 124 zurückgegeben. Der Hintermaschinensatz kann nunmehr, da er nicht mehr mit dem *DAM* gekuppelt ist, mit einer fast gleichbleibenden hohen Drehzahl laufen, die für die Baustoffwirtschaft günstig ist; auch eine Erregermaschine kann angeschlossen werden.

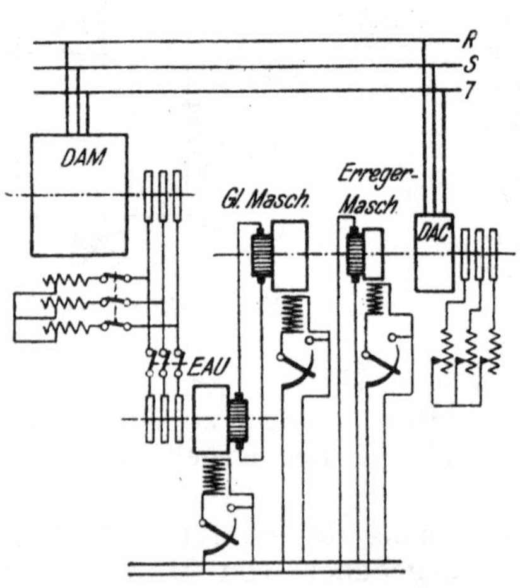

Abb. 124. *Scherbius*kaskade.

Wird das Feld des Gleichstromhintermotors verstärkt, so sinkt die Drehzahl des *DAG*, so daß er als Motor läuft. Der Gleichstrommotor geht in den Generatorzustand über und liefert eine größere *EMK* als die des *EAU*, da die Feldverstärkung viel mehr ausmacht, als der Drehzahlabfall. Der *EAU* beschleunigt sich, liefert eine höhere Spannung, die wieder vom *DAM* einen größeren Schlupf erforderlich macht. Die Gleichstromhintermaschine wird durch die vergrößerte Schlupfenergiezufuhr wieder zum Motor und der neue Beharrungszustand stellt sich bei einer kleineren Drehzahl des *DAM* ein. Sieht man auch hier von den Verlusten ab, so ergeben sich die Drehmomente und Leistungen wie folgt:

[1]) Siehe auch *Zabransky, H.*: Die wirtschaftliche Regelung der Drehstrommoteren durch Drehstrom-Gleichstromkaskaden. Berlin: Julius Springer, 1927.

Die mechanische Leistung $W_{2m} = W_2 \cdot f_2/f_1$ wird an der Welle nutzbar abgegeben und die elektrische Leistung $W_{2e} = W_2 \frac{f_1 - f_2}{f_1}$ wird über den *EAU* und den Hintermotorensatz an das Netz zurückgegeben.

Wird die Leistung W_2 oder der Ständerstrom bei allen Drehzahlen der Kaskade konstant gehalten, so arbeitet die *Scherbius*kaskade mit konstantem Drehmoment, bezw. mit einer mechanischen Leistung, die der Drehzahl proportional ist. Regelt man die Drehzahl bis auf die Hälfte der synchronen, dann ist

$$W_{2m} = W_{2e}.$$

Bezeichnet man mit W_{2m} die gesamte, an der Motorwelle übertragene mechanische Leistung, so ist:

$$W_{2e}^{K} = W_{2m} \frac{f_1 - f_2}{f_1} \text{ bei der Krämerkaskade und}$$

$$W_{2e}^{S} = W_{2m} \frac{f_1 - f_2}{f_2} \text{ bei der Scherbiuskaskade.}$$

Für die gleiche Drehzahl und Leistung an der Motorwelle (konstante Leistung) müssen daher bei der *Scherbius*schaltung alle Maschinen eine um f_1/f_2 größere Leistung als bei einer *Krämer*kaskade besitzen. Bei einer kleinsten Drehzahl von $n = n_s/2$ fallen die *Scherbius*maschinen doppelt so groß als die *Krämer*maschinen aus. Bei Walzwerksantrieben, wo eine konstante Leistung bei allen Drehzahlen verlangt wird, ist die *Krämer*kaskade der *Scherbius*kaskade überlegen.

Bei konstantem Drehmoment im ganzen Drehzahlbereich nimmt die mechanische Leistung mit der Drehzahl zu, weshalb die Maschinen für die Leistung bei der größten Drehzahl zu bemessen sind, wobei $f_2 = f_1$ ist. Für die verlustlos gedachten Kaskaden sind dann bei der *Krämer*kaskade alle Maschinen für dieselbe Leistung zu bemessen wie bei der von *Scherbius*. Beide Kaskaden sind in diesem Betrachtungsfall gleichwertig.

Die *Scherbius*kaskade wird zum Antrieb von Kreisellüftern und Kreiselpumpen verwendet, bei der für den Hintermotor eine getrennte Aufstellung gewünscht wird.

An Stelle von Gleichstromhintermaschinen können auch Drehstromkollektormaschinen mit Ständer- und auch mit Läufererregung (Periodenumformer) verwendet werden.[1] Die Erregung dieser Maschinen erfolgt über Regeltrafos und, wenn auf phasenrichtige Erregung Wert gelegt wird, über eigene Erregermaschinen. Ähnlich den bereits beschriebenen Schaltungen sind diese Hintermaschinen entweder mit dem *DAM* direkt gekuppelt

[1] Siehe auch *Dreyfus, L.:* Kommutatorkaskaden und Phasenschieber. Berlin: Julius Springer, 1931. — *Kyser, H.:* Elektrische Kraftübertragung, I. Bd. Berlin: Julius Springer, 1930.

oder sie arbeiten mit einem *DAG* zusammen und können unabhängig von *DAM* aufgestellt werden. Gegenüber den Gleichstromhintermaschinen haben die Wechselstrom-Kollektormaschinen den Nachteil, daß bei größeren Leistungen die Kommutierung schwieriger ist und sie teurer sind.

Im folgenden seien einige Prinzipschemen angegeben:

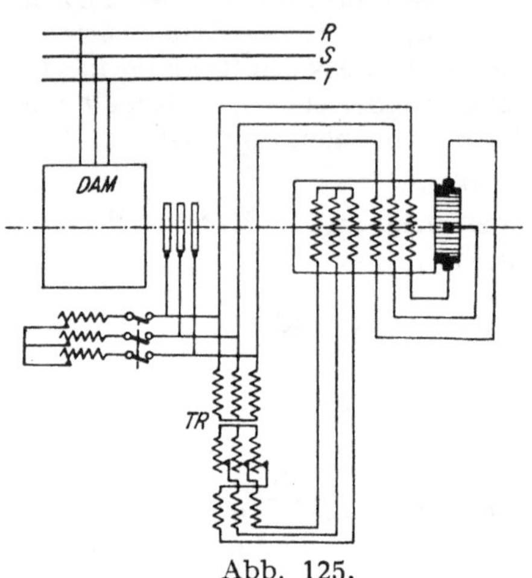

Abb. 125.

d) Drehstromkaskade mit ständererregter, kompensierter Hintermaschine, nach Abb. 125. Der Regeltrafo *TR* bewirkt durch die Änderung der Ständererregung die Drehzahlregelung. Zur Verbesserung der Phasenverschiebung wird die Erregerspannung unter Verwendung der Zickzackschaltung mit der Spannung der anderen Phase geometrisch zusammengesetzt, so daß der Leistungsfaktor $\cos\varphi = 1$ erreicht werden kann.

Wird eine getrennte Aufstellung des Hintermaschinenaggregates gewünscht, wie bei der Gleichstrom-*Scherbius*kaskade, so kann die Schaltung ähnlich Abb. 124 erfolgen.

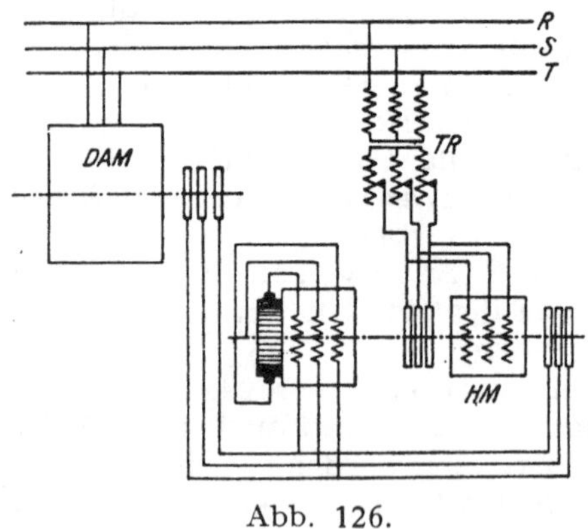

Abb. 126.

e) Drehstromkaskade mit kompensiertem, läufererregten Periodenumformer nach Heyland oder Kozisek nach Schaltung Abb. 126. Der Antrieb des Periodenumformers erfolgt entweder von dem *DAM* direkt oder von einem kleinen Hilfsmotor, der mit dem *DAM* synchron läuft. Dies wird dadurch erreicht, daß der Ständer an die Netzfrequenz, der Läufer an die Schlupffrequenz angeschlossen wird. Der mit dem Periodenumformer erzielte Regelumfang beträgt rund ± 20 v. H.

f) Kommutatorkaskaden für Leistungsregelung. Während bei der Drehzahlregelung die Drehzahl eingestellt wird, so wird hier auf Leistungsaufnahme, bezw. Abgabe geregelt, wie es z. B. die Kupplung zweier Netze mit verschiedener Frequenz oder die Schlupfregelung von *Leonard-Ilgner*-Umformern bei Walzenstraßen erfordert. Zur Erreichung dieses Zweckes dienen automatische Regelorgane (Schnellregler) oder eigens dazu gebaute Erregermaschinen.

V. Die Drehtransformatoren.

1. Allgemeines.

Die Drehtransformatoren, auch Dreh- oder Induktionsregler genannt, sind in elektrischer Hinsicht wie die Asynchronmaschinen gebaut, jedoch mit ruhendem, aber verstellbaren Läufer. Die Primär- oder Erregerwicklung, die meist im Läufer liegt und in Stern geschaltet ist, wird an eine konstante Spannung angeschlossen. Die Sekundärwicklung hat gewöhnlich eine offene Phasenschaltung. In dieser Wicklung wird von der Erregerwicklung aus, dem Übersetzungsverhältnis der Windungen entsprechend, die Zusatzspannung induziert.

Man unterscheidet Einphasen- und Drehstrominduktionsregler. Bei den einphasigen ist ein Wechselfeld tätig, weshalb die Größe der induzierten Zusatzspannung U_2 vom $\cos\beta$ des Verdrehungswinkels des Läufers abhängt, wie die Skizze Abb. 127 zeigt. Zur Erklärung der Wirkungsweise dieses Drehreglers denkt man sich die drehbare Wicklung in zwei Wicklungen zerlegt, von denen die eine in der Richtung der Primärwicklung liegt und die zweite senkrecht dazu steht. Während die *AW* des koaxialen Teiles durch die primäre Wicklung kompensiert werden, sind die *AW* des dazu senkrecht gedachten Wicklungsteiles nicht kompensiert und wirken daher bei allen Winkeln β, die von Null und 180^0 verschieden sind, wie eine Drosselspule. Zur Kompensierung dieser *AW* muß noch eine dritte Wicklung angebracht werden, deren magnetische Achse zur primären Wicklung senkrecht steht und die am besten kurzgeschlossen wird. In dieser Schaltung arbeitet der einphasige Drehregler mit gutem Leistungsfaktor.

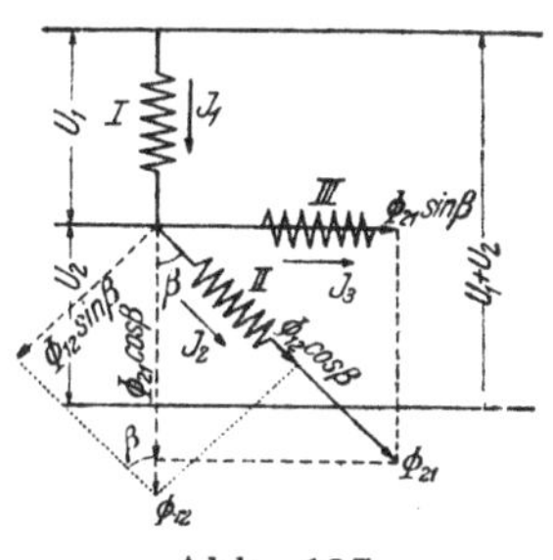

Abb. 127.

Wird der einphasige Drehregler als Volltransformator belastet, so kann man das in der Wicklung II entstehende Feld Φ_{21} in zwei Komponenten zerlegen. $\Phi_{21}\cos\beta$ setzt sich mit dem Felde Φ_{12} der Wicklung II zum Hauptfeld $\overline{\Phi}_h = \overline{\Phi}_{12} + \overline{\Phi}_{21}\cos\beta$ zusammen. Die zweite Komponente $\Phi_{21}\sin\beta$ ergibt mit Φ_{32} den Querfluß $\Phi_q = \Phi_{32} + \Phi_{21}\sin\beta$. Setzt man an Stelle der Felder die erregenden Amperewindungen, so erhält man (Abb. 128):

$$w_1 \overline{J}_{mh} = w_1 \overline{J}_1 + w_2 \overline{J}_2 \cos \beta,$$
$$w_1 \overline{J}_{mq} = w_2 \overline{J}_2 \sin \beta + w_3 \overline{J}_3.$$

Mit E_{h2} wird die *EMK* bezeichnet, die das Hauptfeld in der Wicklung II induziert und mit E_{q2} die *EMK*, die das Querfeld in derselben Wicklung induziert. Für die drei Stromkreise bestehen die folgenden Vektorgleichungen:

$$\overline{E}_{h2} + \overline{E}_{q2} + j\, k_{2\sigma} \overline{J}_2 - r_2 \overline{J}_2 = \overline{U}_2,$$
$$\overline{E}_{h1} + j\, k_{1\sigma} \overline{J}_1 - r_1 \overline{J}_1 + \overline{U}_1 = 0,$$
$$\overline{E}_{q3} + j\, k_{3\sigma} \overline{J}_3 - r_3 \overline{J}_3 \qquad = 0.$$

Wird zuerst die Kompensationswicklung III offen gelassen, so ist Φ_q mit J_2 in Phase und E_{q2} steht auf J_2 senkrecht, wie auch aus dem Vektordiagramm (Abb. 128) hervorgeht. Der einphasige Drehregler besitzt bei offener Wicklung III eine große Induktivität und einen großen Spannungsabfall, der mit wachsendem Winkel β größer wird.

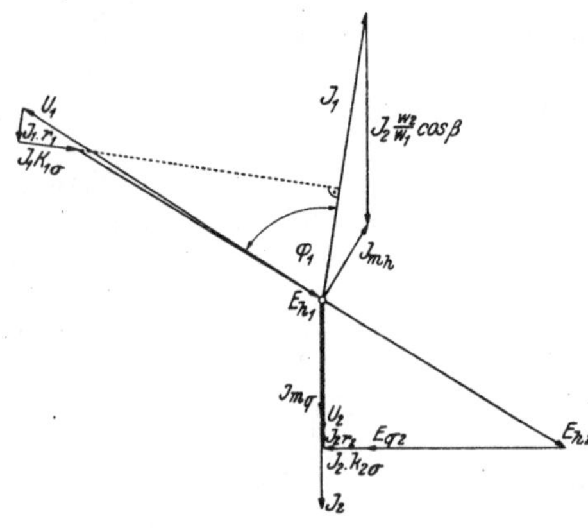

Abb. 128. Einphasiger Drehregler ohne Kompensationswicklung.

Schließt man die Wicklung III kurz, so kann man den großen Spannungsabfall vermeiden, da wegen der kleinen Induktivität der Wicklung III schon ein schwaches Querfeld genügt, um die *AW* der Wicklung III zu kompensieren.

Es ist

$$\overline{J}_{mq} = \overline{J}_2 \frac{w_2}{w_1} \sin \beta + \overline{J}_3 \frac{w_3}{w_1},$$

wie auch aus dem Vektordiagramm (Abb. 129) hervorgeht, klein gegen

$$\overline{J}_2 \frac{w_2}{w_1} \sin \beta.$$

Man betrachtet zuerst die Wicklungen II und die kurzgeschlossene III allein und zeichnet hiefür das Vektorbild. Dann vervollständigt man das Diagramm unter der Annahme, daß nur die Wicklungen I und II vorhanden wären. Man sieht daraus, daß der Phasenwinkel zwischen U und J gegen früher wesentlich kleiner geworden ist und der einphasige Drehregler erst durch diese Schaltung eine technisch und wirtschaftlich brauchbare Regelung ergibt.

Beim dreiphasigen Drehregler ist im Gegensatz zum einphasigen ein Drehfeld wirksam. Die Größe der erzeugten Zusatzspannung ist daher in allen Stellungen des Läufers gleich, nur die Richtung der Phase ist von der Läuferstellung abhängig. Wird im Schaltschema (Abb. 130) mit U die Netzspannung, mit U_r die geregelte Spannung und mit $U_{z\varphi}$ die Zusatzspannung bezeichnet, so liegt der Regelbereich der Spannung U in den folgenden Grenzen: $U \pm \sqrt{3}\, U_{zo\varphi} = U\,(1 \pm ü)$, wenn $U_{zo\varphi}$ die sekundäre Phasenspannung im Leerlauf ist. Das Übersetzungsverhältnis ist $ü = \frac{\sqrt{3}\, U_{zo\varphi}}{U}$.

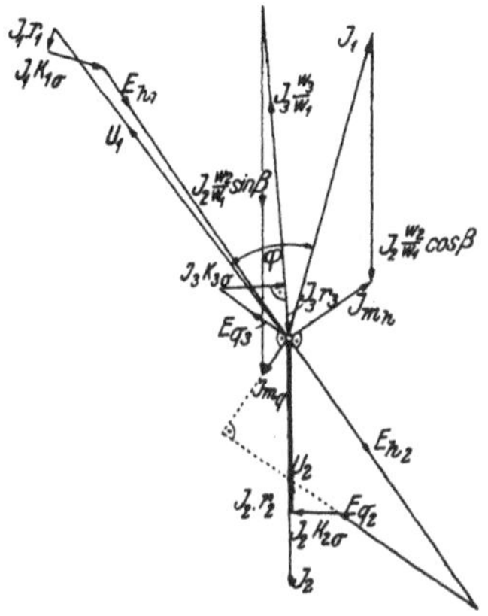

Abb. 129. Einphasiger Drehregler mit Kompensationswicklung. ($E_{hi} = E_{h_1}$)

Man unterscheidet beim Drehregler die Eigen- und die Durchgangsleistung, die sich im Mittel wie das Übersetzungsverhältnis verhalten; die Durchgangsleistung ist daher ein Vielfaches der Eigenleistung.

Schaltet man nach Abb. 130 die Erregerwicklung im Stern, so ergibt die zugeführte Spannung U_φ mit der Zusatzspannung $U_{z\varphi}$ die geregelte Spannung $U_{r\varphi}$. Den Magnetisierungsstrom kann man

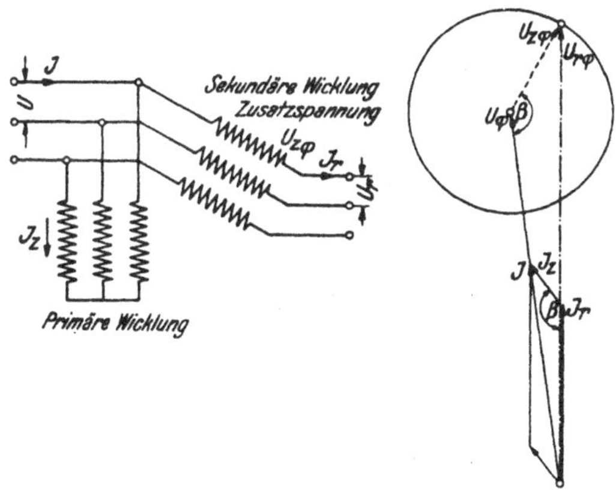

Abb. 130.

bei dieser Betrachtung vernachlässigen, weil er wegen des kleinen Luftspaltes an und für sich klein ist und weil beim Verhältnis der Zusatzleistung zur Gesamtleistung die Phasenverschlechterung des Magnetisierungsstromes praktisch keine Bedeutung besitzt. Nimmt man ferner induktionsfreie Belastung an, so sieht man aus dem so vereinfachten Vektordiagramm, daß die Spannungen vor und hinter dem Drehregler, von zwei Grenzstellungen abgesehen, nicht phasengleich sind. Nur in den Stellungen für $\beta = 0$ und für $\beta = 180$ elektrische Grade addiert, bezw. subtrahiert sich die Zusatzspannung arithmetisch von der zugeführten Spannung U. Man erhält auf diese Weise auch einfache Beziehungen zwischen den Strömen und Spannungen, wenn man die primären und sekundären Leistungen einander gleich setzt ($\cos\varphi = 1$).

$$\sqrt{3}\, U J = \sqrt{3}\, U_r J_r,$$

$$\frac{U}{U_r} = \frac{J_r}{J}.$$

Aus dieser Beziehung folgt, daß bei konstantem U_z die Strom- und Spannungsdreiecke einander ähnlich sind; die Phasenverschiebung zwischen Strom und Spannung vor und nach dem Drehregler ist daher die gleiche.

Für die Größe der geregelten Spannung ist der Spannungsabfall bei induktiver und kapazitiver Belastung von großem Einfluß, insbesonders in den beiden, bereits erwähnten Stellungen,

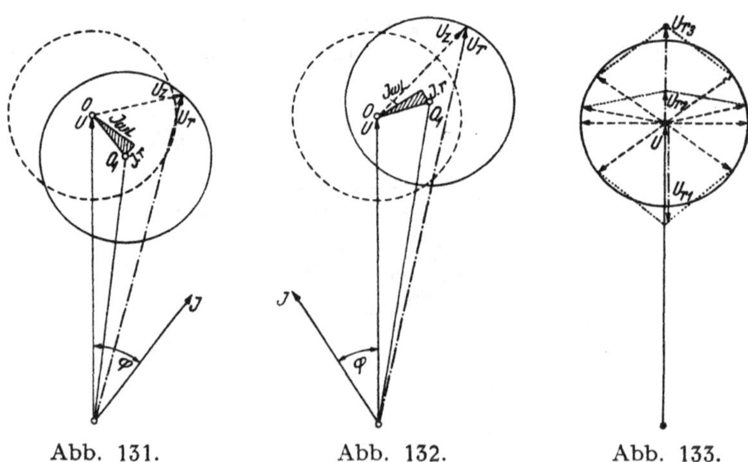

Abb. 131. Abb. 132. Abb. 133.

in denen die Zusatzspannung mit der aufgedrückten Spannung in Phase oder Gegenphase ist. Vernachlässigt man wieder den Magnetisierungsstrom, so bewegt sich der Vektor U_z im Vektordiagramm (Abb. 131) auf einem Kreis, dessen Mittelpunkt wegen des ohmschen und induktiven Spannungsabfalles von O nach O_1 verschoben ist. Man sieht daraus, daß die größte Spannung U_{max}

nicht mehr wie früher $U + U_z$ beträgt, sondern wesentlich kleiner wurde.

Bei kapazitiver Belastung hingegen wird, wie aus dem Vektordiagramm (Abb. 132) hervorgeht, die Zusatzspannung im Bereiche der Spannungserhöhung vergrößert, bei der Spannungserniedrigung jedoch verkleinert.

Außer dem einfachen Drehregler werden auch Doppelregler verwendet, bei welchen zwei Drehregler auf einer Welle aufgekeilt sind (Abb. 133). Sie werden stets so geschaltet, daß die einzelnen Zusatzspannungen sich gegenläufig drehen, die Resultierende also nur ihre Größe ändert, wobei ihre Phasenlage mit der Spannung U zusammenfällt. Es kann aber auch irgend eine andere Phasenlage eingestellt werden. Die Doppelregler werden zur Spannungsregelung in Ringnetzen verwendet, da die einfachen Drehregler Phasenverwerfungen der Spannungen ergeben, die bei den kleinen ohmschen Widerständen der Ringleitungen kurzschlußähnliche Ausgleichströme zur Folge haben können.

2. Ein- und Ausschalten der Drehregler.

Das Ein- und Ausschalten der einfachen Drehregler kann nur unter Beachtung gewisser Regeln erfolgen, da bei diesen die Zusatzspannung nie auf Null herab geregelt werden kann.

Man könnte, ähnlich wie bei Stromwandlern, die sekundäre (Phasen)-Wicklung mittels Kurzschlußschaltern in den Stromkreis einschalten und dann erst die primäre Wicklung an Spannung legen. Man erhielte aber dadurch vor der Einschaltung der primären Wicklung einen starken induktiven Spannungsabfall im Netz, da die sekundäre Wicklung wegen Fehlens der primären *AW* eine starke Drosselung der Netzspannung bewirken würde. Weiters könnte wie bei Stromwandlern an der primären Wicklung durch die vom Leitungsstrom verursachte hohe magnetische Sättigung eine zu hohe Spannung entstehen, welche die Isolation gefährden würde. Würde man bei kurzgeschlossener Sekundärwicklung die Primärwicklung an die volle Spannung legen, so wäre dies gleichbedeutend mit dem Kurzschluß des Drehreglers bei voller Spannung. Zur Vermeidung dieses Nachteiles wurden verschiedene Ein-, bezw. Ausschaltverfahren entwickelt, von denen im nachstehenden zwei beschrieben werden sollen.

Nach dem ersten Verfahren wird der Drehregler beim Einschalten durch die Umgehungsleitung über den Schalter 3 überbrückt, wie es im Schaltschema (Abb. 134) dargestellt ist.

Nun können die Trennschalter 4 und damit die Serienwicklung des Drehreglers eingeschaltet werden. Durch Einlegen des Schalters 1 werden die Hilfswiderstände W parallel zur Serienwicklung angeschlossen und daraufhin der Schalter 3 geöffnet.

Nun wird die Erregerwicklung mit dem Vorkontaktschalter 2 angeschaltet. Schließlich wird der Schalter 1 geöffnet.

Zum Ausschalten werden die Schalter in umgekehrter Reihenfolge betätigt, zuerst 1 geschlossen, 2 geöffnet, 3 geschlossen, 4 geöffnet und schließlich 1 geöffnet.

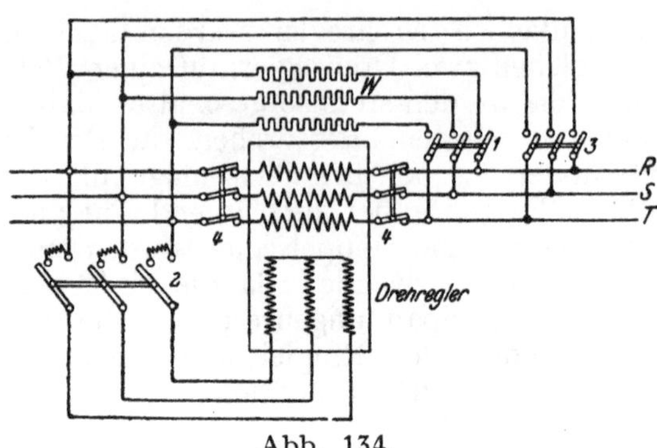

Abb. 134.

Bei den Doppeldrehreglern, bei welchen die Zusatzspannung auf Null herabgeregelt werden kann, entfällt der Widerstand *W* und damit auch der Schalter 1.

Nach einer anderen Schaltmethode (Abb. 135) wird beim Ausschalten des Drehreglers zuerst die Primär-(Erreger-)Wicklung

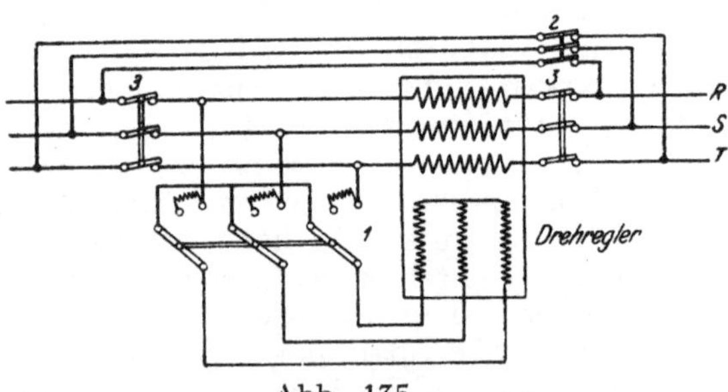

Abb. 135.

über einen Vorkontaktschalter 1 kurzgeschlossen. Nun kann der Schalter 2 geschlossen und die Sekundärwicklung durch die beiden Schalter 3 vom Netz getrennt werden.

Das Einschalten erfolgt in umgekehrter Reihenfolge. Bei kurzgeschlossenem Schalter 1 und eingelegtem Überbrückungsschalter 2 wird mit den Schaltern 3 die Sekundärwicklung in den Stromkreis eingeschaltet. Sodann wird 2 geöffnet und die primäre Wicklung durch den Schalter 1 über die Vorkontakte an die volle Spannung gelegt.

C. Wechselstrom-Kommutatormotoren.

I. Einphasenkommutatormotoren.

1. Allgemeines und Kreisdiagramm.

Der Einphasenserienmotor wurde aus dem Gleichstromserienmotor entwickelt. Besonderen Anteil daran hatten *Lamme* (USA), *Behn-Eschenburg* (Schweiz) und *Ossanna* (München). Andere Bauarten und Schaltungen, die im Zuge dieser Entwicklung ersonnen und ausgeführt wurden, wie der *Winter-Eichberg*-Motor, der doppelt gespeiste Motor etc., haben sich gegenüber dem einfachen kompensierten Serienmotor nicht behaupten können.

Die Schaltung des einphasigen Serienmotors, so wie er jetzt gebaut wird, stammt von *Behn-Eschenburg* und ist in der folgenden Skizze (Abb. 136) dargestellt.

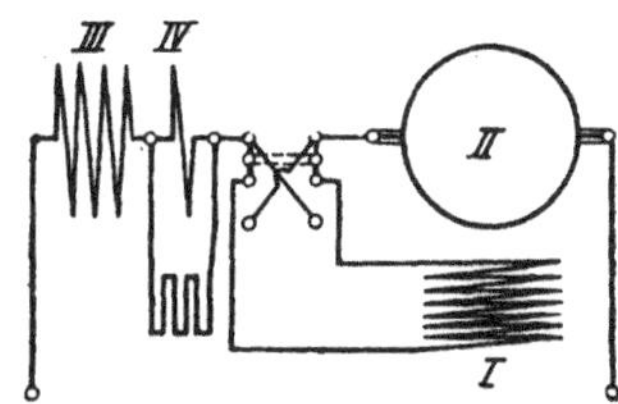

Abb. 136. Kompensierter einphasiger Kommutatormotor.

I stellt die Erregerwicklung dar, die für Vorwärts- und Rückwärtslauf umschaltbar gemacht ist. II ist der Anker. III ist die Kompensationswicklung, die zusammen mit IV das vom Anker erzeugte Querfeld aufzuheben hat. Dieses Querfeld ruft im Anker einen induktiven Spannungsabfall, also eine Phasenverschiebung zwischen Strom und Spannung hervor und trägt nicht zur Drehmomentbildung bei. IV ist die Wendefeldwicklung, zu der ein ohmscher Widerstand parallel geschaltet ist. Die Wicklungen III und IV haben ferner die Stromwendespannungen auf ein Mindestmaß zu verkleinern.

Im gezeichneten Stromkreis sind die folgenden Spannungen wirksam:

1. Die Spannung zur Überwindung des ohmschen Widerstandes in den in Reihe geschalteten Wicklungen ($r_1 \div r_4$):

$$\overline{E}_r = -\overline{J}\,(r_1 + r_2 + r_3 + r_4) = -\overline{J}\,r.$$

2. Der induktive Spannungsabfall, der gegenüber dem Strom um 90^0 in der Phase verzögert ist.

$\overline{E}_1 = j\,k\,\overline{J}$; wobei k die algebraische Summe aus Eigen-, Streu- und Wechselreaktanzen der vier Wicklungen ist. Hiebei ist zu beachten, daß die Wechselreaktanzen der Felder, die einander entgegen wirken, mit negativen Vorzeichen einzusetzen sind.

3. In der Wicklung des Ankers wird eine *EMK* der Drehung

$$\overline{E}_d = -\,c_d\,n; \quad c_d \text{ Konst. der } EMK \text{ der Drehung}$$

erzeugt, da der Anker sich im Felde der Wicklung I bewegt.

Die genannten *EMK* ergeben als vektorielle Summe die Klemmenspannung U, wie sie für verschiedene Drehzahlen im Vektorbild (Abb. 137) dargestellt ist.

$$\overline{U} + \overline{E}_r + \overline{E}_1 + \overline{E}_d = 0.$$

$$\overline{U} = \overline{J}\,[(r + c_d\, n) - j\, k]. \tag{62}$$

Aus obigem Vektordiagramm ersieht man, daß der Endpunkt der Klemmenspannung bei konstantem Strom sich auf einer Parallelen $\overline{a\,b}$ zur x-Achse bewegt und der Leistungsfaktor bei größer werdender Drehzahl immer besser wird.

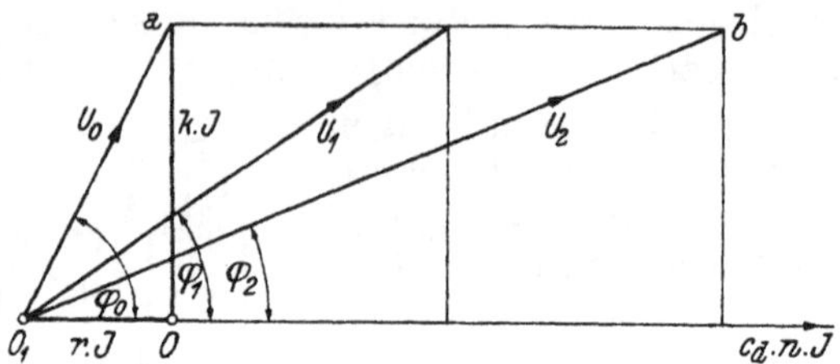

Abb. 137. Impedanzdiagramm des Einphasen-Kommutatormotors.

Die Gl. (62) kann auch wie folgt geschrieben werden:

$$\frac{\overline{J}}{\overline{U}} = \frac{1}{r + c_d\, n - j\, k}. \tag{63}$$

Ist bei ungesättigtem Motor U konstant und n die unabhängige Veränderliche, so bewegen sich die Endpunkte des Stromes J auf einem Kreis.

Die allgemeine Kreisgleichung lautete bekanntlich (siehe Gl. 36):

$$\frac{\overline{A}}{\overline{B}} = \frac{\alpha\, n + \beta}{\gamma\, n + \delta} = \frac{1}{c_d\, n + r - j\, k}.$$

Im Falle des Serienmotors ist $\alpha = 0$; $\beta = 1$; $\gamma = c_d$; $\delta = r - jk$. Zur Ermittlung des Kreises dienen die Mittelpunktskoordinaten und ein besonderer Punkt oder der Radius des Kreises.[1]

Für $n = \infty$ ist $\overline{A}_\infty = \overline{J}_\infty = \overline{U}\,\frac{1}{\infty} = 0$; der Kreis geht daher durch den Koordinatennullpunkt hindurch.

Nach den Regeln der Vektorrechnung[2] ergibt sich der Mittelpunktsvektor zu:

$$\overline{M} = \overline{U}\,\frac{\beta\,\gamma_\varkappa - \alpha\,\delta_\varkappa}{\delta\,\gamma_\varkappa - \gamma\,\delta_\varkappa} = \frac{\overline{U}\, c_d}{(r - j\, k)\, c_d - c_d\,(r + j\, k)} = +\, j\,\frac{\overline{U}}{2\, k}. \tag{64}$$

[1] *Ossanna, J.*: Starkstromtechnik. *Rziha* und *Seidener*. 1922. Bd. 1. Wilh. Ernst u. Sohn. Berlin.

[2] *Hauffe, G.*: Ortskurven der Starkstromtechnik, S. 45. Berlin: Julius Springer, 1932.

Daraus errechnen sich die Mittelpunktskoordinaten zu:

$$x_m = \frac{U}{2k}; \quad y_m = 0.$$

Der Kreisradius beträgt:

$$\varrho = \left| U \frac{\beta\gamma - \alpha\delta}{\delta\gamma_x - \gamma\delta_x} \right| = \frac{U}{2k}. \tag{65}$$

Bevorzugt man die analytische Methode, so ersetzt man in Gl. (63) den Strom durch seine Komponenten $J = y + j\,x$ und erhält dann:

$$y + j\,x = U \frac{1}{r + c_d n - j\,k}, \tag{66}$$

$$y\,r + y\,c_d n - j\,y\,k + j\,r\,x + j\,c_d n\,x + x\,k = U.$$

Setzt man die reellen und imaginären Glieder je einander gleich, so ergibt sich:

$$y\,r + y\,c_d n + x\,k = U \tag{67}$$

$$r\,x + c_d n\,x \quad = y\,k, \tag{68}$$

aus Gl. (67)

$$n = \frac{U - y\,r - x\,k}{y\,c_d}$$

und eingesetzt in Gl. (68)

$$y^2 k = r\,x\,y + \frac{c_d\,x\,(U - y\,r - x\,k)}{c_d};$$

geordnet nach y und x erhält man die Kreisgleichung:

$$y^2 + \left(x - \frac{U}{2k}\right)^2 = \left(\frac{U}{2k}\right)^2. \tag{69}$$

Daraus ergeben sich ebenfalls die Mittelpunktskoordinaten und der Radius des Kreises, der in Abb. 138 dargestellt ist:

$$y_m = 0; \qquad x_m = \frac{U}{2k}; \qquad \varrho = \frac{U}{2k}.$$

Weitere charakteristische Punkte ergeben sich für $n = 0$ und $n = n_s$.

Für $n = 0$:

$$\overline{A}_0 = \overline{B}_0 \frac{\beta}{\delta} = \frac{\overline{U}}{r - j\,k} = \frac{\overline{U}\,(r + j\,k)}{r^2 + k^2};$$

daraus ist

$$x_0 = \frac{k\,U}{r^2 + k^2} \text{ und } y_0 = \frac{r\,U}{r^2 + k^2} \text{ und } \operatorname{tg}\varphi_0 = \frac{k}{r}.$$

Für $n = n_s$: Diese Drehzahl hat für den Motor eigentlich keine physikalische Bedeutung, sondern dient hauptsächlich zur Festlegung des Maßstabes der Drehzahlgeraden $\overline{n\,n}$ in der Abb. 138.

Aus der Gl. (66) ergibt sich mit $n_s = \dfrac{60\,f}{p}$:

$$\overline{J}_s = \frac{\overline{U}}{\left(c_d \frac{60 f}{p} + r\right) - j k} = \frac{\overline{U}}{b - j k} = \frac{\overline{U}(b + j k)}{b^2 + k^2},$$

$$x_s = \frac{k}{\left(c_d \frac{60 f}{p} + r\right)^2 + k^2};$$

$$y_s = \frac{c_d \frac{60 f}{p} + r}{\left(c_d \frac{60 f}{p} + r\right)^2 + k^2};$$

und

$$\operatorname{tg} \varphi = \frac{k}{c_d \frac{60 f}{p} + r}.$$

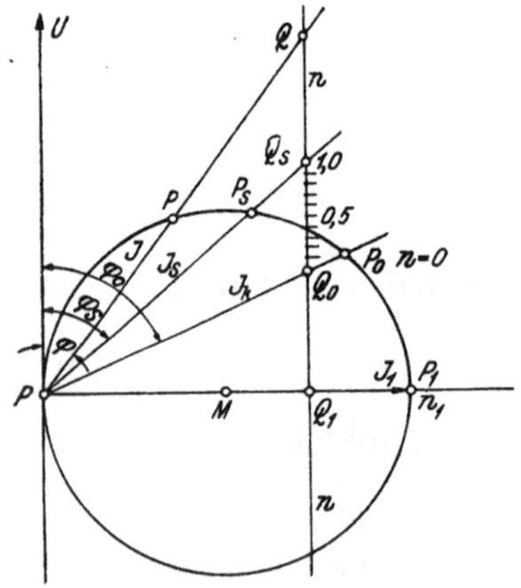

Abb. 138. Kreisdiagramm des Einphasenkommutatormotors.

Die größte Stromstärke J_{max} tritt auf bei

$$J_1 = J_{max} = \frac{U}{\sqrt{(r + c_d n)^2 + k^2}},$$

wenn n einen solchen Wert n_1 erhält, bei dem $r + c_d n = 0$.

Daraus ergibt sich (Gl. 63)

$$\overline{J}_{max} = -\frac{\overline{U}}{j k} = j \cdot \frac{\overline{U}}{k} = \overline{J}_1;$$

die Drehzahl n_1 wird dabei negativ, das heißt, die Maschine besitzt generatorisches Verhalten und muß angetrieben werden.

$$n_1 = -\frac{r}{c_d}.$$

Zieht man an einer beliebigen Stelle eine Parallele zur Ordinatenachse, so läßt sich nachweisen, daß der Abschnitt $\overline{Q_0 Q_1} = \text{konst.}\, n_1$ ist, wobei n_1 die unabhängig Veränderliche in der Kreisgleichung (63) darstellt. Setzt man für n_1 den für J_{max} gefundenen Wert ein, so erhält man:

$$\overline{Q_0 Q_1} = \text{konst.} \left(-\frac{r}{c_d}\right).$$

Da $\overline{Q_0 Q_s}$ im Drehzahlmaßstab gleich der Einheit ist, so können auf der Drehzahlgeraden für alle Kreispunkte die Drehzahlen abgelesen werden. Für einen beliebigen Punkt P ist:

$$\frac{n}{-\frac{r}{c_d}} = \frac{\overline{Q_0 Q}}{\overline{Q_0 Q_1}}; \qquad n = -\frac{r\,\overline{Q_0 Q}}{c_d \overline{Q_0 Q_1}}. \tag{70}$$

Wird $\overline{Q_0 Q_1}$ als positiv betrachtet, so ist $\overline{Q_0 Q}$ negativ und die Drehzahl n daher positiv. Alle Punkte des Kreises oberhalb Q_0 entsprechen dem motorischen Verhalten der Maschine.

Der Leistungsfaktor des Motors ist gegeben durch $\operatorname{tg}\varphi = \frac{k}{r + c_d n}$.

Die Reaktanz k, die sich aus vielen Einzelreaktanzen zusammensetzt, ist im wesentlichen der Periodenzahl des zugeführten Wechselstromes proportional. Weiters hängt die Reaktanz von den Motorabmessungen, Windungszahlen, Polbedeckungsfaktoren und der Größe des Luftspaltes ab. Man kann daher in Annäherung setzen: $k = c\,f$; wobei c bei gegebenem Motor eine Konstante ist. Da r bei Vollast im Vergleich zu $c_d\,n$ klein ist, so kann man den Nenner wie folgt schreiben: $r + c_d\,n = 1{,}06\,c\,n$; der Ausdruck für $\operatorname{tg}\varphi$ vereinfacht sich zu: $\operatorname{tg}\varphi = \frac{c\,f}{1{,}06\,c_d\,n}$.

Man sieht daraus, daß $\operatorname{tg}\varphi$ umso günstiger wird, je niedriger man die zugeführte Periodenzahl f wählt und je höher die Drehzahl ansteigt.

2. Stromwendung.

In der durch die Bürsten kurzgeschlossenen Spule treten die folgenden Spannungen auf, die in der vorliegenden Betrachtung als rein sinusförmig veränderliche Größen angenommen werden sollen:

1. Reaktanzspannung E_r. Diese ist nicht nur dem Strom proportional, sondern auch phasengleich; ferner ist sie der Drehzahl direkt und damit der Stromwendezeit indirekt proportional.

2. Die *EMK* der Transformation E_t. Das Erregerfeld induziert in der durch die Bürsten kurzgeschlossenen Spule eine *EMK* der Transformation, die dem Strom J und dem Erregerfeld Φ um 90^0 nacheilt. Da diese Spannung nur vom Felde abhängt, so tritt sie auch beim Stillstand des Motors auf, wobei sie nicht kompensiert werden kann.

$$E_t = \frac{2\pi}{\sqrt{2}}\, f\, \Phi \left(\frac{p}{a}\right) w_2\, 10^{-8} \text{ Volt.} \tag{71}$$

Darin bedeutet:

Φ = den Höchstwert des Kraftflusses je Pol,

a = die halbe Zahl der parallelen Ankerstromzweige,

$w_2 \left(\frac{p}{a}\right)$ = Zahl der Ankerwindungen in Reihe, zwischen zwei Kommutatorlamellen.

Bei allen gut ausgenützten Motoren wird von den Bürsten nur eine Ankerwindung kurzgeschlossen. Daraus ergibt sich, daß der Kraftfluß pro Pol bei konstantem E_t für alle Motoren gleich groß ist.

Wählt man bei Bahnmotoren E_t bei der Motordauerleistung zu 3 V, so wird bei 16 $^2/_3$ Hertz der Kraftfluß $\Phi = \frac{\sqrt{2} \cdot 3}{2 \pi 16 \, ^2/_3} 10^8 =$ $= 4{,}05 \cdot 10^6$ Maxwell.

Bei höherer Periodenzahl müßte das Feld noch kleiner gewählt werden, weshalb man auch daraus den Vorteil der niedrigen Periodenzahl ersieht.

Da weiters die Bahnmotoren aus Gründen der Gewichtsersparnis mit der größtmöglichen Ankerumfangsgeschwindigkeit ausgeführt werden, so ist dadurch auch die Leistung je Pol praktisch eine konstante Größe. Motoren mit größerer Leistung müssen daher zum Unterschied von Gleichstrommotoren mit vielen Polen ausgeführt werden.

3. Die *EMK* der Drehung E_d, die in der kurzgeschlossenen Ankerspule durch Drehung in dem in der Kommutierungszone bestehenden Feld hervorgerufen wird.

$$E_d = \frac{2 \Phi p n w_2}{a \sqrt{2} \cdot 60} 10^{-8} \text{ Volt.} \quad (72)$$

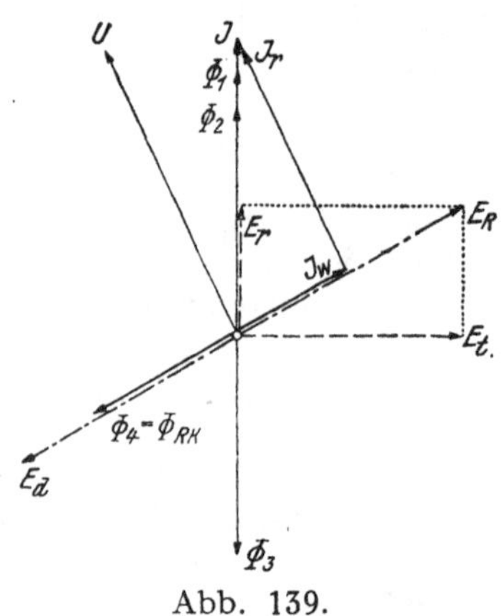

Abb. 139.

w_2 sind die in Reihe geschalteten Windungen zwischen zwei Bürsten. Sieht man in der vorliegenden Betrachtung vom ohmschen Spannungsabfall ab, so ergibt sich für die Kommutierungsspannungen das folgende Vektordiagramm (Abb. 139). Der Strom J teilt sich in der Wendepolwicklung in den reinen Wendepolstrom J_w und in den Widerstandsstrom J_r, der fast die gleiche Richtung wie die Spannung U besitzt. Die Reaktanzspannung E_r und die transformatorische Funkenspannung E_t ergeben die resultierende Spannung E_R.

Nun soll das Ankerfeld Φ_2 durch das Kompensationsfeld so aufgehoben werden, daß $\Phi_2 = \Phi_3$ ist.

Das Wendefeld Φ_4 mit dem parallel geschalteten *ohm*schen Widerstand ist so zu bemessen, daß die erzeugte *EMK* der Drehung E_d gleich und entgegengesetzt von E_R ist. In der Praxis wird meistens das Wendefeld so eingestellt, daß in der Kommutierungszone noch ein Überkompensationsfeld entsteht.

Da aber E_d drehzahlabhängig ist, so kann die funkenfreie Stromwendung nur für eine bestimmte Drehzahl erreicht werden, wie man aus dem nebenstehenden Schaubild (Abb. 140) ersieht, das für konstante Stromstärke entworfen wurde. Die Stromwendespannung für höhere Drehzahlen ist in der Praxis meistens günstiger, weil die Stromstärke infolge der fallenden Charakteristik kleiner wird.

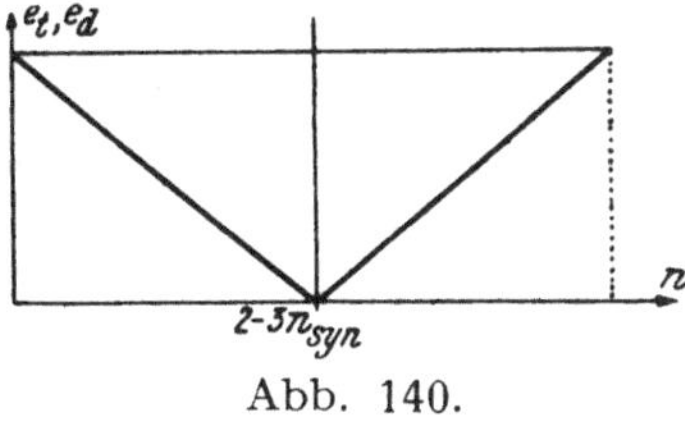

Abb. 140.

Die Periodenzahl im Anker bei der Drehzahl der Einstunden-Leistung wurde bei den älteren Motoren mit Rücksicht auf die Eisenverluste meist zwischen 60 und 80 gewählt. Da der Anker wegen eines guten Leistungsfaktors des Motors eine möglichst hohe Drehzahl haben soll, die in Perioden umgerechnet die vier- bis fünffache des Netzes ist, so muß die Netzfrequenz so niedrig als möglich sein, was auch zur Erzielung niedriger transformatorischer Funkenspannungen günstig ist. Es ist üblich, die Periodenzahl des zugeführten Wechselstromes mit $50/2 = 25$ oder noch besser mit $50/3 = 16^2/_3$ zu wählen. Man bezeichnet das Verhältnis von Anker- zur Netzperiodenzahl f_m/f als den Übersynchronismusgrad.

Die Vergrößerung der Fahrgeschwindigkeit und die Steigerung der Leistung der Triebmotoren hatte die Erhöhung der Ankerumfangsgeschwindigkeit auf 65 bis 70 m/sek und damit auch die Vergrößerung der Periodenzahl des Ankers zur Folge, so daß bei $16^2/_3$ Perioden des Netzes Übersynchronismusgrade von 8 bis 9 erreicht werden. Diese Veränderungen bedingten die Verwendung verlustärmerer Bleche und Maßnahmen zur Verringerung der bereits sehr störenden Zusatzverluste. Einige der neueren Motoren wurden deshalb mit einer Vierschichtwicklung bei halber Leiterhöhe ausgeführt, wodurch wohl die Zusatzverluste wesentlich verringert werden konnten, aber andererseits die Reparatur des Ankers erschwert wurde. Andere Ausführungen bestehen in der Anwendung möglichst vieler schmaler, auch abgetreppter Nuten, wobei die obenliegenden Leiter stärker unterteilt sind.

Bei diesen in der Leistung stark gesteigerten Motoren ist neben der transformatorischen Funkenspannung, die nach wie vor niedrig bleiben muß, die mittlere Lamellenspannung bereits von großer Bedeutung.

Die Ankerspannung E_a kann man durch die transformatorische Funkenspannung E_t (Gl. 71) ausdrücken.

$$E_a = \frac{\Phi}{\sqrt{2}} \frac{p\,n}{60} \frac{s_2 w_2}{a} 10^{-8}; \qquad E_t = \pi \sqrt{2} \frac{p}{a} \Phi w_2 10^{-8};$$

$$E_a = \frac{\Phi}{\sqrt{2}} f_m \frac{s_2 w_2}{a} 10^{-8} = E_t \frac{2}{\pi} \frac{f_m}{f} \left(\frac{\frac{s_2}{2}}{2p} \right) = E_t \frac{2}{\pi} \frac{f_m}{f} k.$$

Hiebei bedeutet: s_2 Zahl der Wicklungselemente am Ankerumfang, w_2 Zahl der Windungen je Wicklungselement, $k = \frac{s_2/2}{2p}$ Zahl der Kommutatorlamellen zwischen zwei Bürsten.

Erreicht der Höchstwert der Lamellenspannung zwischen zwei Kommutatorsegmenten 35—40 Volt, so kann Rundfeuer eintreten.

Die größte Lamellenspannung E_l ergibt sich bei einer Polbedeckung $\alpha = 0{,}7$ zu:[1]

$$E_l \sqrt{2} = E_a \frac{\sqrt{2}}{\alpha k} = E_t \sqrt{2} \frac{2}{\pi} \frac{f_m}{f} \frac{1}{\alpha} = E_t \frac{2\sqrt{2}}{\pi} \frac{f_m}{\alpha f}.$$

Begrenzt man die Spannung $E_l \sqrt{2}$ mit 30 Volt und nimmt neunfachen Übersynchronismus an, so erhält man:

$$E_t = \frac{30\,\pi}{2\sqrt{2}} \frac{0{,}7}{9} = 2{,}6 \text{ Volt}.$$

Bei diesen großen Ankerumfangsgeschwindigkeiten muß daher wegen der Rundfeuergefahr die transformatorische *EMK* auf rund 2,6 Volt beschränkt bleiben und kann nicht mehr wie bei einigen älteren Motoren Werte von 3—4 Volt erreichen.

Die beschriebene Methode zur Erzielung einer funkenfreien Stromwendung setzt sinusförmige Spannungskurven voraus. Infolge der Nutenteilung lassen sich Oberwellen nicht ganz vermeiden, welche die funkenfreie Kommutierung stören. Es müssen daher noch entsprechende Maßnahmen zur Unterdrückung dieser Oberwellen getroffen werden.[2] Sehr günstig sind in dieser Hinsicht schräge Nuten und große Luftspalte der Wende- und Erregerpole.

Für die dauernd gute Stromwendung ist ferner die richtige Einstellung der Bürsten in der neutralen Zone von größter Bedeutung. Die Spannungsmessungen zwischen den Bürsten und Lamellen bei eingeschaltetem Erregerfeld führen meist zu keinem brauchbaren Resultat, da die Nutenteilung stört. In der Praxis hat sich die folgende Methode sehr bewährt: Bei abgeschaltetem Hauptfeld und womöglich entkuppeltem Motor wird der Anker in Reihe mit dem Kompensations- und Wendefeld an eine solche Spannung gelegt, daß der normale Strom fließt. Das Bürstenjoch ist nun so einzustellen, daß der Anker sich weder vor- noch rückwärts dreht, welche Einstellung bis auf Bruchteile von Millimetern genau ausgeführt werden kann.

3. Anlassen des Einphasenserienmotors mit konstantem Drehmoment.

Zum Unterschied vom Gleichstrom-Reihenschlußmotor kann das Anlassen des Wechselstrommotors in wirtschaftlicher Weise mittels eines Stufentransformators erfolgen.[3]

[1] *Styx, R.:* Zeitschrift El. Bahnen, 1940, S. 51.
[2] *Töfflinger, K.:* Der Einphasenbahnmotor. Oldenburg, 1930.
[3] Nach Prof. *L. Kadrnozka,* München, Techn. Hochschule.

Gegeben sind hiezu alle erforderlichen Kennlinien des Motors, wie n/J, D/J, c_d/J, k/J, E_r/J und $\cos\varphi/J$ für verschiedene Spannungen. Man wählt aus den nebenstehenden Kurven (Abb. 141) die beiden Schaltstromstärken und liest daraus die für diese Stromstärken J' und J'' entsprechenden Konstanten, wie k', k'', c_d', c_d'', E_r' und E_r'' ab.

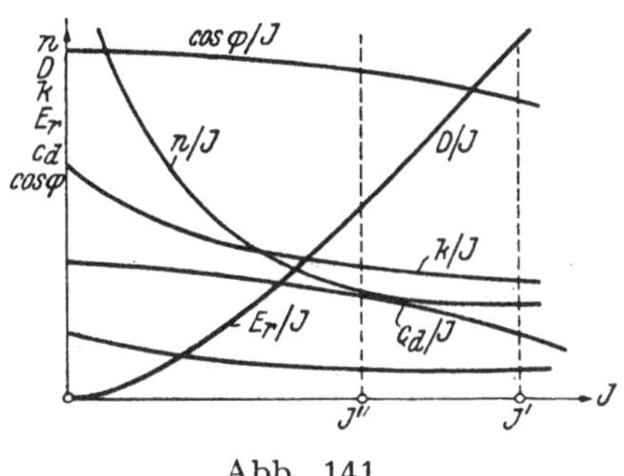

Abb. 141.

Man berechnet zuerst die folgenden Größen: $J'.r'$, $J''.r''$, $J'.k'$, $J''.k''$, $J''.c_d'$, $J''\cdot c_d''$ und zeichnet das Impedanzdiagramm (Abb. 142), woraus man die Leerlaufspannungen U_0' und U_0'' erhält.

Mit dem Beginn der Drehung des Ankers sinkt die Stromstärke J' bei konstantem U_0 allmählich auf J''. Nun wird auf eine höhere Spannungsstufe geschaltet, wodurch J'' wieder auf J' hinaufschnellt. Gleichzeitig

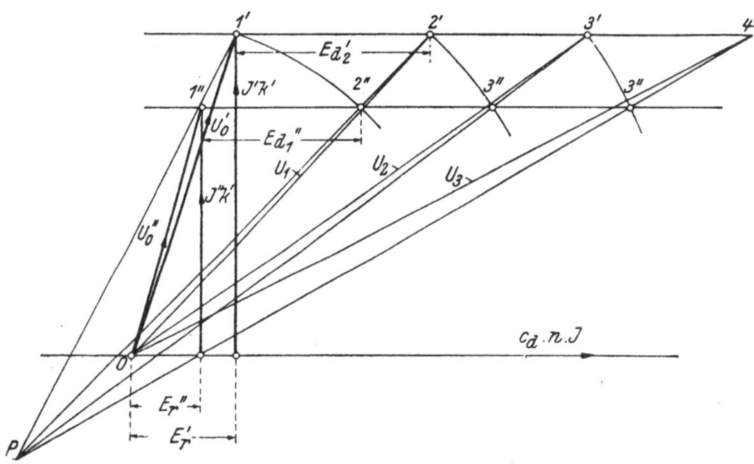

Abb. 142. Stufung des Transformators für das Anlassen des Einphasen-Kommutatormotors.

steigt die EMK der Drehung von E_{d1}'' auf E_{d2}'. Im Moment des Überschaltens kann die Drehzahl als unverändert betrachtet werden.

Nun ist

$$\left.\begin{aligned} E_{d2}' &= J'\,c_d'\,n_1 \\ E_{d1}'' &= J''\,c_d''\,n_1 \end{aligned}\right\} \text{ durch Division erhält man:}$$

$$\frac{E_{d2}'}{E_{d1}''} = \frac{J' c_d'}{J'' c_d''} = a;$$

aus dem Diagramm ergibt sich: $E_{d1}'' = \overline{1'' 2''}$ im Spannungsmaßstab. E_{d2}' kann daraus graphisch ermittelt werden. Man verlängert die Verbindungslinie $\overline{1' 1''}$ und bestimmt darauf einen Punkt P, der die folgende Bedingung zu erfüllen hat:

$$\frac{\overline{1' P}}{\overline{1'' P}} = a = \frac{E_{d2}'}{E_{d1}''}.$$

In gleicher Weise können die weiteren Spannungsstufen gefunden werden.

Bei der Auslegung des Stufentransformators ist zu beachten, daß infolge der bei Belastung auftretenden Spannungsabfälle die vorhin ermittelten Spannungsstufen entsprechend zu korrigieren sind.

Im folgenden werden die Mittelwerte über die Materialausnützung einer größeren Anzahl ausgeführter einphasiger Bahnmotore angegeben, aus denen der Fortschritt seit dem Jahre 1913 zu ersehen ist.

Tab. 4.

	1912	1925	1935	1947
Kommutatorumfangs-Geschwindigkeit bei v_{max} in m/sec	30	40	45	47
Ankerumfangs-Geschwindigkeit bei v_{max}	40	50	58	65
*Esson*scher Ausnützungsfaktor	75	97	117	135
Strombelag bei 1^h-Leistung	320	440	500	550
Gewicht je kW bei 1^h-Leistung in kg	16	10	7	4,5
Verhältniswert N_d/N_{1h}	0,72	0,86	0,90	0,92

Die aus Tab. 4 ersichtliche Annäherung der Dauerleistung an die Einstundenleistung weist auf die immer bessere Durchbildung der Lüftung hin.

II. Drehstromkommutatormotoren.

Die Ständer der Drehstromkommutatormotoren sind wie die der Asynchronmaschinen gebaut und besitzen normale Drehstromphasenwicklungen. Die Läufer sind mit verteilter Wicklung ähnlich den Gleichstromankern ausgeführt, deren Kommutatoren je Polpaar drei, bezw. sechs Bürsten aufweisen. Entsprechend den gewünschten Kennlinien unterscheidet man Reihenschluß- und Nebenschlußmotoren, wobei zur Verbesserung der Regelung und der Arbeitsweise noch Hilfstransformatoren und Zusatzwicklungen angewendet werden.

1. Der Drehstromreihenschlußmotor.[1]

Die Ständer- und Läuferwicklungen derselben Phase sind über die Bürsten in Reihe geschaltet. Da die Stromwendung eine niedrige Läuferspannung bedingt, so könnte der Motor in dieser Schaltung nur für kleinere Klemmenspannung gebaut werden. Um einen teuren Netztransformator für die ganze Motorleistung zu ersparen, ordnet man zwischen Ständer und Läufer nach Abb. 143 einen Zwischentransformator *ZT* an, der nur die Schlupfleistung zu übertragen hat. Der Ständer kann dann an Hoch-

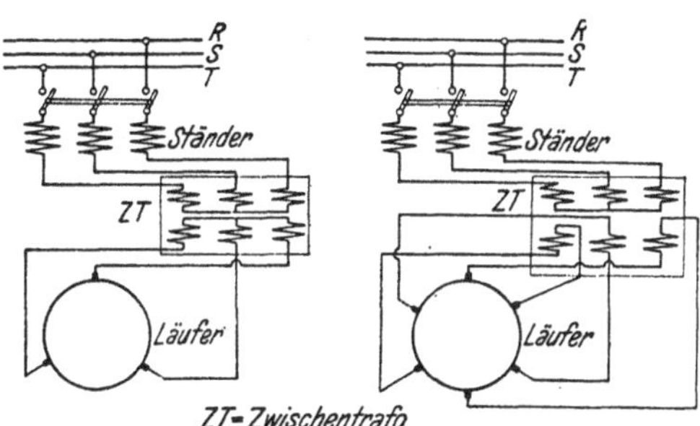

Abb. 143. Drehstromreihenschlußmotor.

spannung angeschlossen werden. Der Zwischentransformator ermöglicht ferner die Erhöhung der Phasenzahl im Anker und die Anwendung eines Sechsbürstensatzes, wodurch nicht nur die Stromwendespannung herabgesetzt, sondern auch der Strom je Bürstenbolzen kleiner wird. Da der Ständer meist in Stern geschaltet ist und der Anker also an drei bezw. sechs Punkten angezapfte Trommelwicklung aufweist, so empfiehlt es sich, für die weitere Betrachtung die Ankerwicklung durch die in der Wirkung gleichwertige Sternschaltung zu ersetzen.

Wird die Maschine mit Drehstrom gespeist, so entsteht nicht nur im Ständer ein Drehfeld, sondern es bildet sich auch durch die Läuferströme sowohl bei stillstehendem als auch bei sich drehendem Läufer ein synchron umlaufendes Drehfeld aus. Die beiden Drehfelder stehen dann relativ zueinander still, wenn sie durch entsprechende Phasenfolge denselben Umlaufsinn erhalten und ergeben ein Drehmoment, wenn sie in ihrer räumlichen Lage einen Winkel, der von 0^0 und 180^0 verschieden sein muß, aufweisen. Dieser Winkel ist mit dem Bürstenverschiebungswinkel identisch. Im folgenden soll der Drehstromreihenschlußmotor zuerst in seiner einfachsten Schaltung ohne Zwischentransformator betrachtet werden.

[1] *Dreyfus* u. *Hillebrand:* Zur Theorie des Drehstrom-Serien-Kollektormotors. E. u. M. 1910. S. 367. — *Rüdenberg:* Über einige Eigenschaften des Drehstrom-Serienmotors. ETZ. 1910. S. 1181. — *Rüdenberg:* Über die Stabilität, Kompensierung und Selbsterregung von Drehstromserienmaschinen. ETZ. 1911. S. 233.

In der Stellung des Bürstenjoches $\beta = 0$ nach Abb. 144 a haben die Ständer- und Läuferwicklungen dieselbe magnetische Achse, die Wicklungen unterstützen sich in ihrer Wirkung, es entsteht das größte Magnetfeld. Ein Drehmoment kann sich aber nicht bilden, da die beiden Drehfelder in jedem Augenblick die gleiche Richtung aufweisen. Diese Bürstenstellung wird Magnetisierungs- oder Nullstellung genannt.

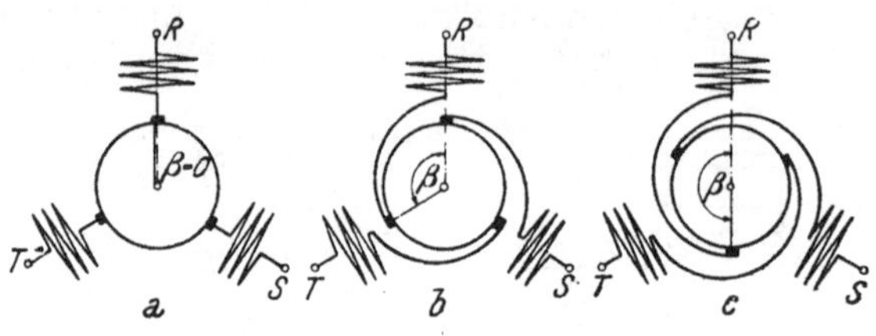

Abb. 144.

Verschiebt man die Bürsten um eine Polteilung oder um $\beta = 180^0$ elektr., so haben zwar die Wicklungen wieder die gleiche Achse, aber ihre Wirkungen heben sich auf. Es ist die in Abb. 144 b dargestellte Kurzschlußstellung. Das entwickelte Drehmoment ist auch hier gleich Null.

Werden die Bürsten von der Nullstellung gegen die Drehrichtung der Drehfelder um den Winkel β zurückverschoben, so bleibt das Läuferdrehfeld gegenüber dem Ständerdrehfeld wie aus Abb. 144 c hervorgeht, um den Winkel β zurück und es entsteht ein Drehmoment, das den Läufer in derselben Richtung antreibt, in welcher er auch als Asynchronmotor laufen würde. Die Läuferspannung und die Läuferfrequenz nehmen hiebei bis zur synchronen Drehzahl bis zu Null ab, um bei übersynchroner Drehzahl wieder anzusteigen.

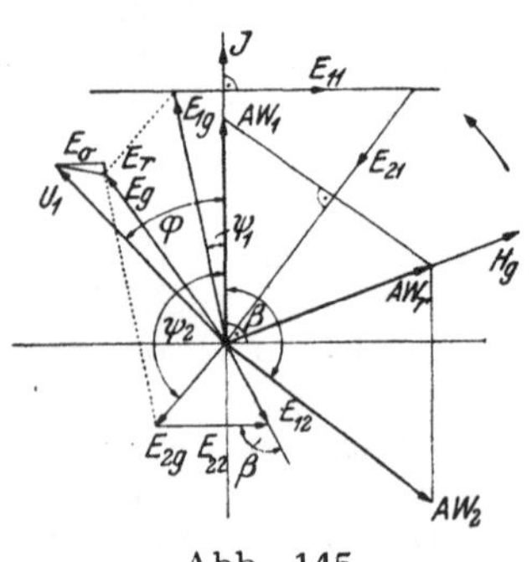

Abb. 145.

Verschiebt man die Bürsten im Sinne der Drehrichtung der Drehfelder, so würde sich der Läufer entgegengesetzt wie vorhin drehen, es würden aber die Läuferspannungen, die Läuferfrequenzen und die in den kurzgeschlossenen Spulen induzierten Spannungen mit zunehmender Drehzahl ansteigen und dem Motor so schlechte Eigenschaften erteilen, daß diese Stellung für den Betrieb zu ungünstig wäre. Die Umkehrung der Drehrichtung erfolgt daher in der Praxis durch das Vertauschen zweier Ständerphasen.

Vom gemeinsamen resultierenden Drehfelde wird sowohl in der Ständer- als auch in der Läuferwicklung je eine *EMK* induziert.

Wenn die magnetischen Achsen der Bürsten mit der des Ständers übereinstimmen, so sind diese beiden *EMK* in Phase. Soll aber ein Drehmoment entwickelt werden, dann muß man die Bürsten gegen die Drehrichtung des Drehfeldes, bezw. des Läufers verschieben. Die *EMK* im Läufer wird dadurch um einer diesem Winkel entsprechenden Zeit früher vom Drehfeld induziert als die des Ständers. Im Zeigerschaubild Abb. 145 sollen die beim Drehstromserienmotor ohne Zwischentransformator zur Überwindung dieser *EMK* erforderlichen Gegen-*EMK* E_{1g} und E_{2g} einschließlich der zur Kompensation der *ohm*schen, der induktiven und der Streuspannungen dargestellt werden. Alle diese Spannungen ergeben geometrisch addiert die Klemmenspannung:

$$\overline{U}_1 + \overline{E}_{1r} + \overline{E}_{2r} + \overline{E}_{1\sigma} + \overline{E}_{2\sigma} + \overline{E}_{1g} + \overline{E}_{2g} = 0. \tag{74}$$

Setzt man in Gl. (74) für die Spannungen die entsprechenden Werte ein, so erhält man:

Die *ohm*schen Spannungsabfälle

$$\overline{E}_{1r} = -\overline{J}\, r_1; \qquad \overline{E}_{2r} = -\overline{J}\, r_2.$$

Die *EMK* der Streuung

$$\overline{E}_{1\sigma} = j\, \overline{J}\, k_{1\sigma}; \qquad \overline{E}_{2\sigma} = j\, \overline{J}\, k_{2\sigma}.$$

Die vom resultierenden Drehfelde $\overline{H}_g = \overline{H}_{12} + \overline{H}_{21}$ induzierte *EMK*

$$\overline{E}_{1g} = \overline{E}_{11} + \overline{E}_{21} = j\, k_{11}\, \overline{J} - k_{21}\, \overline{J}\, (\sin\beta - j\cos\beta).$$

Die *EMK* E_{11} ist die Selbstinduktionsspannung, die vom Ständerfeld H_{12} herrührt und E_{21} die *EMK* der Wechselinduktion vom Rotorfeld H_{21}. Die vom resultierenden Drehfelde H_g in der Läuferwicklung induzierte Spannung

$$s\,\overline{E}_{2g} = s\,\overline{E}_{22} + s\,\overline{E}_{12} = j\, k_{22}\, s\, \overline{J} + s\, k_{12}\, \overline{J}\, [\sin(180 - \beta) - \\ - j\cos(180 - \beta)] = j\, k_{22}\, s\, \overline{J} + s\, k_{12}\, \overline{J}\, (\sin\beta + j\cos\beta).$$

Der Anker, der die Drehzahl n_2 besitzt, weist gegenüber dem mit n_1 synchron umlaufenden Drehfeld relativ nur die Drehzahl $n_1 - n_2 = s\, n_1$ auf, wobei s wie beim *DAM* die Schlüpfung bedeutet. Die Läufer-*EMK* ergibt sich daraus zu $\overline{E}_{2g} = s\,\overline{E}_{1g}$. Im Stillstand ist $\overline{E}_{1g} = \overline{E}_{2g}$.

Die *EMK* E_{22} ist die Selbstinduktionsspannung, die vom Läuferfeld H_{21} herrührt und E_{12} die *EMK* der Wechselinduktion vom Ständerfeld H_{12}.

Setzt man die Werte der einzelnen *EMK* in die Gl. 74 ein, so erhält man:

$$\overline{U}_1 = \overline{J}\, \{(r_1 + r_2) - j\, [(k_{1\sigma} + k_{11}) + (k_{2\sigma} + k_{22})] + \\ + k_{12}\, \overline{J}\, [(1 - s)\sin\beta - j\,(1 + s)\cos\beta]\}. \tag{75}$$

Diese Gl. hat die Form $\overline{J}/\overline{U}_1 = 1/(s\gamma + \delta)$ und ist die Gl. eines Kreises, der durch den Koordinatenanfangspunkt geht, da der Zähler = 1 ist. Für jeden Bürstenwinkel β ergibt sich ein Kreis, dessen Durchmesser mit dem Winkel β wächst und die alle durch den Nullpunkt gehen. Die Mittelpunktskoordinaten des Kreises und die Halbmesser können aus den folgenden Gl. berechnet werden. (Siehe auch Gl. 36.)

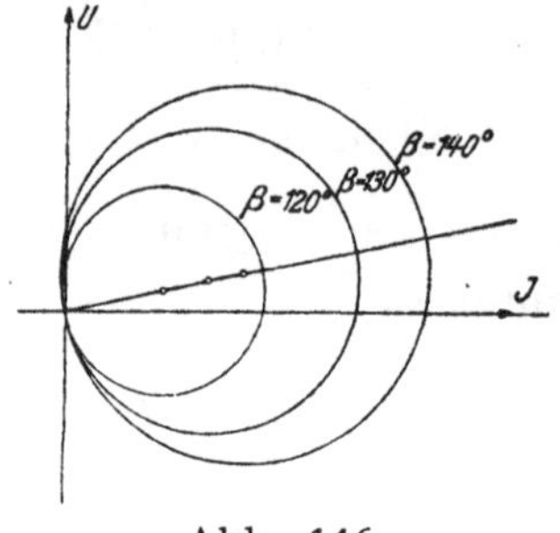

Abb. 146.

Der Mittelpunktsvektor ergibt sich zu:

$$\overline{M} = \frac{-\gamma_\varkappa}{\gamma\,\delta_\varkappa - \delta\,\gamma_\varkappa}$$

und der absolute Wert des Radius

$$\varrho = \left|\frac{-\gamma}{\delta\,\gamma_\varkappa - \gamma\,\delta_\varkappa}\right|.$$

Da wegen der Sättigungen die Reaktanzen nicht mehr konstant, sondern von der Belastung abhängen, hat das Kreisdiagramm beim Serienmotor mehr ideellen Wert, weshalb die Konstruktion nur in der vereinfachten Darstellung bei $w_2/w_1 = 1$ und für den verlust- und streuungsfreien Motor durchgeführt werden soll wobei $k_{11} = k_{22} = k_{12} = k_{21}$ gesetzt werden kann. Die Gl. (75) vereinfacht sich daher zu:

$$\frac{\overline{J}}{\overline{U}_1} = \frac{1}{-k_{12}\{s\,[\sin\beta + j\,(1+\cos\beta)] + [\sin\beta - j\,(1+\cos\beta)]\}}.$$

Die Mittelpunktskoordinaten und der Radius ergeben sich daraus zu:

$$\overline{M} = \frac{U_1}{k_{12}}\,\frac{j\sin\beta + (1+\cos\beta)}{4\sin\beta\,(1+\cos\beta)};$$

$$x_m = \frac{U_1}{4\,k_{12}\,(1+\cos\beta)}; \qquad y_m = \frac{U_1}{4\,k_{12}\sin\beta};$$

$$|\varrho| = \frac{U_1\sqrt{2}}{4\,k_{12}\sin\beta\sqrt{1+\cos\beta}}.$$

Die Kreise selbst sind in Abb. 146 dargestellt.

Die im Ständer und Läufer induzierten Spannungen enthalten die Wattkomponenten $E_{1g}\cos\psi_1$ und $E_{2g}\cos\psi_2$. Vernachlässigt man die Verluste, so sind: $E_{1g}\,J\cos\psi_1$ und $E_{2g}\,J\cos\psi_2$ die dem Ständer, bezw. Läufer zugeführten Wirkleistungen. Da im vorliegenden Fall bei Untersynchronismus ($s < 1$) beide Leistungen einander entgegengesetzt gerichtet sind, so wird die Leistung $E_{2g}\,J\cos\psi_2$, die auch Schlupfleistung genannt wird, vom Läufer wieder ans Netz zurückgegeben. Die Differenz dieser beiden Leistungen $E\,J\cos\psi$ wird somit in mechanische Leistung umgesetzt. Bei Stillstand ($s = 1$) ist die mechanische Leistung Null. Die im Läufer induzierte Spannung beträgt somit E_{2g} und die resultierende Spannung aus E_{1g} und E_{2g} beträgt E_{g0} und eilt dem Strom um 90^0 vor.

Bei synchroner Drehzahl, die hier wie beim Einphasenmotor nur eine rechnungsmäßige Größe ist, beträgt die induzierte Spannung $E_{2g} = 0$. Die vom Ständer aufgenommene Leistung wird vollständig in mechanische Leistung umgeformt, so daß der Läufer nur seine eigenen Verluste zu decken hat. Im Übersynchronismus wird s negativ und die im Läufer induzierte Spannung $s\,E_{2g}$ muß gegen früher in entgegengesetzter Richtung aufgetragen werden. Dadurch wird auch die Läuferleistung positiv und der Ständer sowohl als auch der Läufer nehmen elektrische Leistung vom Netz auf und formen sie in mechanische Leistung um.

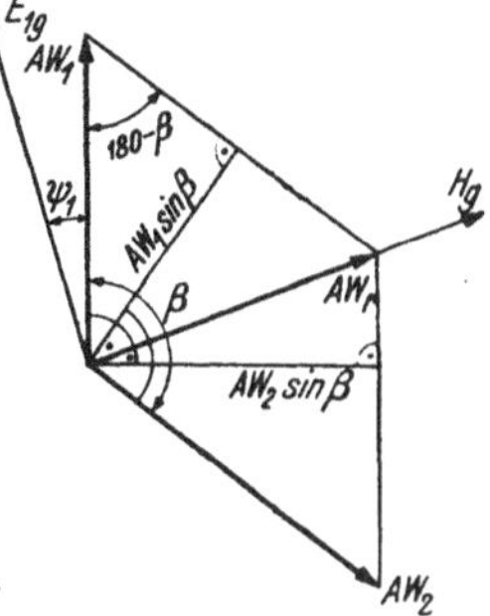

Abb. 147.

Das Drehmoment wird allgemein aus dem Produkt der Läufer-$A\,W_2$ und der Komponente des Ständerkraftflusses gebildet, das dieselbe Phase wie der Läuferstrom besitzt und räumlich mit dieser Phase der Läuferwicklung einen rechten Winkel einschließt.

Wie aus dem räumlichen $A\,W$-Schaubild Abb. 147 des Drehstromhauptschlußmotors hervorgeht, schließen die $A\,W_1$ und $A\,W_2$ räumlich den Bürstenverschiebungswinkel β ein, sind aber zeitlich in Phase. Das Drehmoment besteht daher beim Serienmotor aus dem Produkt des Stromes und dem Teil des Ständerkraftflusses, der proportional dem auf $A\,W_2$ senkrecht stehenden Teil der $A\,W_1$ ist.

$$A\,W_1 \sin(180 - \beta) = A\,W_1 \sin\beta.$$

Der Motor ist hinsichtlich seiner Sättigung am günstigsten ausgenützt, wenn die Richtungen der $A\,W_1 \sin\beta$ und der $A\,W_r$ zusammenfallen.

Die dem Netz entnommene Leistung W_1 kann aus dem von den Teilkraftflüssen im Ständer und Läufer erzeugten Wattspannungen entsprechend dem Zeigerschaubild Abb. 145 ermittelt werden. Man kann aber auch von der Vektorgleichung (75) ausgehen und aus ihren reellen Teilen die Leistung W_1 berechnen.

$$W_1 = 3\,U_1\,J\cos\varphi_1 = 3\,(J^2 r_1 + J^2 r_2) + 3\,[J^2 k_{12}\,(1 - s)\sin\beta]. \quad (76)$$

Die Leistung besteht aus zwei Teilen, deren erster die Stromwärmeverluste enthält, wenn man die Eisenverluste vernachlässigt. Der zweite Teil ergibt die auf den Läufer übertragene mechanische Leistung: $W_{2m} = 3\,J^2\,k_{12}\,(1-s)\sin\beta\,.\,(w_2/w_1)$, woraus das Drehmoment M_d berechnet werden kann, wenn $w_2 \neq w_1$ ist.

$$M_d = \frac{3.60\,J^2\,k_{12}\sin\beta}{g\;2\pi\,n_1}\cdot\left(\frac{w_2}{w_1}\right). \tag{77}$$

Stehen die AW_r auf dem AW_2 senkrecht, so ist

$$AW_1\cos\beta = -AW_2,$$

für $s = 1$ ist ferner $E_{g2}/E_{g1} = AW_2/AW_1 = \frac{w_2}{w_1}$ daraus ist $\cos\beta = -\frac{w_2}{w_1}$.

Setzt man dies in die Gl. (77) für das Drehmoment ein, so erhält man

$$M_d = \frac{3.60}{2\pi\,n_1\,g}\,J^2\,k_{12}\sin\beta\,(-\cos\beta).$$

Für J = konstant wird das Drehmoment am größten, wenn das Produkt $\sin\beta\,(-\cos\beta)$ einen Höchstwert erreicht. Dies ist der Fall, wenn $\sin\beta = -\cos\beta$ oder $\beta = 135^0$ beträgt. Das Windungsverhältnis w_2/w_1 ergibt sich dann zu 0,707.

Aus dem AW-Diagramm Abb. 147 geht weiters hervor, daß bei kleinen Bürstenwinkeln und großem Drehmoment die resultierenden AW_r sehr groß werden und dadurch eine überstarke Sättigung ergeben. Da auch der Leistungsfaktor bei den kleinen Bürstenwinkeln schlecht ist, so kann der Motor wegen dieser Belastungszone nur mit kleinem Drehmoment betrieben werden. Er eignet sich daher vorwiegend zum Antrieb von Lüftern.

Ersetzt man in der Gl. (77) für das Drehmoment den Strom durch die Klemmenspannung für den widerstandslosen und streuungsfreien Motor ($E_\sigma = 0$; $E_r = 0$) mit geradliniger magnetischer Kennlinie aus Gl. (75), so erhält man:

$$\overline{U_1} = \overline{J}\,[-j\,k_{11} - j\,s\,k_{22} + k_{12}\,(1-s)\sin\beta - j\,k_{12}\,(1+s)\,(\cos\beta)].$$

Ähnlich wie beim DAM bestehen die Beziehungen $k_{12} = \sqrt{k_{11}\,k_{22}}$ und $w_1 = w_2\sqrt{\frac{k_{11}}{k_{22}}}$. Für den Fall, daß $w_1 = w_2$ ist, kann auch $k_{11} = k_{22} = k_{21}$ gesetzt werden.

$$U_1^2 = k_{12}^2\,J^2\,[(1-s)^2\sin^2\beta + (1+s)^2\,(1+\cos\beta)^2].$$

$$M_d = \frac{3.60}{k_{12}\,g\,2\pi\,n_1}\,\frac{U_1^2\sin\beta}{[(1-s)^2\sin^2\beta + (1+s)^2\,(1+\cos\beta)^2]},$$

$$M_d = \frac{3.60}{k_{12}\,g\;2\pi\,n_1}\,\frac{U_1^2\sin\beta}{2\,[(1+s^2+2\,s\cos\beta)\,(1+\cos\beta)]} =$$

$$= \frac{3.60}{k_{12}\,g\;2\pi\,n_1}\,\frac{U_1^2\,\mathrm{tg}\,\frac{\beta}{2}}{2\,(1+s^2+2\,s\cos\beta)}.$$

An Stelle der Klemmenspannung kann man die induzierte Spannung E_{1g} aus dem schiefwinkeligen Spannungsdreieck E_{1g}, $U_1 = E_g$; $s E_{1g} = E_{2g}$, $\sphericalangle E_{1g} E_{2g} = \beta$ des Schaubildes Abb. 145 einführen:

$$U_1^2 = E_{1g}^2 + (s E_{1g}) - 2 s E_{1g}^2 \cos (180 - \beta) = E_{1g}^2 (1 + s^2 + 2 s \cos \beta)$$

und erhält somit für das Drehmoment:

$$M_d = C \frac{U_1^2 \operatorname{tg} \frac{\beta}{2}}{1 + s^2 + 2 s \cos \beta} = C E_{1g}^2 \operatorname{tg} \frac{\beta}{2}, \tag{78}$$

wobei

$$C = \frac{3.60}{k_{12} g \, 2.2 \pi n_1}.$$

Das Drehmoment des Serienmotors ist vom Quadrat der Netzspannung und außerdem vom Bürstenwinkel und der Drehzahl abhängig. Den Zusammenhang zeigen in Abb. 148 die berechneten Kurven, die trotz der vielen Vereinfachungen mit aufgenommenen Kurven verhältnismäßig gut übereinstimmen.

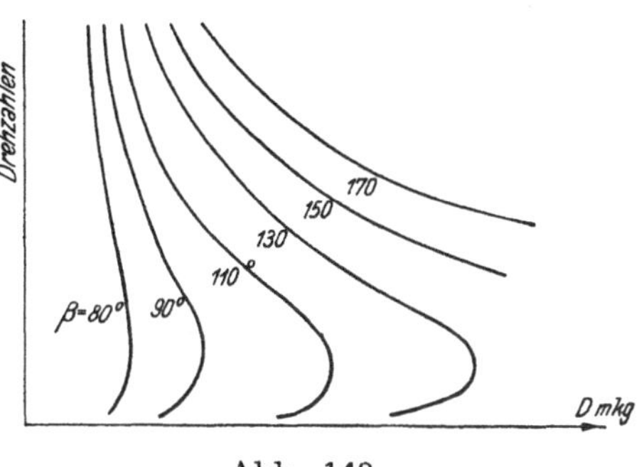

Abb. 148.

Bei größeren Bürstenwinkeln und kleinen Drehzahlen werden die Drehzahlkennlinien labil. Es tritt ein Kippmoment auf, das sich aus der Gl. (78) durch Differenzierung berechnen läßt. Es tritt bei $s = \cos \alpha$ auf und beträgt

$$M_k = \frac{C U_1^2 \operatorname{tg} \frac{\beta}{2}}{\sin^2 \beta}. \tag{79}$$

Diese angenäherte Gl. liefert nur für Bürstenwinkel zwischen 0^0 und 160^0 brauchbare Werte. Bei Bürstenwinkel unter 90^0 liegt für den Motor ohne Zwischentransformator die Kippgrenze bereits über der synchronen Drehzahl.

Für den verlustfreien Motor kann man ein übersichtliches Kreisdiagramm (Abb. 149) für je einen konstanten Bürstenwinkel entwerfen, da sich der Punkt P des Spannungsdiagrammes wegen des konstanten Peripheriewinkels auf dem Umfang eines Kreises bewegen muß.

Die Ständerspannung E_{1g} ist gegeben durch $E_{1g} = C n_1 \Phi_g$ und die Läuferspannung $E_{2g} = C (n_1 - n_2) \Phi_g$.

Daraus ergibt sich:
$$\frac{E_{2g}}{E_{1g}} = \frac{n_1 - n_2}{n_1} = s. \tag{80}$$

Der Kreispunkt P_k entspricht dem Stillstand des Motors ($s = 1$, $E_{1g} = E_{2g}$) und alle anderen Kreispunkte stellen bei konstantem Bürstenwinkel β einen anderen Verhältniswert von der Läufer- zur Ständerspannung dar oder nach Gl. (80) eine andere Drehzahl.

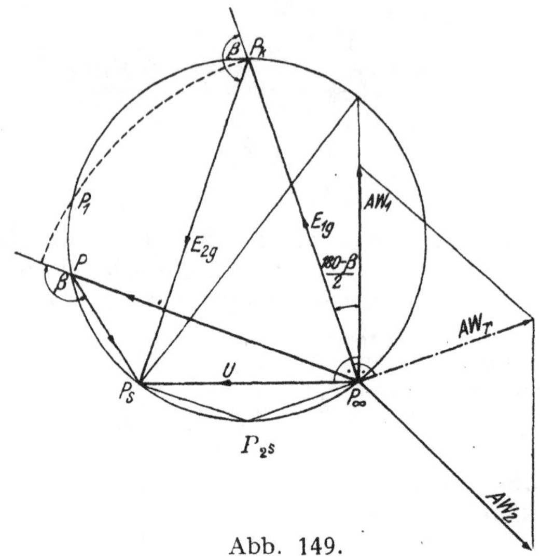

Abb. 149.

So stellt P_s den einfachen Synchronismus dar, bei dem $s = 0$, bezw. $E_{2g} = 0$ ist. Bei größeren Drehzahlen dreht sich die Richtung der Läuferspannung um und wird bei P_{2s}, dem Punkte der doppelten synchronen Drehzahl gleich groß der Ständerspannung.

Beschreibt man um P_∞ mit E_{1g} als Radius einen Kreis, so schneidet er bei P_1 das Kreisdiagramm. Im Drehzahlbereich zwischen P_k und P_1 ist der Motor labil, da das Drehmoment $M_d = c\, E_{1g}^2 \operatorname{tg} \beta/2$ nach Gl. 78 bis zum Punkt P_1 mit steigender Drehzahl wächst. Man würde daher erst von P_1 als Stillstandspunkt angefangen einen stabilen Betrieb erzielen können, wobei E_{2g} kleiner als E_{1g} oder $w_2 < w_1$ ist.

Im Anschluß an das Spannungsdiagramm kann noch das AW-Diagramm in Abb. 149 eingezeichnet werden. Im Stillstand ist die aufgenommene Leistung, wenn man wieder von den Verlusten absieht, Null, daher muß die Richtung von AW_1 auf die Klemmenspannung U senkrecht stehen. AW_1 schließt mit der im Ständer induzierten Spannung E_{1g} den Winkel $\frac{180^0 - \beta}{2} = 90 - \frac{\beta}{2}$ ein Bei geradliniger, magnetischer Kennlinie ist das aus AW_1, AW_2 und dem sich daraus ergebenden resultierenden AW_r gebildete Dreieck dem Spannungsdreieck ähnlich. Die resultierenden AW_r müssen auf der induzierten Spannung E_{1g} senkrecht stehen, während AW_1 und AW_2 den Bürstenwinkel β einschließen. Da die AW-Dreiecke für verschiedene Belastungen bei konstantem Winkel β unter sich ähnlich verlaufen müssen, so ist bei diesen vereinfachten Annahmen die im Ständer induzierte Spannung nicht nur dem resultierenden AW_r, sondern auch AW_1 proportional, weshalb der Phasenwinkel zwischen E_{1g} und AW_1, bezw. J ebenfalls konstant bleibt. Allen Lagen des Spannungsvektors E_{1g} folgt der Stromvektor J mit gleichbleibendem Phasenwinkel $\left(90-\frac{\beta}{2}\right)$. Der Leistungsfaktor ergibt sich aus dem Spannungsdreieck:

$$\sin\left[\varphi-\left(90-\frac{\beta}{2}\right)\right]=\frac{E_{2g}}{U_1}\sin(180-\beta)=\frac{s\,E_{1g}}{U_1}\sin\beta=$$

$$=\frac{s\sin\beta}{\sqrt{1+s^2+2\,s\cos\beta}},$$

da $U_1^2=E_{1g}^2\,(1+s^2+2\,s\cos\beta)$

$$\sin\left[\varphi-\left(90-\frac{\beta}{2}\right)\right]=\sin\varphi\sin\frac{\beta}{2}-\cos\varphi\cos\frac{\beta}{2}=\frac{s\sin\beta}{\sqrt{1+s^2+2\,s\cos\beta}}.$$

$$\cos\left[\varphi-\left(90-\frac{\beta}{2}\right)\right]=\cos\varphi\sin\frac{\beta}{2}+\sin\varphi\cos\frac{\beta}{2}=\frac{1+s\cos\beta}{\sqrt{1+s^2+2\,s\cos\beta}}.$$

Aus den beiden letzten Gl. ergibt sich:

$$\cos\varphi=\frac{(1+s\cos\beta)\sin\frac{\beta}{2}-s\sin\beta\cos\frac{\beta}{2}}{\sqrt{1+s^2+2\,s\cos\beta}}=\frac{(1-s)\sin\frac{\beta}{2}}{\sqrt{1+s^2+2\,s\cos\beta}}.$$

Der Leistungsfaktor hängt somit bei dem verlust- und streuungsfreien Motor mit geradliniger Magnetisierungslinie nur vom Bürstenwinkel und von der Drehzahl ab. Bei Synchronismus $s=0$ ist $\cos\varphi=\sin\beta/2$ und erst bei doppeltem Synchronismus $s=-1$ wird $\cos\varphi=1$. Will man bei kleinen Drehzahlen größere Leistungsfaktoren erreichen, so muß die effektive Läuferwindungszahl größer als die des Ständers ausgeführt werden. Dies hat aber eine Verschlechterung der Stabilität zur Folge. Mit Rücksicht auf das Anlaufmoment und einen guten Leistungsfaktor sind die AW im Ständer und Läufer annähernd gleich groß auszuführen. Bei dieser Forderung fällt die Ankerspannung bei Anlauf ebenso groß oder größer aus als die angelegte Netzspannung, weshalb der Motor in dieser Schaltung nur für kleine Spannungen ausgeführt werden kann.

Schaltet man zwischen Ständer und Läufer einen Zwischentransformator, so hängt die Höhe der Ständerspannung nur vom kleinsten, noch ausführbaren Drahtquerschnitt ab und die Läuferspannung kann mit Rücksicht auf eine gute Stromwendung gewählt und das Windungsverhältnis zwischen Läufer und Ständerwicklung so berechnet werden, daß eine günstige Phasenkompensierung erreicht werden kann. Durch eine starke Sättigung des Zwischentransformators, dessen Größe von der Regeldrehzahl abhängt, werden die Drehzahlkennlinien labil und wird ferner das Durchgehen des Motors bei Entlastung verhindert. Der Zwischentransformator wird stets getrennt vom Motor aufgestellt.

Wie bereits erwähnt, wird der Motor in neuerer Zeit wegen seiner Regeleigenschaften zum Antrieb von Lüftern verwendet, wobei im allgemeinen Leistungen bis zu 200 kW erforderlich sind. Ähnlich wie beim Einphasenserienmotor wird die Motorleistung auch hier durch die Leistung je Polpaar bestimmt; sie beträgt im Mittel 75 kW. Die Grenzleistung erreichten die SSW mit einem Lüftermotor von 300 kW bei 380 Volt, 50 Perioden und 1500 UpM. Der Wirkungsgrad ergab sich zu 89,7 v. H. und der Leistungsfaktor zu 0,98. Die Drehzahl konnte von 1500 bis 500 UpM in Untersynchronismus geregelt werden. Als Polpaarleistung wurde 150 kW erreicht. Das Gewicht des Motors betrug 3619 kg und das des Zwischentransformators 1020 kg.

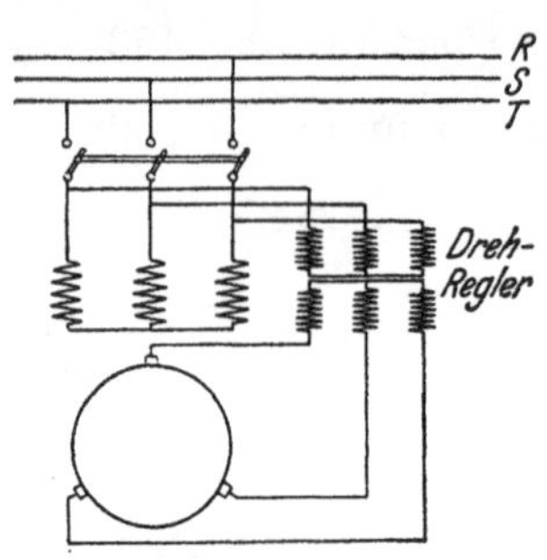

Abb. 150. Ständergespeister Drehstrom-Nebenschluß-Kommutatormotor (*DNKM*).

Die Drehstromreihenschlußmotoren werden in der Magnetisierungsstellung der Bürsten direkt ans Netz geschaltet und durch Drehung des Bürstenjoches angelassen.

2. Der Drehstromnebenschlußkommutatormotor.[1]

Dieser wird in zwei verschiedenen Bauarten, bezw. Schaltungen ausgeführt.

a) Ständergespeister Drehstrom-Nebenschlußmotor. Bei dieser ersten Bauart wird der Ständer vom Netz direkt gespeist, während dem Anker als induziertem Teil über den Kommutator in der Richtung der Bürstenachse eine veränderliche Spannung die Regelspannung E_r nach Schaltbild Abb. 150 von der Netzfrequenz zugeführt wird, die der Schlupfdrehzahl $n_s - n_{20}$ proportional ist.

$$E_r = E_{2g} \frac{n_s - n_{20}}{n_s}.$$

[1] *Dreyfus, L.* und *Hillebrand, F.*: Zur Theorie des Drehstromkollektornebenschlußmotors. E. u. M. 1910. S. 881. — *Schorchwerke Berichte* 1938, Heft 2. Der ständergespeiste *DNKM* mit feststehenden Bürsten. — *AEG. Mitt.* 1940. S. 139. Vordringen des ständergespeisten *DNKM*. — *Nürnberg W. ETZ* 1941. S. 817. Ständer- und läufergespeiste *DNKM*. — *Bull. Örlikon* 1941. S. 1409. Wirkungsweise und Anwendungen des *DNKM*.

E_{2g} ist hiebei die Ankerstillstandspannung und n_{20} die jeweilige Leerlaufdrehzahl. Maschinen in dieser Ausführung werden als *ständergespeiste* Nebenschlußmaschinen bezeichnet. Der Regelspannung Null entspricht die synchrone Drehzahl des Ankers. Im Leerlauf ist die Regelspannung gleich der Schlupfspannung $E_r = s\,E_{2g}$.

Das Zeigerbild Abb. 151 a stellt das Motordiagramm ohne zusätzliche Ankerspannung dar. Es sieht bis auf die etwas vergrößerte Läuferstreuung so wie das des *DAM* aus. Den Netzstrom J_N erhält man, wenn man den Leerlaufstrom des Drehtrafos J_{0t} nach Abb. 151 b geometrisch zum Strom J_1 addiert.

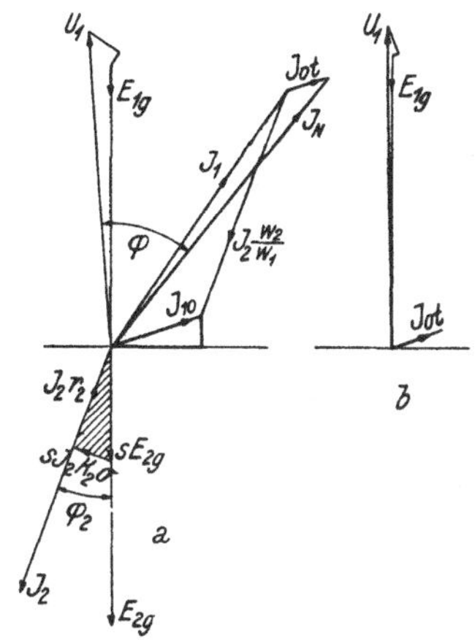

Abb. 151. Zeigerbild des ständergespeisten *DNKM* mit Drehregler.

Sinkt die Drehzahl durch Belastung, so wird die Schlupfspannung größer als die Regelspannung und die Maschine gibt mechanische Leistung ab. Der sekundäre Belastungsstrom ist — geradlinige Magnetisierungskennlinie vorausgesetzt — der Differenz E_Σ aus Schlupf- und Regelspannung, Zeigerbild Abb. 152 a, proportional. Wird die Drehzahl durch den Antrieb erhöht, so wird die Schlupfspannung kleiner als die Regelspannung,

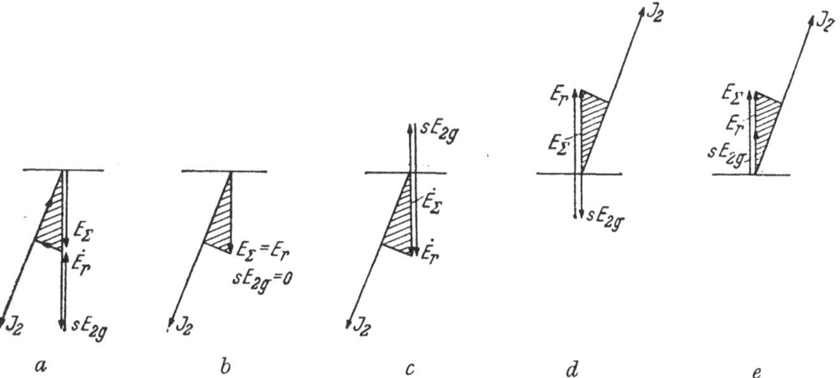

Abb. 152. Zeigerbilder des ständergespeisten *DNKM* bei verschiedenen Drehzahlen und Belastungen. *a*) Motor bei untersynchroner Drehzahl. *b*) Motor bei Synchronismus. *c*) Motor bei übersynchroner Drehzahl. *d*) Generator bei untersynchroner Drehzahl. *e*) Generator bei übersynchroner Drehzahl.

die Maschine wird wie das Zeigerbild Abb. 152 d darstellt, Generator und gibt elektrische Leistung ab. Ist die Regelspannung ebenso groß wie die Stillstandspannung, so ist ihre Resultierende Null, der Motor kann kein Drehmoment entwickeln und steht daher still. Besitzt die dem Anker zugeführte Spannung die gleiche Richtung wie die Schlupfspannung, so steigt die Drehzahl. Beim Schlupf Null, bezw. $s\,E_{2g} = 0$ wird die synchrone Drehzahl erreicht (Zeigerbild Abb. 152 b) und bei negativem Schlupf (Zeigerbild Abb. 152 c und e) die noch höheren Drehzahlen.

Will man außer der Drehzahlregelung auch den Leistungsfaktor verbessern, so muß man dem Anker entsprechend dem Zeigerbild Abb. 153 zur Regelspannung noch eine auf E_r senkrecht stehende Kompensationsspannung E_k aufdrücken, wodurch der aufgenommene induktive Blindstrom ganz oder zum Teil kompensiert werden kann.

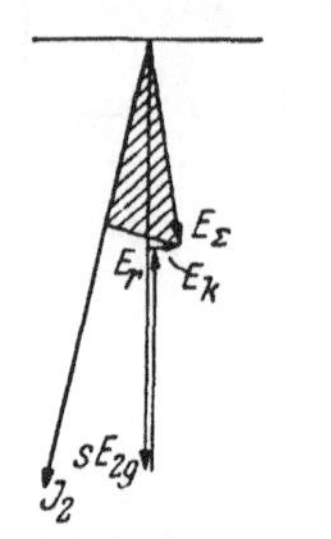

Abb. 153. Ständergespeister *DNKM* mit $\cos\varphi$-Kompensation. $\overline{E}_\Sigma = s\overline{E}_{2g} + \overline{E}_r + \overline{E}_K$

Damit der kapazitive Blindstrom nicht zu groß wird, begnügt man sich bei Nennstrom meist mit einem $\cos\varphi = 0{,}97$, so daß sich bei Leerlauf nur eine kleine Voreilung ergibt. Die Spannungen E_r und E_k können beim ständergespeisten Motor sowohl gemeinsam als auch getrennt den Bürsten des Kommutators zugeführt werden, der sie auf die Schlupffrequenz des Ankers umformt. Die Kompensationsspannung kann durch Verschiebung des Bürstenjoches, durch einen eigenen Kompensationstrafo oder durch eine im Ständer angeordnete, phasenverschobene Hilfswicklung hergestellt werden.

Da der Kommutator die ganze Stillstandspannung aufzunehmen hat, ist er für die volle Leistung auszulegen. Um die richtige Größe und Phase der Regelspannung zur Drehzahlregelung und zur Verbesserung der Phasenverschiebung einzustellen, können regelbare statische Transformatoren, Einfach- und Doppeldrehregler in Verbindung mit Bürstenverschiebung, bezw. mit eigenen Kompensationstrafos, die so zu schalten sind, daß die Spannung E_k auf E_r senkrecht steht, angewendet werden.

Die Arbeitsweise des Motors bei der allgemeinen Schaltung mit einem Einfachdrehregler kann aus dem Zeigerdiagramm nach Abb. 154 a und b beurteilt werden, weshalb dieses im folgenden entwickelt werden soll, da alle anderen Schaltungen daraus abgeleitet werden können. Durch Verdrehung des Reglers um den Winkel β entsteht eine Regelspannung E_r, die der Schlupfspannung $s\,E_{2g}$ entgegengerichtet ist und daher erniedrigend auf die Drehzahl wirkt. Damit die Phasenverschiebung φ_1 zwischen primärem Strom und der Klemmenspannung nicht verändert wird, muß auch das Bürstenjoch um den Winkel β gedreht werden, so daß E_r in die Richtung der Bürstenachse fällt. Soll ferner das gleiche Drehmoment wie beim Zeigerbild Abb. 151 im Falle der synchronen Drehzahl übertragen werden, so muß sowohl die

Summenspannung E_Σ, als auch der Winkel φ_2 ebenso groß sein wie im Zeigerbild Abb. 151 bei synchroner Drehzahl. Infolgedessen fällt $s\,E_{2g}$ größer aus und die Drehzahl wird kleiner.

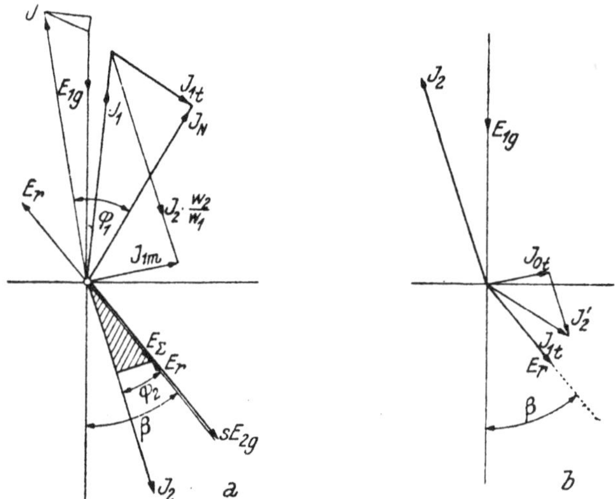

Abb. 154. Ständergespeister *DNKM* mit Einfachdrehregler.

Durch die Konstruktion des Stromdreieckes aus J_{1m} und $J_2\,w_2/w_1$ erhält man den Ständerstrom J_1. Zur Feststellung der primären

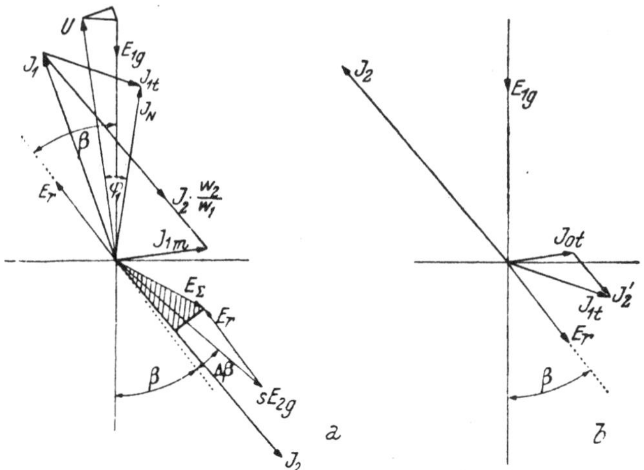

Abb. 155. Ständergespeister *DNKM* mit Drehregler und Blindstromkompensation.

Phasenverschiebung ist noch der Netzstrom zu ermitteln. Im vorliegenden Fall der untersynchronen Drehzahl gibt der Drehtrafo, der ein Übersetzungsverhältnis $ü$ aufweist, Wirkstrom in das Netz. Man zeichnet das Zeigerdiagramm dieses Drehtrafos getrennt in Abb. 154 b auf. Die Zeiger von J_2, bezw. E_r sind wegen der Wirkleistungsrichtung entgegengesetzt wie bei Abb. 154 a aufzutragen. Der primäre Strom im Drehregler J_{1t} ergibt sich als geometrische Summe des eigenen Magnetisierungsstromes J_{0t} und des auf die primäre Wicklung reduzierten sekundären Stromes $J_2' = ü\, J_2$, wobei $ü$ das Spannungsübersetzungsverhältnis des Drehtrafos ist. Die auf diese Weise gewonnene Größe und Richtung des Drehregler-Stromes J_{1t} ist in Abb. 154 geometrisch zu J_1 zu addieren und ergibt den Netzstrom J_N, dessen Phasenverschiebung φ_1 gegenüber der Klemmenspannung U_1 von der im Zeigerbild Abb. 151 bei Synchronismus nicht viel verschieden ist.

Will man die Phasenverschiebung verbessern, bezw. einen Teil des Blindstromes kompensieren, so muß man, wie im Zeigerbild Abb. 155 a und b dargestellt, die Bürstenbrücke noch um einen zusätzlichen Winkel $\Delta\, \beta$ entgegen der Drehrichtung weiter verschieben, so daß die Regelspannung E_r nicht mehr mit der Richtung von $s\, E_{2g}$ zusammenfällt. Läßt man auch hier wieder die Größe des zu übertragenden Momentes des Stromes J_2 und des Winkels φ_2 ($\sphericalangle J_2 E_\Sigma$) konstant, so tritt, wie man aus dem Zeigerbild Abb. 155 a und b ersieht, auf der primären Seite eine Verbesserung des Leistungsfaktors auf.

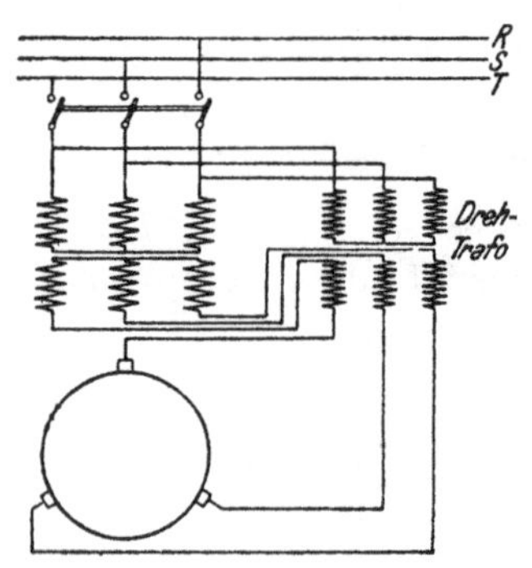

Abb. 156. Ständergespeister *DNKM* mit Trafo-Bauart *AEG* und Einfachdrehregler.

Bei Verwendung eines Einfachdrehreglers in Verbindung mit einem statischen Transformator nach der Bauart der AEG, Abb. 156, fällt der Einfachdrehregler wesentlich kleiner aus, da der statische Transformator, der koaxial im Ständer des Motors eingebaut ist, die halbe Regelspannung erzeugt. Da die Regelspannung auch bei dieser Ausführung bis auf die beiden Stellungen $\beta = 0$ und $\beta = 180^0$ nicht phasengleich ist, so muß das Bürstenjoch zwangläufig mit dem Drehregler verstellt werden.

Führt man die Zusatzspannung des statischen Transformators und die Spannung des Drehreglers annähernd gleich groß aus, so ergibt sich aus dem Spannungsvektorbild Abb. 157 a—e, daß einer Drehung des Reglers um den Winkel α eine solche des Bürstenjoches um den Winkel $\beta = \alpha/2$ entspricht. In der Nullstellung, die auch die Stellung des Bürstenjoches in der neutralen Achse ist, addieren sich die Hilfsspannung E_h und die Drehreglerspannung E_d zur Regelspannung E_r, die halb so groß wie die Stillstandspannung gewählt wird und im Untersynchronismus dieser entgegengerichtet ist. Der Motor erreicht in dieser Stellung die halbe synchrone Drehzahl. Verdreht man das Bürstenjoch entgegen der Drehrichtung des Motors um 45⁰ und den Drehregler um 90⁰, so wird die im Läufer induzierte *EMK* der Ständer-*EMK* um 45⁰ voreilen, was auch im Zeigerdiagramm Abb. 157 b durch eine Drehung um diesen Winkel zum Ausdruck kommt. Verschiebt man entsprechend dem Zeigerbild Abb. 157 c den Drehregler um weitere 90⁰ und das Bürstenjoch um 45⁰, so wird die Regelspannung $E_r = 0$ und der Motor erreicht die synchrone Drehzahl. Bei weiterer Drehung des Reglers insgesamt um $\alpha = 270^0$, bezw. des Bürstenjoches um $\beta = 135^0$ sind die Motorstillstandspannung E_{2g} und die Regelspannung E_r gleichgerichtet und der Motor nimmt übersynchrone Drehzahlen an, die in der Stellung $\beta = 180^0$, bezw. $\alpha = 360^0$ rund 50 v. H. über der synchronen Drehzahl liegen.

Zur Konstruktion des genauen Zeigerdiagrammes muß man ähnlich wie im Zeigerbild Abb. 154 zum Ständerstrom J_1 nicht

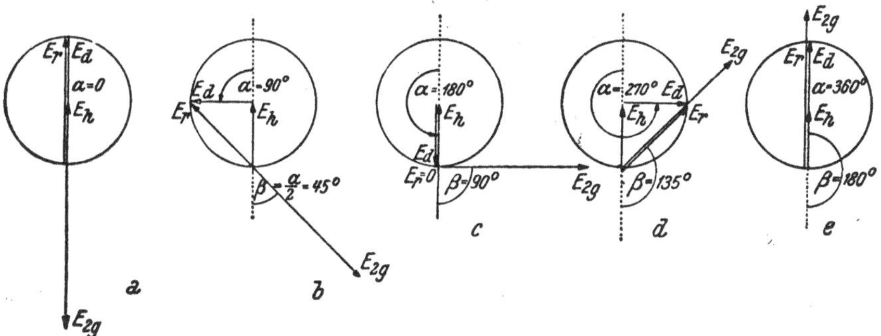

Abb. 157. Zeigerbild zu Abb. 156 bei verschiedenen Bürstenwinkeln und Drehreglerstellungen.

nur den Drehreglerstrom, sondern auch den Trafostrom der Zusatzwicklung, die mit dem Ständer verkettet ist, geometrisch addieren. Es wäre daher für diesen Fall außer dem Trafodiagramm des Drehreglers noch das Trafodiagramm der Hilfswicklung zu entwerfen und die beiden, auf die primäre Wicklung reduzierten Ströme geometrisch zum Ständerstrom zu addieren.

Die Erzeugung der zur Kompensation erforderlichen Spannung in einem eigenen Transformator ist nur bei feststehendem Bürstenjoch möglich. Bei der hier vorliegenden Schaltung würde die für untersynchronen Lauf eingestellte Kompensierung sich bei übersynchronem Lauf verkehrt auswirken. Man muß deshalb bei dieser Schaltung die Kompensationsspannung in einer Wicklung erzeugen, die koaxial mit der Ständer-, bezw. Hilfswicklung ist. Praktisch gibt man der Hilfswicklung etwas mehr Windungen und dreht das Bürstenjoch um einen kleinen Winkel gegen die Drehrichtung. Die Kompensationsspannung hat daher nur bei der synchronen Drehzahl die richtige Größe, ist im Über- und Untersynchronismus kleiner, was aber für den praktischen Betrieb genügt.

Die Kommutierung des ständergespeisten Motors wird im wesentlichen von der transformatorischen Funkenspannung beeinflußt, die wie die Läuferspannung dem Kraftfluß direkt und der Drehzahl verkehrt proportional ist. Da der Wert von E_t innerhalb des Regulierbereiches bei der Dauerleistung den zulässigen Wert nicht überschreiten darf, so wird dadurch auch die Leistung des Motors im Regelbereich bestimmt, welcher meistens im Verhältnis 1 : 3 gewählt wird.

Der ständergespeiste Nebenschluß-Motor mit Doppeldrehregler entsprechend dem Schaltbild Abb. 158 wird mit Rück-

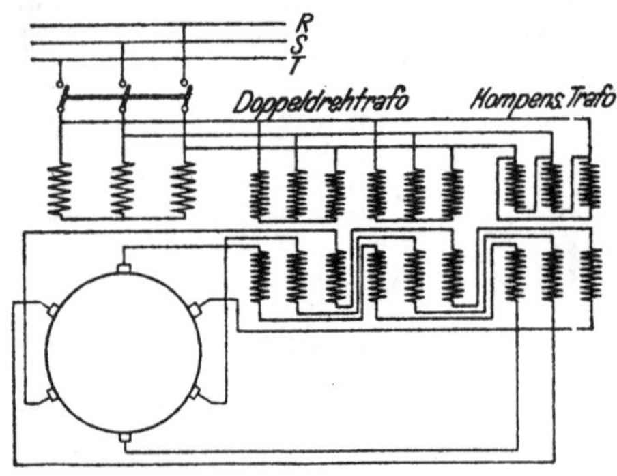

Abb. 158. Ständergespeister *DNKM* mit Doppeldrehregler. (Im Komp.-Trafo Anschlüsse *R* und *T* vertauschen.)

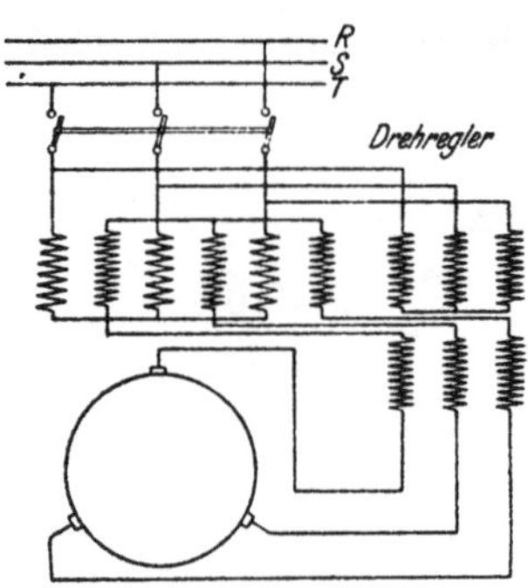

Abb. 159. Ständergespeister *DNKM* mit Drehregler und Hilfswicklung im Ständer. Bauart *Elin-Schorch*.

sicht auf den Mehraufwand an aktivem und Konstruktionsmaterial nur dort verwendet, wo er entsprechende Vorteile bietet, so unter anderem bei der Regelung zweier starrgekuppelter, parallel arbeitender Motoren. Die erforderliche Kompensationsspannung wird von einem eigenen Trafo geliefert, der meist in das Drehreglergehäuse eingebaut wird.

Der *Elin-Schorch*-Motor verwendet zur Regelung des ständergespeisten Nebenschlußmotors ebenfalls einen einfachen Drehregler, jedoch bei feststehendem Bürstenjoch. Um die richtige Größe und Lage der Kompensationsspannung zu erhalten, wird im Ständer nach Schaltbild Abb. 159 eine im allgemeinen um 90^0 gegenüber der Ständerachse versetzte Hilfswicklung angeordnet, in der eine um 90^0 gegenüber der Ständerspannung nacheilende Zusatzspannung unveränderlicher Größe erzeugt wird.

Im Zeigerbild Abb. 160 sieht man den Kreis K_1 als Ortskurve der Regelspannung E_r, die sich aus der festen Hilfsspannung E_b und der Drehreglerspannung E_d ergibt. Die Regelspannung E_r

wirkt im Untersynchronismus in der Richtung der Läuferspannung und im Übersynchronismus entgegen dieser Richtung. Durch die zusätzliche Hilfsspannung bleibt die Kompensationsspannung auf

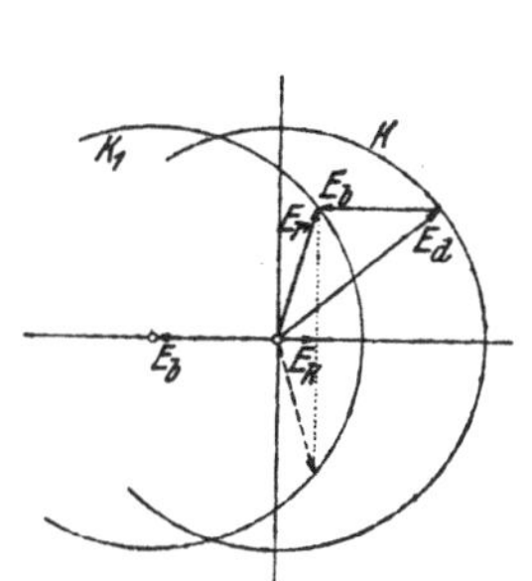

Abb. 160. Zeigerbild der Schaltung Abb. 159.

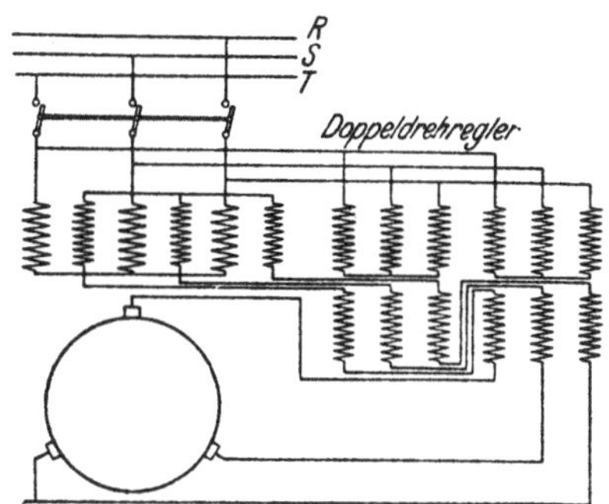

Abb. 161. Ständergespeister *DNKM* nach Abb. 159, jedoch mit Doppeldrehregler.

den notwendigen kleinen Betrag beschränkt. Der mit dieser Schaltung erzielte Regelbereich liegt bei 1 : 2.

Bei größerem Regelbereich wird nach Schaltbild Abb. 161 ein Doppeldrehregler verwendet. Die erforderliche kleine Kompensationsspannung liefert die im Ständer untergebrachte Hilfswicklung, deren Spannung gegenüber der Ständerspannung um 90⁰ voreilt. Will man den größeren Regelbereich in den Untersynchronismus verlegen, so muß man die Phasenverschiebung dieser Hilfswicklung kleiner als 90⁰ wählen, wie dies auch aus dem Zeigerbild Abb. 162 hervorgeht.

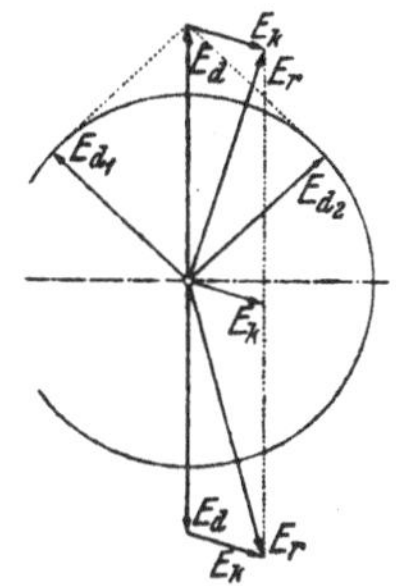

Abb. 162. Zeigerbild der Schaltung Abb. 161.

Der ständergespeiste Motor wird in der Stellung der kleinsten Drehzahl direkt ans Netz geschaltet.

b) Läufergespeister Drehstrom-Nebenschlußmotor. Bei dieser zweiten Bauart wird die Netzspannung dem Läufer über Schleifringe einer entsprechend angezapften Gleichstromwicklung mit Kommutator zugeführt; dieser wird mit zwei axial hintereinanderliegenden Drehstrombürstensätzen ausgerüstet, die gegeneinander verdrehbar sind. Die Anfänge, bezw. Enden der Ständerwicklungen sind mit dem einen, bezw. anderen Bürstensatz verbunden. Da das Verhältnis der Schleifring- zur Bürstenspannung wie beim Einankerumformer ein festes ist, so ist die Änderung der Regelspannung nur durch die Veränderung der gegenseitigen Entfernung zweier zusammengehöriger Bürsten möglich. Diese regelbare Spannung von der Schlupffrequenz speist den Ständer als Sekundärteil.

Der Anker vereinigt auf diese Weise in sich einen Frequenzwandler mit einem Spannungsregler und erfordert dadurch keine weiteren Regler- und Zusatz-Transformatoren. Einer der bekanntesten Vertreter dieser Motortype ist der *Schrage*-Motor, der bis zu 350 PS ausgeführt wird.

Um den läufergespeisten Motor für normale Netzspannung verwenden zu können, schließt man an die Schleifringe eine in den Läufernuten untergebrachte, im Dreieck oder Stern geschaltete Drehstromwicklung nach Schaltbild Abb. 163 an, die mit der mit dem Kommutator verbundenen Gleichstromwicklung transformatorisch verkettet ist. Dadurch wird gleichzeitig eine niedrige Stromwenderspannung unter 100 Volt erreicht.

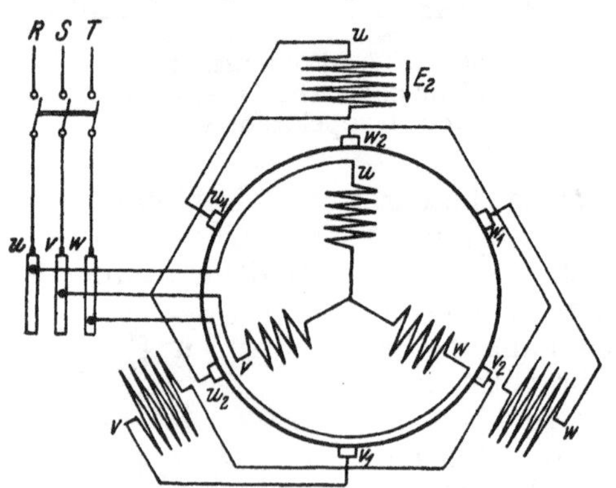

Abb. 163. Läufergespeister *DNKM*.

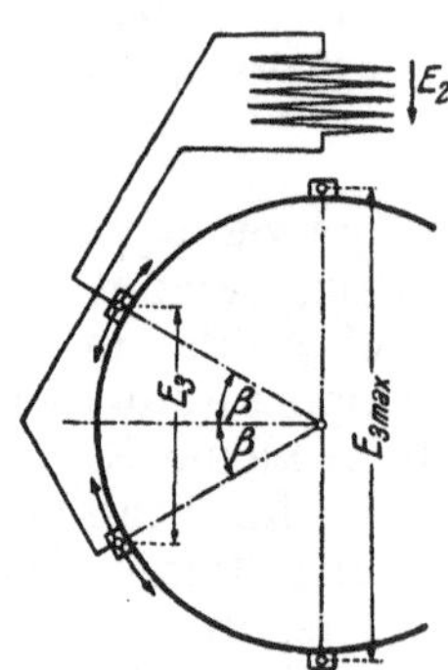

Abb. 164. Darstellung der Bürstenverschiebung des Motors der Abb. 163.

Werden die beiden Bürstensätze gleichmäßig in entgegengesetzter Richtung verdreht, so wird die erzeugte Regelspannung nur in der Größe, aber bei gleichbleibender Phase verändert. Will man nur die Phase verbessern, so muß man die beiden Bürstensätze in derselben Richtung verschieben. In der Praxis wird die Größe und die Phase gleichzeitig dadurch geregelt, daß man die beiden Bürstenjoche verschieden schnell bewegt. Man nennt daher das Joch, das die Größe verändert, das schnelle Joch und das andere, das die Phase verändert, das langsame Joch. Die getrennte Herstellung der Kompensationsspannung durch einen eigenen Trafo ist beim läufergespeisten Motor nicht möglich.

Das gemeinsame Drehfeld induziert in der Primärwicklung, die hier im Läufer liegt, die *EMK* E_1. Im Ständer wird die *EMK* $E_2 = s\,E_1\,w_2/w_1$ induziert, die wie beim *DAM* von der Schlüpfung s abhängig ist, nur mit dem Unterschied, daß hier auch übersynchrone Drehzahlen möglich sind.

Der Ausdruck:

$$s = \frac{n_s - n_2}{n_s}$$

wird wie beim *DAM* als Schlupf bezeichnet.

Im tertiären, im Läufer gelegenen und an den Kommutator angeschlossenen Stromkreis wird die *EMK* $E_3 = E_1 w_3/w_1$ induziert. w_3 ist die jeweils von den beiden Bürstensystemen umfaßte im Anker wirksame Windungszahl. Stehen die Bürsten beim zweipoligen Schema im Durchmesser, so erreicht w_3 einen Höchstwert, der mit $w_{3\,max}$ bezeichnet werden soll. Es ergibt sich damit E_3 (Abb. 164) zu:

$$E_3 = E_1 \frac{w_{3\,max}}{w_1} \sin\beta = E_{3\,max} \sin\beta .$$

Bei synchroner Drehzahl entsteht am Kommutator eine Gleichspannung. Jedem Bürstenwinkel β gehört eine Drehzahl, bei der die Spannungen E_2 und E_3 gleich groß sind. Diese Stellungen entsprechen der jeweiligen Leerlaufdrehzahl. Der dazugehörige Leerlaufschlupf berechnet sich zu:

$$s_0 = \frac{E_{3\,max}}{E_{20}} \sin\beta = \frac{w_{3\,max}}{w_2} \sin\beta = c \sin\beta,$$

wobei c als Regelbereich bezeichnet wird. Die Leerlaufdrehzahl n_0 ergibt sich zu:

$$n_0 = n_s (1 - s_0) = n_s (1 - k \sin\beta).$$

Bei $\beta = 90^0$ läuft der Motor mit der kleinsten möglichen Leerlaufdrehzahl $n_0 = n_s (1 - c)$. Wird $c = 0{,}5$ gewählt, so erhält man den üblichen Regelbereich zwischen $0{,}5\, n_s$ und $1{,}5\, n_s$.

Verkleinert man β, so erhöht sich die Leerlaufdrehzahl, bis bei $\beta = 0$ und $E_2 = E_3 = 0$ die synchrone Drehzahl erreicht wird. Werden die Bürsten noch weiter gedreht, so wird β negativ und die Spannungen E_2 und E_3 werden in entgegengesetzter Richtung wieder größer. Die Drehzahlen steigen dadurch an und erreichen einen Höchstwert von

$$n_{0\,max} = n_s (1 + c).$$

Da die transformatorische Stromwendespannung zum Unterschied vom ständergespeisten Motor hier nur vom Kraftfluß abhängt, so ist die Leistung pro Polpaar kleiner als beim ständergespeisten Motor und beträgt rund 30 kW.

Das Zeigerdiagramm der Spannungen und Ströme (Abb. 165) sieht ähnlich aus wie das Diagramm des *DAM*, nur mit dem Unterschied, daß hier noch eine tertiäre Wicklung hinzukommt. Von der primären Klemmenspannung ist nicht nur der induktive und *ohm*sche Spannungsabfall abzuziehen, sondern noch der Spannungsabfall, der durch die Wechselinduktion des tertiären Stromkreises verursacht wird. Beim sekundären Strom J_2 ist zu berücksichtigen, daß er nicht nur durch die Ständerwicklung, sondern auch durch den zwischen zwei Bürsten liegenden Teil der Tertiärwicklung hindurchfließt und infolgedessen bei der Reduktion aus die Primärwicklung mit dem Faktor $(w_2 - w_3)/w_1$ zu multiplizieren ist. Im sekundären und tertiären Spannungsdiagramm wirken die Spannungen E_2 und E_3 einander entgegen, wobei beide die Zeigerrichtung der Stillstandspannung des Ständers besitzen. Zu den ohmschen und induktiven Spannungsabfällen des Sekundärstromes kommt noch der Spannungsabfall der Wechselinduktion des primären Stromes auf den sekundären Stromkreis.

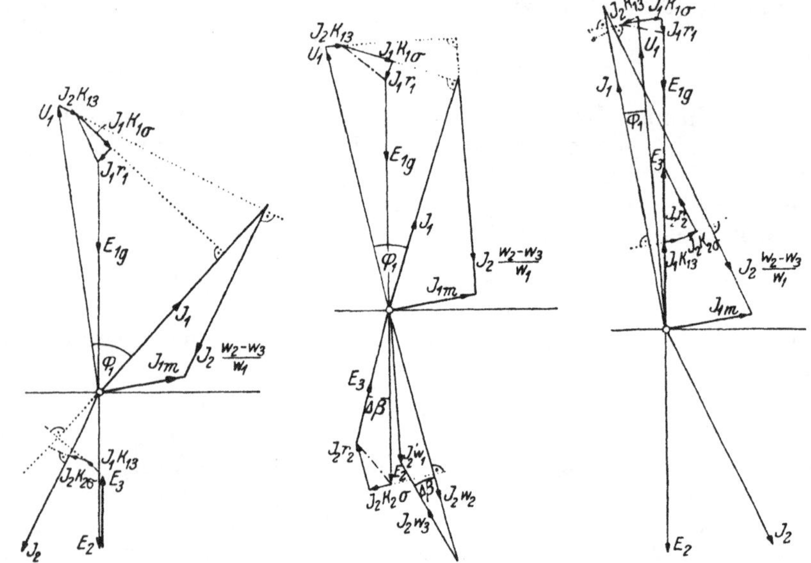

Abb. 165. Zeigerbild des läufergespeisten *DNKM*.

Abb. 166. Zeigerbild des läufergespeisten *DNKM* mit $\cos\varphi$-Kompensation.

Abb. 167. Zeigerbild des läufergespeisten *DNKM* bei übersynchroner Drehzahl.

Verschiebt man zum Zwecke der Kompensation beide Bürsten um den Winkel $\Delta\beta$, so wird die Spannung E_3 im Zeigerbild Abb. 166 gegenüber der Spannung E_2 nacheilen und infolgedessen der Strom J_2 der Spannung E_2 voreilen. Durch die Phasenverschiebung um $\Delta\beta$ dürfen die *AW* des sekundären $(J_2 w_2)$ und tertiären Stromkreises $(J_2 w_3)$ nicht mehr arithmetisch, sondern geometrisch subtrahiert werden, weshalb sich die Phasenverbesserung des primären Stromes gegenüber der Klemmenspannung nicht voll auswirkt.

Bei übersynchroner Drehzahl — bei negativem Schlupf — ist die sekundäre und tertiäre Spannung E_2 und E_3 um 180° gedreht im Zeigerbild Abb. 167 einzuzeichnen, weshalb eine Kompensation nicht mehr nötig ist. Man sieht aus diesen Zeigerbildern, daß eine Kompensation nur im Untersynchronismus nötig ist, während im Synchronismus und im Übersynchronismus die Kompensation sich erübrigt. Der Synchronismus wird in der Weise erreicht, daß die zusammengehörenden Bürsten auf dieselbe Kommutatorlamelle zu liegen kommen.

Der läufergespeiste Motor kann ebenso wie der ständergespeiste, wenn die Bürsten unter Phasenopposition, also in der Stellung der niedrigsten Drehzahl stehen, direkt ans Netz geschaltet werden. Sind Nullspannungsrelais eingebaut und soll das Einschalten bei beliebiger Bürstenstellung erfolgen können, so muß im Ständerkreis ein abschaltbarer Widerstand eingebaut werden. Die Druckknopfsteuerung einer derartigen Anlaßvorrichtung ist im Schaltschema (Abb. 168) dargestellt. Die Größe des Vorschaltwiderstandes kann bei günstigster Bürstenstellung aus der Differenz der Ständerstillstandspannung und der Läuferspannung berechnet werden, da ohne Phasenkompensierung die beiden Spannungen algebraisch subtrahiert werden können. Die Größe des Vorschaltwiderstandes ergibt sich somit zu

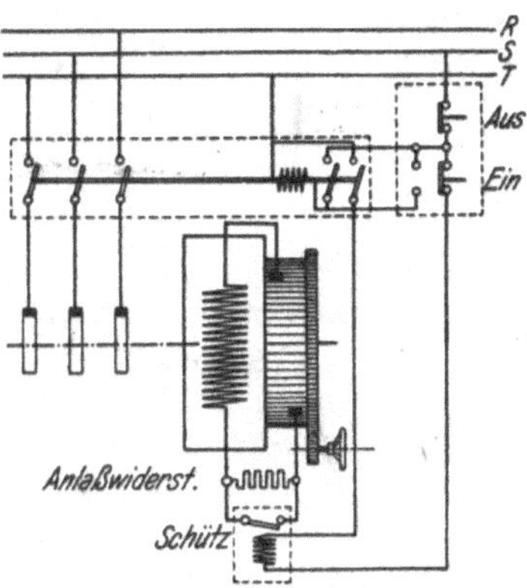

Abb. 168. Anlaßschaltung des läufergespeisten *DNKM*.

$$R = \frac{E_2 - E_3}{J}.$$

Nur bei der Stellung der Bürsten für übersynchrone Drehzahlen ist E_3 entgegengerichtet und die Gl. zur Berechnung von R lautet daher

$$R = \frac{E_2 + E_3}{J}.$$

Dritter Teil.

Die Erwärmung der elektrischen Maschinen.

Die Leistung einer jeden elektrischen Maschine wird im wesentlichen durch ihre Erwärmung begrenzt. Die Größe der zulässigen Temperatur ist durch die Art des verwendeten Isoliermaterials gegeben. Bei der rechnerischen Ermittlung der Erwärmung nimmt man zur Vereinfachung stets an, daß die betreffende elektrische Maschine ein homogener Körper ist. Infolge der Nutung der Eisenblechpakete und der Isolierung der Wicklungen weichen die elektrischen Maschinen von der Idealform eines homogenen Körpers ab. Aus diesem Grunde können die Berechnungen mit den gemessenen Werten nicht vollständig übereinstimmen. Die Ungenauigkeit durch diese Vereinfachung ist jedoch nicht sehr groß, so daß die angenäherte Rechnung für die Bedürfnisse der Praxis genügt. Die Erwärmung der Maschine entsteht durch die auftretenden Verluste, ihre Abkühlung erfolgt durch die Wärmeabgabe über ihre Oberfläche nach außen. Für den projektierenden Ingenieur ist es wichtig, die Erwärmung einer elektrischen Maschine für die verschiedensten auftretenden Belastungsverhältnisse ermitteln zu können. Für diese Berechnung stehen ihm oft nur sehr wenige Daten zur Verfügung, da umfangreiche Dauerversuche in den Fabriklaboratorien meistens nicht durchgeführt werden können. Im nachstehenden soll eine Methode angegeben werden, die es ermöglicht, mit Hilfe von nur einigen Temperaturmessungen die Erwärmung der Maschine für alle möglichen Belastungsfälle zu ermitteln. Bei den elektrischen Maschinen treten Kupferverluste auf, die vom Belastungsstrom abhängig sind. So treten bei Reihenschlußmotoren Kupferverluste im Anker und in der Magnetwicklung auf. Sie haben allgemein die Größe $(R_a + R_m)\,J^2$. Ferner treten bei Nebenschlußerregungen noch Kupferverluste auf, die aber annähernd konstant sind und mit V_{cu} bezeichnet werden sollen. Als weitere Verluste treten Eisenverluste und bei sich drehenden Maschinen noch Reibungsverluste auf, die zusammen auch annähernd konstant sind und mit V_{Fe+R} bezeichnet werden sollen. Für eine allgemeine Maschine beträgt somit der gesamte Energieverlust, der für die Erwärmung in Betracht kommt

$$V_{ges} = (V_{cu} + V_{Fe+R}) + (R_a + R_m) J^2 = V + R J^2 \text{ Watt},$$

$$1 \text{ Watt} = \frac{1}{g} \frac{1 \text{ kgm}}{\text{sek}},$$

$$1 \text{ kgm} = g \text{ Wattsek} = \frac{1}{428} \text{ Kgcal}.$$

$$1 \text{ Wattsek} = 1 \text{ Joule} = \frac{1}{428 g} \text{ Kgcal}.$$

Die von einer elektrischen Maschine mit dem Gesamtverlust

V_{ges} erzeugte Wärmemenge $= W_z$.

$$W_z = \frac{V}{428 g} + \frac{R}{428 g} J^2 = d + e J^2 = V_{ges} \text{ in Wärmeeinheiten.}$$

In dieser Gl. sind d und e Größen, die noch zu bestimmen sind.

Wie bereits in der Einleitung erwähnt, gibt die elektrische Maschine durch die Beschaffenheit und Größe ihrer Oberfläche die erzeugte Wärme zum größten Teil an die Umgebung ab. Beträgt O die Oberfläche des Motors und h die Wärmeabgabekonstante, so ist der Kühlfaktor der elektrischen Maschine $m = h O$.

Die Wärmeabgabekonstante h ist jene *Zahl in Watt, die je* cm^2 *Oberfläche und Grad Übertemperatur an die Umgebung abgegeben werden*. Diese Wärmeabgabekonstante ist verschieden für den Lauf und für den Stillstand einer Maschine. Wir wollen sie mit h_l und h_s bezeichnen. Ist ferner τ die Übertemperatur, so beträgt die in der Zeiteinheit abgegebene Wärmemenge $W_a = h O \tau$.

Besitzt der der Erwärmung ausgesetzte Teil der Maschine das Gewicht G und die spezifische Wärme σ, so beträgt die Wärmekapazität der Maschine $G \sigma$. Die spezifische Wärme σ ist jene Wärmemenge, welche der Gewichtseinheit des Körpers zugeführt werden muß, um seine Temperatur um einen Grad zu erhöhen. Diese spezifische Wärme beträgt für die im Elektro-Maschinenbau wichtigsten Materialien:

Eisen = 0,115 grcal = 480 Joule = 480 Wattsek. je Gramm.
Kupfer = 0,0935 grcal = 390 Joule = 390 Wattsek. je Gramm.
Transformatoröl = 0,4 bis 0,47 cal = 1700 bis 2000 Wattsek je Gr.

Wie bereits eingangs erwähnt, wird sich eine elektrische Maschine erwärmen, beziehungsweise abkühlen, wenn die in der Zeiteinheit erzeugte Wärmemenge größer oder kleiner als die abgeleitete Wärmemenge ist.

$W_z\, dt$ ist die in der Zeit dt erzeugte Wärme und
$W_a\, dt$ die in der Zeit dt abgeleitete Wärmemenge.

Es besteht daher die Gl.

$$W_z\, dt - W_a\, dt = G \sigma\, d\tau.$$

Setzt man für W_z und W_a die oben errechneten Werte ein, so erhält man $[d + e\,J^2 - h\,O\,\tau]\,dt = G\,\sigma\,d\tau$, daraus ist

$$t = \int_0^t dt = \int_{\tau_0}^{\tau} \frac{G\,\sigma}{d + e\,J^2 - h\,O\,\tau}\,d\tau.$$

Zur Ausführung der Integration nehmen wir an, daß der Wert für $t = 0$ einer Anfangsübertemperatur von τ_0 entspricht und für die Zeit t die Übertemperatur τ herrscht. Somit ergibt sich

$$t = + \frac{G\,\sigma}{h O} \int_{\tau_0}^{\tau} \frac{+ h\,O\,d\tau}{d + e\,J^2 - h\,O\,\tau} =$$

$$= \frac{G\,\sigma}{h O} \operatorname{logn} \left[\frac{d + e\,J^2 - h\,O\,\tau_0}{d + e\,J^2 - h\,O\,\tau}\right] = T \operatorname{logn} \left[\frac{d + e\,J^2 - h\,O\,\tau_0}{d + e\,J^2 - h\,O\,\tau}\right].$$

Der Quotient $(G\,\sigma/h\,O) = T$ wird als Zeitkonstante bezeichnet und in Minuten ausgedrückt. Die Zeitkonstante T für den stillstehenden Motor ist mit Rücksicht auf die Wärmeabgabekonstante verschieden von dem sich drehenden Motor.

Multipliziert man den Zähler und Nenner der Zeitkonstanten mit der Endübertemperatur τ_e, so erhält man (τ_e... max. Übertemp.):

$$T = \frac{G\,\sigma\,\tau_e}{h\,O\,\tau_e} = \frac{G\,\sigma\,\tau_e}{Q} = \frac{\mathrm{gr}\,\frac{\mathrm{cal}\,\tau^0}{\mathrm{gr}\,\tau^0}}{\frac{\mathrm{Watt}}{\mathrm{cm}^2\,\tau^0}\,\mathrm{cm}^2\,\tau^0} = \frac{\mathrm{cal}}{\mathrm{Watt}} =$$

$$= 9{,}81 \,.\, 0{,}428\ \mathrm{Sek} = 4{,}19\ \mathrm{Sek.} \tag{81}$$

Hiebei gibt der Zähler die aufgespeicherte Wärmemenge nach Eintritt des stationären Zustandes an und der Nenner die pro Sekunde abgegebene Wärmemenge im stationären Zustande. Letztere muß gleich sein der je Sekunde entwickelten Wärme Q.

Wird in dieser Formel G in Gramm ausgedrückt, so hat der Zähler die Größenordnung von Grammkalorien (cal). Multipliziert man diese mit 4,19, da 1 cal = 4,19 Joule = 4,19 Wattsekunden, so erhält man den Wert in Joule. Wird der Nenner — die entwickelte Wärme — in Watt gemessen, so ergibt sich die Zeitkonstante T in Sekunden.

Wir wollen ferner bezeichnen:

$$\frac{d}{e} = c \quad \text{und} \quad \frac{h\,O}{e} = b.$$

Mit diesen Werten wird

$$t = T \operatorname{logn} \frac{c + J^2 - b\,\tau_0}{c + J^2 - b\,\tau},$$

$$e^{t/T} = \frac{c + J^2 - b\,\tau_0}{c + J^2 - b\,\tau}, \quad \text{daraus } J^2 = b\frac{\tau\,e^{t/T} - \tau_0}{e^{t/T} - 1} - c$$

oder

$$\tau = \frac{J^2 + c}{b}(1 - e^{-t/T}) + \tau_0\,e^{-t/T}. \tag{82}$$

Trägt man in Abhängigkeit von der Stromstärke J die zugeführte Wärmemenge W_z auf, so erhält man die untenstehende Kurve. Die Kurve geht mit Rücksicht auf die konstanten Verluste nicht durch den Nullpunkt. Zur Vereinfachung können wir eine neue Kurve zeichnen, in der die von der Belastung unabhängigen Verluste, also die Größe $d = 0$ gesetzt wird. Somit ist auch $c = 0$. Die Gl. für die zugeführte Wärmemenge vereinfacht sich nunmehr zu $W_z = e\,J^2$.

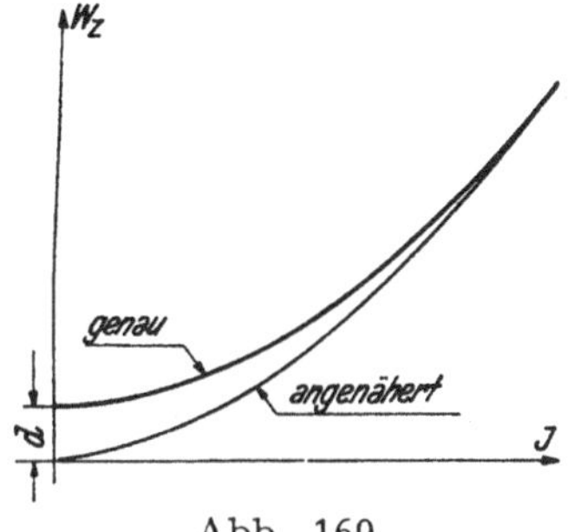

Abb. 169.

Diese in Abb. 169 dargestellte Gl. gibt für hohe Stromstärken ziemlich genaue Werte, hingegen ist sie für kleine Stromstärken sehr ungenau. Diese letzteren Werte haben aber für die Praxis keine Bedeutung, da nur die Erwärmung bei großen Stromstärken bis zur größten zulässigen Temperatur von Interesse ist. Mit diesen Vereinfachungen lauten dann die vorhin abgeleiteten Gl. 82 wie folgt:

$$t = T \operatorname{logn} \frac{J^2 - b\,\tau_0}{J^2 - b\,\tau}. \tag{83}$$

$$\tau = \frac{J^2}{b}(1 - e^{-t/T}) + \tau_0\,e^{-t/T}. \tag{84}$$

Für eine konstante Stromstärke und eine gegebene Übertemperatur erhält man die Kurve τ/t. In diesem Falle ist $W_z = e\,J^2 =$ konstant und $W_a = h\,O\,\tau$.

Im Beharrungszustand bei $t = \infty$ geht τ über in τ_e. τ_e wird die Beharrungs- oder Endtemperatur genannt. Somit ist im Beharrungszustand $W_a = W_z$ und daher für $J =$ konstant, $W_a = W_z = h\,O\,\tau_e$.

Im folgenden soll eine graphische Konstruktion zur Darstellung der Kurve τ/t angegeben werden. Solange die Temperatur noch ansteigt, gilt die Gl.:

$$(W_z - W_a)\,dt = G\,\sigma\,d\tau.$$

Führen wir die bereits vorhin ermittelten Werte für konstante Stromstärke und gegebene Übertemperatur für W_z und W_a ein, so erhalten wir ($W_z = h\,O\,\tau_e$; $W_a = h\,O\,\tau$).

$$(\tau_e - \tau)\, dt = \frac{G\sigma}{hO} d\tau \quad \text{oder} \quad \tau_e - \tau = T \frac{d\tau}{dt},$$

$$\frac{d\tau}{dt} = \frac{\tau_e - \tau}{\frac{G\sigma}{hO}} = \frac{\tau_e - \tau}{T} = \operatorname{tg} \gamma. \tag{85}$$

Diese Gl. eignet sich zur graphischen Darstellung: Es sei gegeben T, b, J, τ_0, die Endtemperatur τ_e ist zu berechnen. Man setzt in Gl. (84) zur Ermittlung der Endtemperatur die Zeit $t = \infty$ und erhält somit $e^{\infty} = 0$; $\tau_e = \tau = J^2/b$.

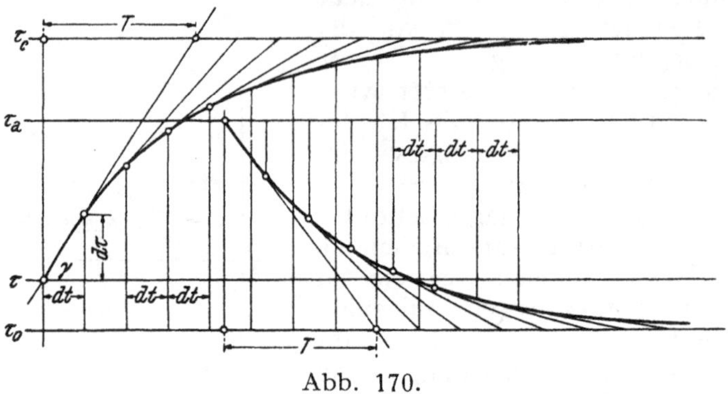

Abb. 170.

Die Zeitkonstante T trägt man auf der Parallelen zur Abszissenachse durch die Endtemperatur auf und erhält dadurch die Tangente an die Abkühlungskurve. Die einzelnen Punkte dieser Kurve erhält man durch die Konstruktion der einhüllenden Tangenten.

Zur Konstruktion der Abkühlungskurve ist die Stromstärke $J = 0$ und die zugeführte Wärmemenge $W_z = 0$ zu setzen. Somit wird $- h\, O\, \tau\, dt = G\, \sigma\, d\tau$ daher

$$\frac{d\tau}{dt} = -\frac{\tau}{\frac{G\sigma}{hO}} = -\frac{\tau}{T} = \operatorname{tg} \gamma \qquad \operatorname{tg}(180 - \gamma) = \frac{\tau}{T}. \tag{86}$$

Zur Ermittlung der Erwärmungs- und Abkühlungskurven stehen im allgemeinen nur zwei Erwärmungsmessungen zur Verfügung, beispielsweise ist gegeben: J_1, t_1, τ_1, τ_{1_0} und J_2, t_2, τ_2, τ_{2_0}.[1]

Die Auflösung dieser Gl. ist schwierig und umständlich, da in den Formeln viele Logarithmen zu berechnen sind. Die Berechnung vereinfacht sich wesentlich, wenn eine der Belastungen eine Dauerbelastung ist, wenn also beispielsweise folgende Größen gegeben sind:

[1] Nach Prof. *L. Kadrnozka*, München, Techn. Hochschule.

$J_1, t_1 = \infty, T_1, (\tau_{01})$ Dauerbelastung J_1,

$J_2, t_2, \tau_2, (\tau_{02})$,

für $t_1 = \infty$ ergibt sich aus Gl. (84)

$$\tau = \tau_1 = \frac{J_1^2}{b} \text{ und } b = \frac{J_1^2}{\tau_1}.$$

Aus Gl. (83) ergibt sich somit

$$T = \frac{t_2 \log e}{\log \frac{J_2^2 - b\,\tau_{02}}{J_2^2 - b\,\tau_2}}.$$

Somit ist die Zeitkonstante T berechenbar und es können die Erwärmungsverhältnisse für alle Belastungsarten daraus abgeleitet werden.

Meistens aber entspricht keine der Belastungs-, beziehungsweise Temperaturmessungen einer Dauerbelastung und daher muß man sich zur Ermittlung von T einer rechnerischen oder graphischen Annäherungsmethode bedienen. Aus zwei oder drei verschiedenen Messungen, in denen die Stromstärke, die Zeit, die Anfangs- und die Endübertemperatur gemessen wurden, schätzt man die Dauerstromstärke und erhält einen vorläufigen Wert von b. Diesen Wert von b setzt man nun in die vorhandenen zwei oder drei Gl. ein und erhält drei verschiedene Werte für die Zeitkonstante T. Wiederholt man diesen Vorgang für mehrere annähernd geschätzte, aber verschiedene Werte der Dauerstromstärke, so erhält man zwei oder drei Kurven der Funktion T/J. Trägt man diese Kurven in einem Achsenkreuz auf, so werden diese einen Schnittpunkt ergeben, sofern zwei Gl. vorhanden sind oder drei Schnittpunkte, wenn drei Gl. vorhanden sind. Im letzteren Falle wird der richtige Wert der Zeitkonstanten im Schwerpunkt dieses Fehlerdreieckes liegen.

Es ist z. B. gegeben:

1. $J_1, t_1, \tau_1, \tau_{01}$.
2. $J_2, t_2, \tau_2, \tau_{02}$.

Man schätzt J_d, errechnet $b = J_d^2 / \tau_e$ für eine gegebene Endtemperatur τ_e.

Aus Messung 1 ergibt sich

$$T_1 = \frac{t_1 \log e}{\log \frac{J_1^2}{J_1^2 - b\,\tau_1}}$$

aus Messung 2 ergibt sich

$$T_2 = \frac{t_2 \log e}{\log \frac{J_2^2}{J_2^2 - b\,\tau_2}};$$

sind T_1 und T_2 voneinander verschieden, so ist die Berechnung für mehrere Werte von J_d zu wiederholen. Die gefundenen Werte T_1/J_d, beziehungsweise T_2/J_d werden in einem Achsenkreuz (Abb. 171) eingetragen. Der Schnittpunkt ergibt den richtigen Wert von T.

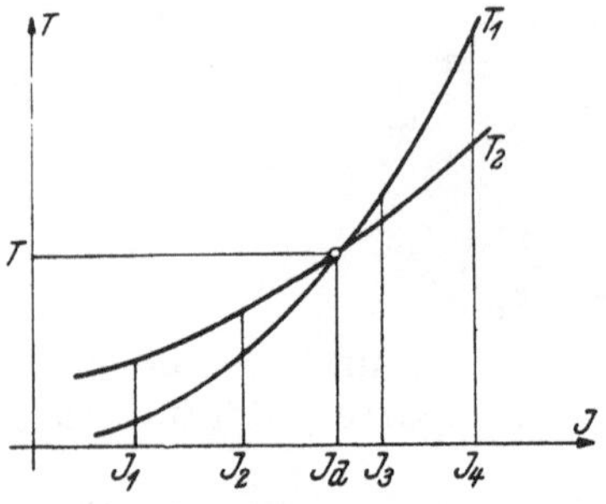

Abb. 171.

Es soll nun ermittelt werden, wie weit man nach einer bestimmten Zeit der Beharrungstemperatur nahe kommt.

Nach Gl. (84) ergibt sich:

$$\tau = \frac{J^2}{b}(1 - e^{-t/T}) + \tau_0 e^{-t/T}.$$

Für die Endtemperatur τ_e ist die Dauerstromstärke J_d und daher $J_d^2/b = \tau_e$; wenn ferner $\tau_0 = 0$ ist, so vereinfacht sich obige Gl. zu:

$$\tau = \tau_e(1 - e^{-t/T}) \quad \text{oder} \quad t = -T \operatorname{logn}\left(1 - \frac{\tau}{\tau_e}\right). \tag{87}$$

Nach einer Zeit $t = T$ wird

$$\frac{\tau}{\tau_e} = 1 - e^{-1} = 1 - \frac{1}{e} = \underline{0{,}632.}$$

Für $t = 3\,T$ bis $5{,}3\,T$ werden die Werte ausgerechnet bis $\tau/\tau_e \doteq 1$ als Endwert erreicht wird.

$t =$	T,	$3\,T$,	$3{,}22\,T$,	$3{,}51\,T$,	$3{,}91\,T$,	$4{,}6\,T$,	$5{,}3\,T$
$\tau/\tau_e =$	0,632,	0,95,	0,96,	0,97,	0,98,	0,99,	0,995.

Praktisch genügt $t = 5\,T$ zum Erreichen der Endtemperatur.

Graphische Ermittlung der Endtemperatur τ_e. Graphisch wird zur Ermittlung von τ_e nach den Vorschriften des VDE folgendes Verfahren empfohlen. Man bestimmt durch Messung die Kurve des Temperaturverlaufes bis $t = 3\,T$, wobei bis 95 v. H. der Endtemperatur erreicht werden. Die oberen Werte sind nicht so genau, da die Messung der Erwärmung gegen Ende der Probe unregelmäßigen Schwankungen infolge von Änderungen der Kühlmitteltemperatur unterliegt.

Die Erwärmung $\Delta\,\tau$ wird in gleichen Zeitabständen $\Delta\,t$ gemessen und die Erwärmungszunahme in Abhängigkeit von der Gesamterwärmung in Abb. 172 aufgetragen. Die Verlängerung der Geraden schneidet auf der Ordinate die Enderwärmung ab.

Aus der Abb., beziehungsweise auch nach Gl. 85 ist:

$$\tau_e - \tau = T\,\frac{d\tau}{dt}.$$

An Stelle des Differentialquotienten kann man in Annäherung auch den Differenzenquotienten setzen und schreiben:

$\tau_e - \tau = T \frac{\Delta \tau}{\Delta t}$ oder, da Δt und T konstant sind, so folgt

daraus $\frac{\tau_e - \tau}{\Delta \tau} = \frac{T}{\Delta t}$ = konstant.

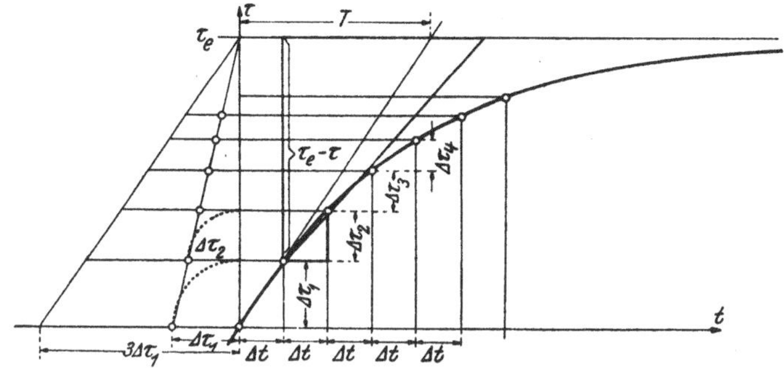

Abb. 172. Ermittlung der Enderwärmung nach *VDE*.

Für verschiedene $\tau_1 \ldots \tau_x$ ist die Linie $(\tau_e - \tau)/\Delta \tau$ eine Gerade. Damit die Konstruktion übersichtlicher ausfällt, vergrößert man die $\Delta \tau$ mit einem konstanten Faktor 3 oder 4.

Die Erwärmungs-, beziehungsweise die Abkühlungskurven sind logarithmische Kurven. Trägt man die einzelnen gemessenen Werte in ein Achsenkreuz mit gleichmäßigem Maßstab ein, so ist meist nicht leicht festzustellen, ob Meßfehler vorliegen, da man die richtige Form dieser logarithmischen Kurve nicht so wie einen Kreis oder eine Gerade beurteilen kann. Man bedient sich deshalb gerne des halblogarithmischen Systems.

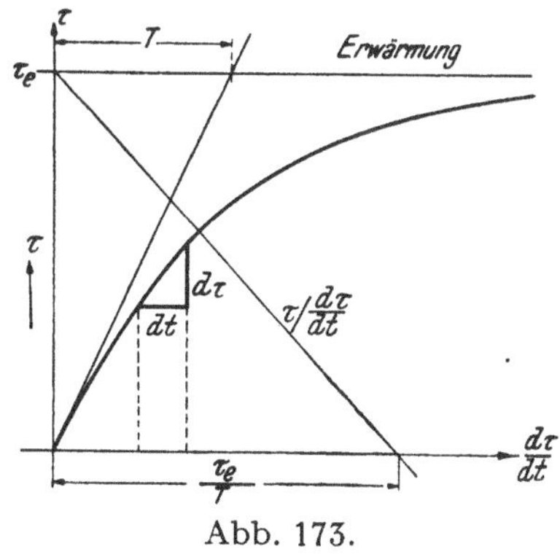

Abb. 173.

Erwärmung. Nach vorangegangener Gl. ist $\tau = \tau_e - T \,.\, d\tau/dt$, hiebei ist τ_e gegeben und konstant und T ebenfalls konstant.

Trägt man die Werte $d\tau/dt$ in Abb. 173 als Abszisse und die dazugehörigen Werte τ als Ordinate auf, so erhält man als Funktion von $\tau/\frac{d\tau}{dt}$ eine Gerade die auf der Abszisse die Strecke τ_e/T abschneidet.

Für logarithmisches Millimeterpapier ergibt sich nach Gl. (87):

$$\tau = \tau_e\,(1 - e^{-t/T}) \text{ oder logarithmiert:}$$

$$\log \tau_e - \log(\tau_e - \tau) = \frac{t}{T} \log e; \quad \frac{\log e}{T} = \text{konstant} = b.$$

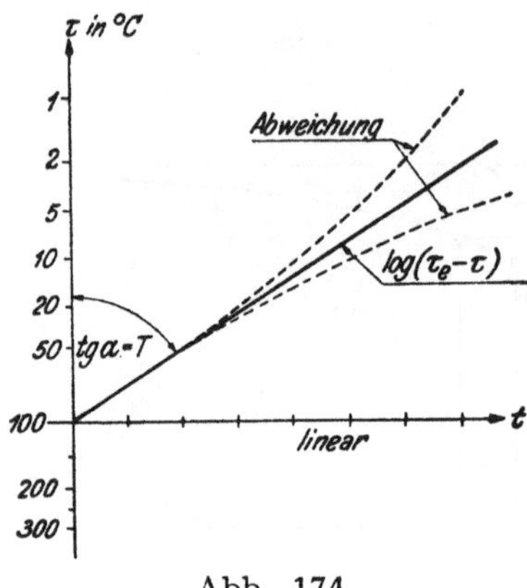

Abb. 174.

$$\log \tau_e = a = \text{konst.}$$

$$\log(\tau_e - \tau) = a - b\,t,$$

$$y = a - b\,x,$$

das heißt, der $\log(\tau_e - \tau)$ ist eine lineare Funktion der Zeit oder im halblogarithmischen System (Abb. 174) wird die Erwärmungskurve eine Gerade.

Für die Abkühlung kann ebenfalls der halblogarithmische Maßstab mit Vorteil verwendet werden.

In der allgemeinen Gl. (84) $\tau = \tau_e(1 - e^{-t/T}) + \tau_0\, e^{-t/T}$ wird die Endtemperatur $\tau_e = 0$ und die Anfangstemperatur $\tau_0 \ldots \tau_a$ gesetzt.

$$\tau = \tau_a\, e^{-t/T}$$

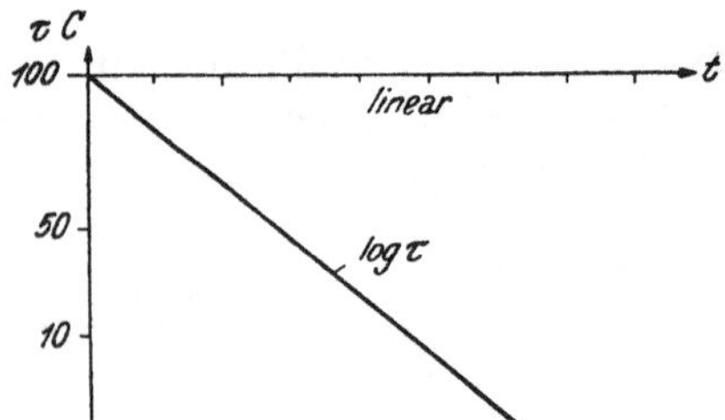

Abb. 175.

Logarithmiert ergibt obige Gl.

$$T = \frac{t \log e}{\log \tau_a - \log \tau}.$$

Es ist nun $\log \tau_a$ eine Konstante, t und T ebenfalls konstant. Man kann daher schreiben:

$$\underbrace{t\,\frac{\log e}{T}}_{b} = \underbrace{\log \tau_a}_{a} - \log \tau$$

oder

$$\log \tau = a + b\,t,$$

$$y = a + b\,x.$$

Daher ist $\log \tau$ linear abhängig von t und ergibt im halblogarithmischen System (Abb. 175) eine Gerade.

Vierter Teil.

Beispiele.[1]

Erstes Beispiel.

Ermittlung der Größe eines Gleichstrom-Reihenschluß-motors für ein Kranhubwerk.

Der Bau und die Wirkungsweise der Kranhubwerke wird als bekannt vorausgesetzt und diesbezüglich auf die einschlägige Literatur[2] verwiesen.

Die Berechnung der erforderlichen Drehmomente für Heben und Senken muß getrennt erfolgen, da diese beim Heben auf die Motorwelle und beim Senken bei durchziehender Last auf den Lastangriffspunkt reduziert werden müssen. Die Abb. 176 stellt die Triebwerksskizze eines Kranhubwerkes für einen Laufkran dar.

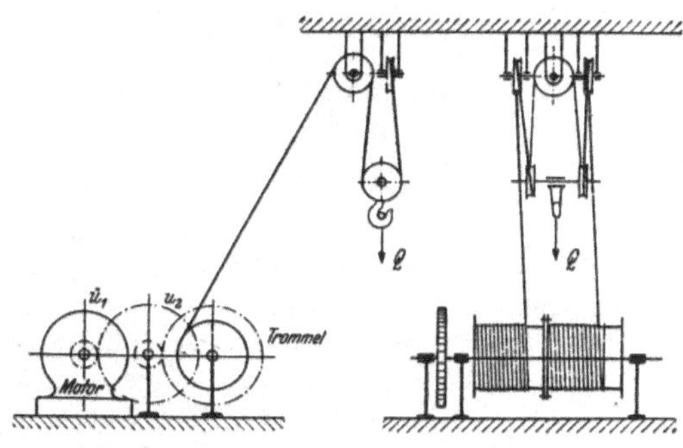

Abb. 176.

Die Last beträgt 14 t, das leere Hakengeschirr wiegt 500 kg, die Hubhöhe beträgt 15 m und die Hubgeschwindigkeit der Vollast 12 m/min oder 0,2 m/sec.

Zur Bestimmung der Motorgröße werden außer dem in der Praxis üblichen Verfahren mit der relativen Einschaltdauer und

---

[1] Die Zahlenrechnungen wurden i. a. mit dem Rechenschieber durchgeführt.

[2] Hütte Bd. II. — *Rziha* und *Seidener:* Starkstromtechnik. Berlin. Wilh. Ernst u. Sohn. VII. Aufl., II. Bd., S. 831. — *Schiebeler C.:* Elektromotoren für aussetzenden Betrieb. Leipzig: Hirzel.

der relativen Last der größeren Übersichtlichkeit halber noch die Fahrdiagramme ermittelt.

Die Spieldauer des Hubwerkes ist in der folgenden Tab. 5 gegeben:

Tab. 5.

Spiel	Stromzeit	stromlose Zeit	Gesamtzeit
Verladen	—	25	25
Heben voll	78	—	78
Kranfahren	—	40	40
Senken voll	54	—	54
Entladen	—	25	25
Heben leer	40	—	40
Kranfahren	—	40	40
Senken leer	64	—	64
	236 Sek.	130 Sek.	366 Sek.

Die relative Einschaltdauer würde aus dem Verhältnis von Stromzeit zu Gesamtzeit einen Wert von 65% ergeben. Da aber der Motor beim Heben und Senken des leeren Hakens nur zum Teil belastet ist, so muß man diese Stromzeit mit Rücksicht auf die Erwärmung mit einem Faktor verkleinern. Im vorliegenden Falle beträgt der Strom für den Betrieb des leeren Hakens rund $1/3 = 0{,}33$ des Vollaststromes, weshalb von dieser Stromzeit $0{,}33^2 =$ rund 11% zu berücksichtigen wären.

Die relative Einschaltdauer t_e ergibt sich somit zu

$$t_e = \frac{78 + 54 + 0{,}11\,(40 + 64)}{366} = 39 \sim 40\%.$$

Das resultierende Drehmoment setzt sich aus dem Drehmoment zum Heben, bezw. Senken der Last und aus den Beschleunigungs-, bezw. Verzögerungsmomenten zusammen. Für den Hubvorgang müssen daher die Schwungmomente der einzelnen Massen, die verschiedene Trägheitshalbmesser und Drehzahlen besitzen, auf die Motorwelle und ihre Drehzahl reduziert werden. Ferner müssen die Wirkungsgrade der einzelnen Teile bekannt sein.

Werden mit

$ü = ü_1\, ü_2\, ü_3 \ldots ü_n$ das Gesamtübersetzungsverhältnis,

$\eta = \eta_1\, \eta_2\, \eta_3 \ldots \eta_n$ der Wirkungsgrad, der aus den einzelnen Teilwirkungsgraden der Zahngetriebe, der Trommel, der Seilsteifigkeit und des Flaschenzuges besteht,

t_a die Anfahr- oder Beschleunigungszeit,

GD^2 die zu beschleunigenden Massen,

Θ die Massenträgheitsmomente,

Q_m die Nutzlast,

D_p die beschleunigenden Drehmomente

D_q das Lastmoment bezeichnet,

so ist:

$$D_{p1} = \Theta_1 \frac{d\omega_1}{dt} = \frac{\pi n_1}{30 t_a} \Theta_1 = \frac{\pi n_1}{30 t_a} \frac{GD_1^2}{4g},$$

$$D_{p2} = \Theta_2 \frac{d\omega_2}{dt} = \frac{\pi n_2}{30 t_a} \frac{GD_2^2}{4g} \frac{1}{\ddot{u}_1 \eta_1} = \frac{\pi n_1}{30 t_a} \frac{GD_2^2}{4 g \ddot{u}_1^2 \eta_1},$$

$$D_q = \frac{Q_m v R}{g t_a \ddot{u} \eta} = \frac{Q_m \pi n_1}{30 t_a g} \frac{R^2}{\ddot{u}^2 \eta},$$

$$D_p = \Sigma D_p = \frac{\pi n_1}{30 t_a 4 g} \left[GD_1^2 + GD_2^2 \frac{1}{\ddot{u}_1^2 \eta_1} + \ldots + \frac{4 Q_m R^2}{\ddot{u}^2 \eta_n} \right] =$$

$$= \frac{\pi n_1 \Sigma GD^2}{30 t_a 4 g \eta}.$$

Hiebei ist $\Sigma G D^2$ die Summe aller auf die Antriebwelle reduzierten Schwungmomente einschließlich des Lastmomentes.

Beim Senken durchziehender Lasten, bezw. der nicht selbstsperrenden Getriebe, wirkt die Kraft am Lastseil. Wird der Getriebeverlust V, beim Heben und Senken gleich groß angenommen und wird mit L_m die Leistung am Antrieb und mit L_q am Haken bezeichnet, so errechnet sich für Zahnradgetriebe der Wirkungsgrad für das Senken wie folgt:

Heben: $L_{mh} = L_q + V = \frac{L_q}{\eta_h}; \qquad V = L_q \frac{1 - \eta_h}{\eta_h},$

Senken: $L_{ms} = L_q - V = L_q \eta_s = L_{mh} - 2V = \frac{L_q}{\eta_h} - 2 L_q \frac{1 - \eta_h}{\eta_h};$

daraus ist

$$\eta_s = \frac{2 \eta_h - 1}{\eta_h}.$$

Die größten Drehmomente, die der Motor beim Heben und Senken zu leisten hat, setzen sich aus dem Beharrungsmoment D_v der Last und aus dem Beschleunigungs-, bezw. Verzögerungsdrehmoment der Masse D_p zusammen.

$$D_h = D_v + D_p, \quad \text{bezw.} \quad D_s = D_v - D_p'.$$

Die Größe des Motors kann in erster Annäherung aus der Volllastleistung geschätzt werden.

$$L_v = \frac{Q \cdot v}{75 \cdot \eta} = \frac{14\,500 \cdot 0{,}2}{75 \cdot 0{,}86} = 44{,}9 \text{ PS} = 33 \text{ kW}.$$

Wir wählen in erster Annäherung einen Motor mit 40% *ED* (Einschaltdauer) der folgende Leistungsangaben aufweist:

24 kW, 61 Amp. 760 UpM, 30,8 mkg bei 440 V, Widerstand im warmen Zustand 0,489 Ω, $G D^2$ des Ankers 4,8 kgm². In der

Abb. 177 ist die Kranschaltung und in den Abb. 178/179 sind die Kennlinien des Motors für Hubbetrieb, Kurzschlußbremsung und fremderregtes Senk-Bremsen dargestellt. Bei 33 kW weist der Motor eine Drehzahl von 680 auf.

Bei 4-fach-Seilen und bei einer 6—9-fachen Seilsicherheit ergibt sich für eine Seilbruchlast[1] von $\frac{8 \cdot 14500}{4} = 29000$ kg ein

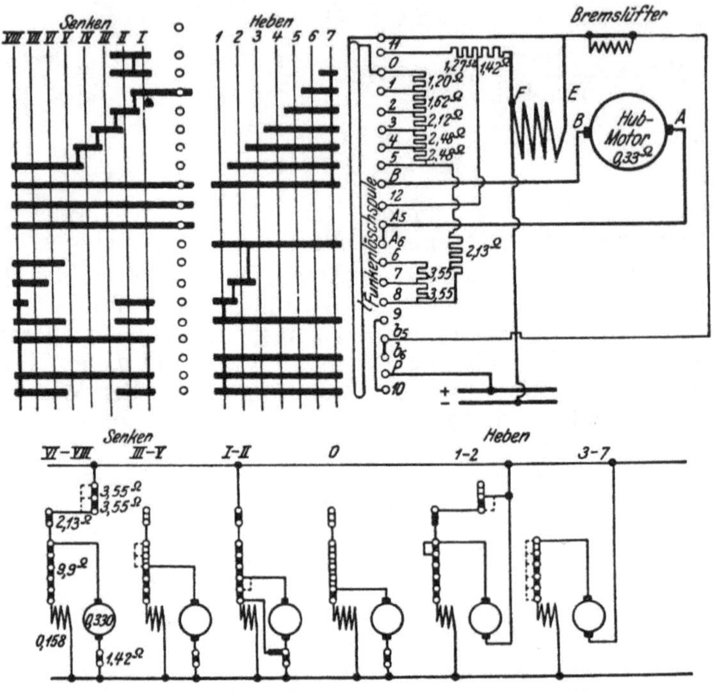

Abb. 177. Schaltbild des Kranhubwerkes (SSW.).

Seil von 22 mm Durchmesser mit einer Drahtstärke von 0,8 mm. Der Trommeldurchmesser beträgt rund $500 \times 0{,}8 = 400$ mm. Die Trommeldrehzahl ergibt sich somit zu:

$$n = \frac{2 \cdot 0{,}2 \cdot 60}{0{,}4\,\pi} = 19{,}1 \text{ UpM}$$

und das Zahnradübersetzungsverhältnis $\frac{680}{19{,}1} = 35{,}6$, bezw. die Gesamtübersetzung einschließlich des Flaschenzuges $2 \times 35{,}6 = 71{,}2 = 2\,(6{,}5 \times 5{,}5) = \ddot{u}$. Der Gesamtwirkungsgrad wird mit $\eta = 0{,}86$ angenommen.

[1] Hütte, 25. Aufl., II. Bd., S. 711.

Berücksichtigt man, daß auf der Ankerwelle eine als Bremstrommel ausgebildete Kupplung befestigt ist und das erste Vorgelege noch etwas zur Vergrößerung des $G D^2$ beiträgt, so ist das GD^2 des Ankers von 4,8 auf rund 10 zu vergrößern und es ergibt sich das beschleunigende Drehmoment bei einer Anlaufzeit von drei Sekunden zu:

$$D_p = \frac{\pi\, 680}{30 \cdot 3 \cdot 4 g}\left[10 + 4 \cdot 14\,500 \frac{0{,}200^2}{71{,}2^2 \cdot 0{,}86}\right] =$$

$$= 0{,}604\,(10 + 0{,}533) = 6{,}04 + 0{,}322 = 6{,}362 \text{ mkg},$$

$$\Sigma G D^2 = 10{,}533 \text{ kgm}^2, \qquad \Theta = \frac{10{,}533}{4 g} = 0{,}269 \text{ kgmsec}^2.$$

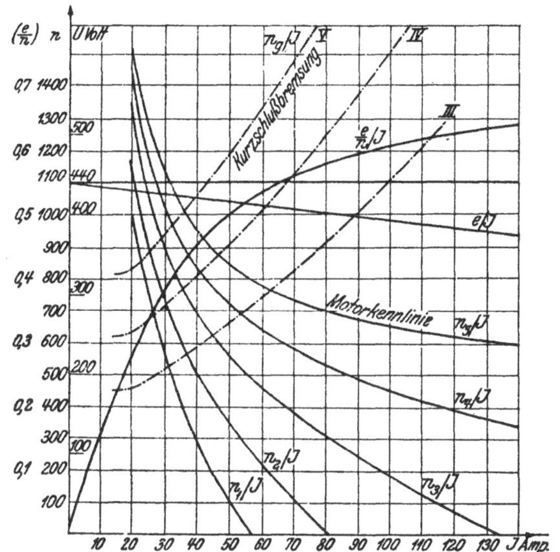

Abb. 178. Motorkennlinien des Hubmotors.

Das Hubmoment im Beharrungszustand beträgt an der Motorwelle:

$$D_h = \frac{1}{71{,}2}\; 14\,500 \; \frac{0{,}2}{0{,}86} = 47{,}3 \text{ mkg treibend.}$$

Daraus ergeben sich die Verlustmomente zu $D_v = 0{,}14 \cdot 47{,}3 = 6{,}6$ mkg. Werden diese Verluste beim Heben des leeren Hakens zu 0,6 V angenommen, so erhält man:

$$D_{0h} = 0{,}6 \cdot 6{,}6 \doteq 4{,}0 \text{ mkg treibend,}$$

entsprechend einem Wirkungsgrad von

$$\eta_{0h} = \frac{500 \cdot 0{,}2}{71{,}2 \cdot 4{,}0} = 0{,}35.$$

Das Senkdrehmoment bei Vollast berechnet man aus dem Wirkungsgrad für das Senken:

$$\eta_s = \frac{2 \,.\, 0{,}86 - 1}{0{,}86} = 0{,}836,$$

$$\text{zu } D_s = \frac{1}{71{,}2}\, 14\,500 \,.\, 0{,}2 \,.\, 0{,}836 = 34 \text{ mkg bremsend.}$$

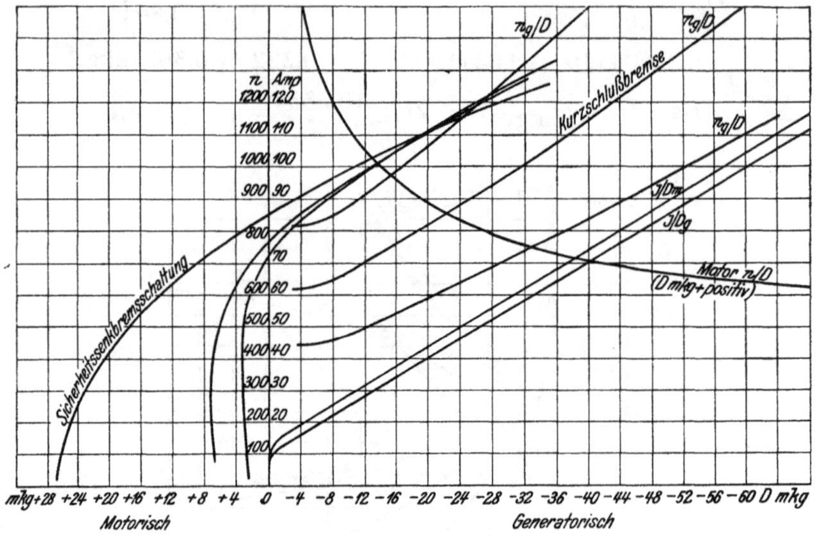

Abb. 179. Motorkennlinien des Hubmotors.

Für das Senken des leeren Hakens ergibt sich

$$\eta_{0s} = \frac{2 \,.\, 0{,}35 - 1}{0{,}35} = -0{,}857$$

und

$$D_{0s} = -\frac{1}{71{,}2}\, 500 \,.\, 0{,}2 \,.\, 0{,}857 = -1{,}2 \text{ mkg treibend.}$$

Das Getriebe ist für diese kleine Last bereits selbstsperrend, weshalb die Maschine im Senksinne als Motor arbeiten muß.

Das auf der ersten Stufe entwickelte Drehmoment muß so groß sein, daß die Last bei Stillstand nicht absinkt; es muß daher mindestens $D_s = 34$ mkg betragen. Das Drehmoment zur Beschleunigung des leeren Hakens ergibt sich daher zu 34 — 4=30mkg. Die größte Geschwindigkeit beim Heben des leeren Hakens liegt bei der zweifachen Vollasthubgeschwindigkeit. Das Senken kleinster Lasten liegt, wie die Rechnung zeigt, in der Nähe, bezw. bereits im Gebiete der Selbstsperrung. Es ist deshalb vorteilhaft, dem Motor hiefür Nebenschlußcharakter zu geben, um das dauernde

Ein- und Ausschalten von Senk- und Bremsstufen zu vermeiden. Für das Senken der Vollast hingegen sind einfache Kurzschlußbremsstufen am besten und für kleine Senkgeschwindigkeiten eine Zusatzfremderregung des Feldes und gegebenenfalls eine Shuntung des Ankers auf den ersten beiden Stufen.

Die Konstruktion des Hubdiagrammes n/t, bezw. h/t für Vollast wird nach der Gl.

$$\frac{D}{\Theta \frac{\pi}{30}} = \frac{dn}{dt} = \frac{\Delta n}{\Delta t}$$

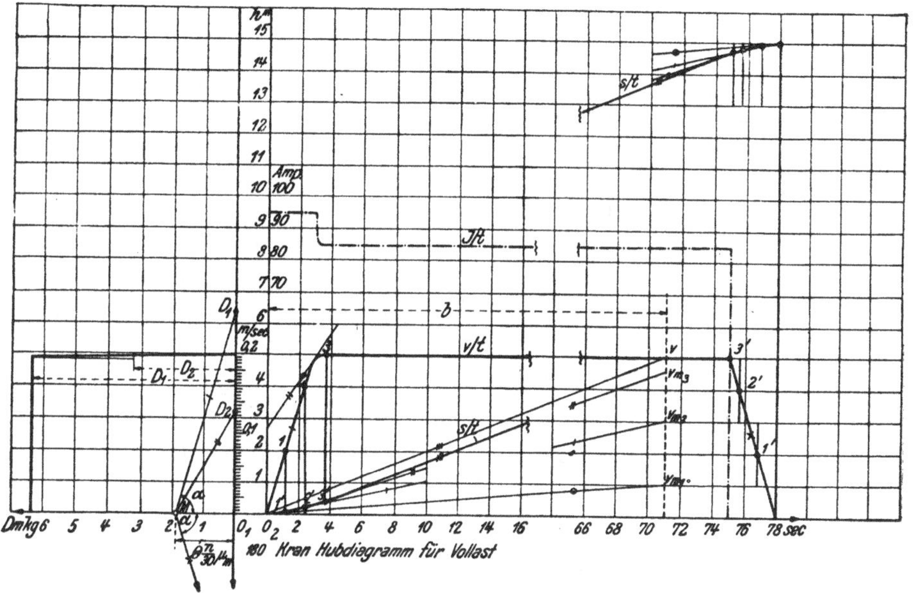

Abb. 180. Kran-Hubdiagramm für Vollast.

durchgeführt (Abb. 180). Hiezu dienen die bereits berechneten und auf die Motorwelle reduzierten, beschleunigenden Massen, bezw. ihre Drehmomente:

$\Sigma GD^2 = 10{,}533\ \mathrm{kgm}^2$, $\Theta = 0{,}269\ \mathrm{kgm\ sec}^2$, $D_h = 47{,}3\ \mathrm{mkg}$,

führt man die Maßstäbe ein, so erhält man:

$$\frac{D\,\mu_D}{\Theta \frac{\pi}{30} \mu_m} = \frac{\Delta n\,\mu_n}{\Delta t\,\mu_t},$$

bezw. für die Einheiten

$$\frac{\mu_D}{\frac{\pi}{30}\mu_m} = \frac{\mu_n}{\mu_t}.$$

Für die Einheiten von D, n, bezw. v, t und $\Theta\,\pi/30$ wählt man drei Maßstäbe und berechnet daraus den vierten, z. B.:

$\mu_D = 10$ mm für 1 mkg,
$\mu_n = 0{,}0733$ mm, bezw. $\mu_v = 250$ mm für 1 m/sec.
$\mu_t = 5$ mm für 1 Sekunde.

Daraus ergibt sich $\mu_m = \frac{\mu_D\,\mu_t}{\mu_n} = 682$ mm.

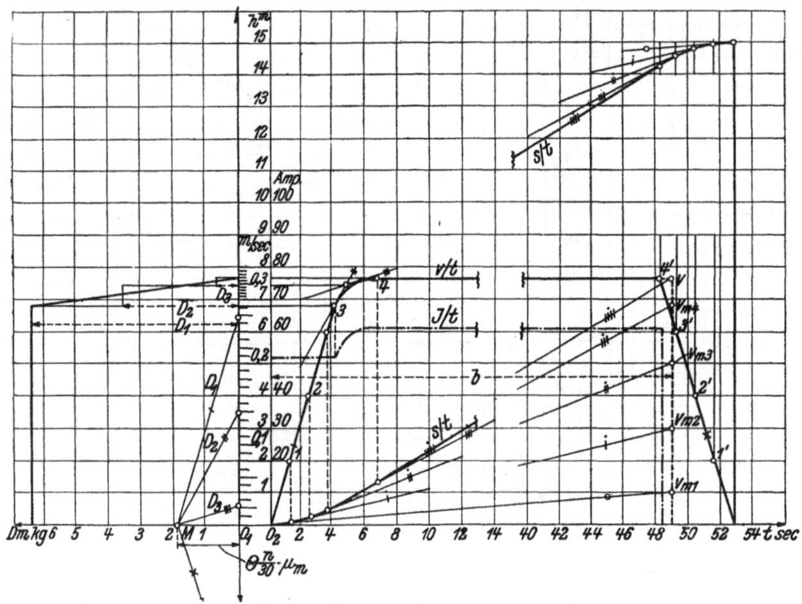

Abb. 181. Kran-Senkdiagramm für Vollast.

Der Polabstand beträgt $a = \Theta\,.\,\pi/30\,.\,\mu_m = 19{,}2$ mm. Nun zeichnet man das Beschleunigungsdrehmoment in Abhängigkeit von der Drehzahl, trägt den Polabstand $a = \Theta\,.\,\pi/30\,.\,\mu_m$ ein und erhält aus der Verhältniskonstruktion $\frac{D}{n} = \frac{\Delta\,n}{\Delta\,t} = k\,\frac{\Delta\,v}{\Delta\,t}$ die entsprechende Drehzahl, bezw. Geschwindigkeit. Die Maßstabskonstante k dient zur Umrechnung von Drehzahlen auf Hubgeschwindigkeiten. Man trägt auf der Ordinate das jeweilige Drehmoment D auf, verbindet die Punkte D_1, D_2 etc. mit M und zieht durch O_2 dazu Parallele, bis zur Erreichung der betreffenden

Geschwindigkeit. Zur leichteren Durchführung dieser Konstruktion werden die hyperbelförmigen D/v Kurven durch treppenförmige Linienzüge ersetzt. Bei genügend feiner Abstufung wird der Übergang der v/t Kurve zur horizontalen Beharrungsgeschwindigkeit tangentiell erfolgen. Nach einer bestimmten Betriebszeit — hier 75 sec — wird der Motor abgeschaltet und mit einer Bremsverzögerung von 0,375 m/sec², die ebenso groß wie die Anfahrbeschleunigung ist, abgebremst. Der Flächeninhalt der v/t Kurve ergibt entsprechend dem Integral $\int_0^T v\,dt$ den zurückgelegten Weg von 15 m. Man kann auch die s/t Linie aus der

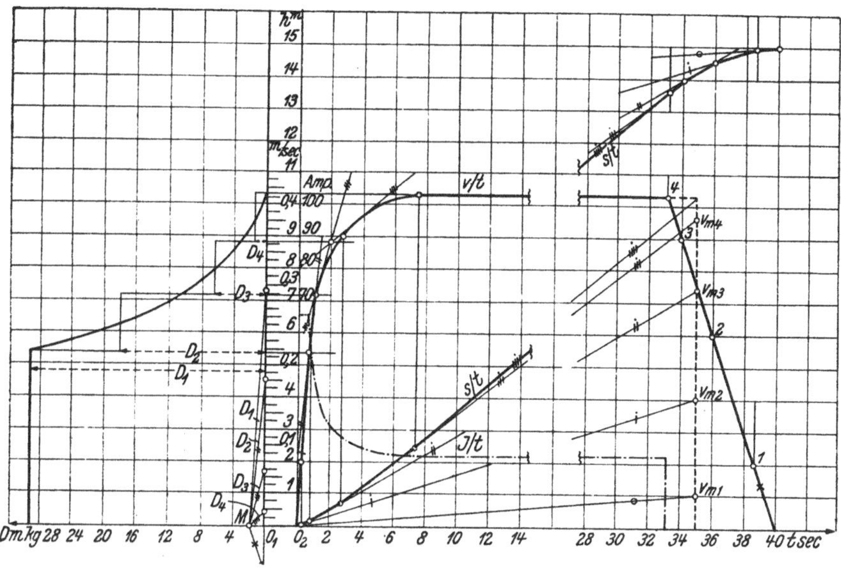

Abb. 182. Kran-Hubdiagramm für den leeren Haken.

v/t Linie entwickeln, um die Zeit genau ermitteln zu können, bei welcher der Motor abzuschalten ist.

Es ist

$$v_m = \frac{ds}{dt} = \frac{\Delta s}{\Delta t}.$$

Nach Einführung der Maßstäbe ergibt sich

$$\frac{v_m \mu_v}{b} = \frac{\Delta s \mu_s}{\Delta t \mu_t}.$$

Der Abstand b wird wegen der Verhältnis-Konstruktion eingeführt. Aus den Einheiten von v, h und t werden die Maßstäbe für $\mu_v = 250$ mm $= 1$ m/sec, $\mu_t = 5$ mm $= 1$ Sek. und $\mu_s = 10$ mm $= 1$ m gewählt, woraus sich der Abstand zu $b = \frac{\mu_v \, \mu_t}{\mu_s} = 125$ mm ergibt.

Man teilt nun die Geschwindigkeit v in mehrere Abschnitte ein, zu denen je eine mittlere Geschwindigkeit v_m zugeordnet ist. Parallel zu den Verbindungslinien $\overline{O_2 \, v_{m1}}$, $\overline{O_2 \, v_{m2}}$, $\overline{O_2 \, v_{m3}}$ usf. wird von O_2 aus tangential von der x-Achse ausgehend der Linienzug s/t konstruiert, der im Beharrungszustand gleichmäßig ansteigt und in der Bremsperiode wieder tangential in die horizontale Richtung ausläuft.

In dieses Schaubild wird noch der Stromverlauf nach der Zeit eingetragen. Zur genauen Kontrolle der Motorleistung müßte der

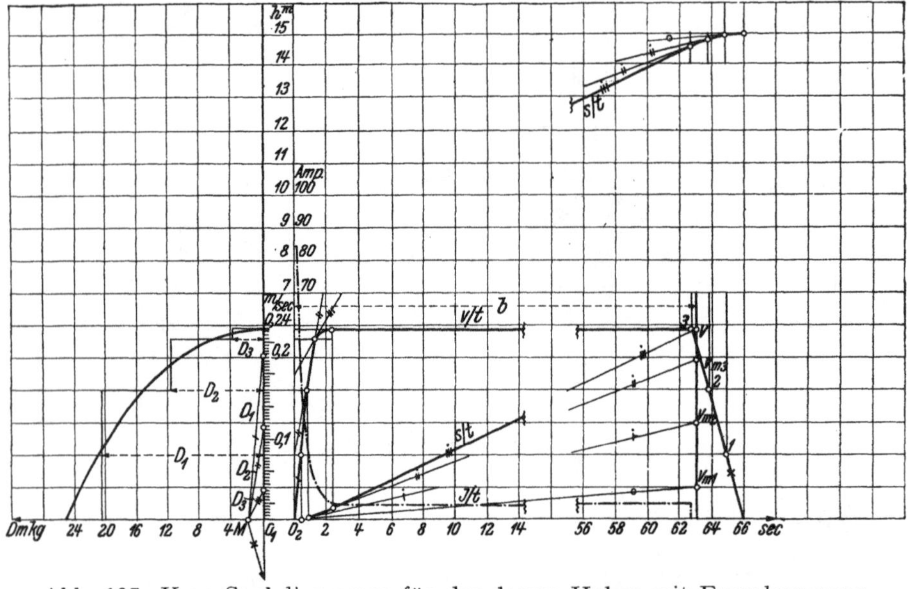

Abb. 183. Kran-Senkdiagramm für den leeren Haken mit Fremderregung, Ankerstrom eingezeichnet. Erregerstrom i. M. = 34 A.

Temperaturanstieg für die einzelnen Belastungen graphisch dargestellt werden, wobei der Temperaturabfall in den stromlosen Pausen zu berücksichtigen wäre. Da hier jedoch die Belastungszeiten kurz sind und ziemlich gleichmäßig mit stromlosen Pausen abwechseln, so genügt es, über die ganze Spieldauer den quadratischen Mittelwert des Stromes zu berechnen, der kleiner als der Dauerstrom sein soll. Ein Aussetzer-Betrieb hingegen mit starken Belastungen und langen stromlosen Pausen könnte am Ende der Belastungszeit eine unzulässig hohe Temperatur ergeben, während der quadratische Mittelwert über die ganze Spieldauer klein ist und dadurch eine niedrige Belastung vortäuschen würde.

Die gezeichneten Schaulinien sind nun noch für das Senken der Vollast (Abb. 181) und für das Heben (Abb. 182) und Senken (Abb. 183) des leeren Hakens zu entwerfen, woraus man den Temperaturverlauf, bezw. den quadratischen Mittelwert des Stromes berechnen kann.

Für das Senken der Vollast wurde normale Kurzschlußbremsung entsprechend dem Schaltungsschema Abb. 177 angenommen. Nach den Kennlinien des Motors (Abb. 178/179) ergibt sich die größte Senkgeschwindigkeit der Vollast zu 0,33 m/sec und eine Senkzeit von 53 Sekunden.

Das Senken des leeren Hakens wird mit Fremderregung des Motors durchgeführt, deren Kennlinie aus Abb. 179 entnommen wurde. Es ergibt sich daraus eine Senkgeschwindigkeit von rund 0,24 m/sec und eine Senkzeit von 66 Sekunden.

Das Heben des leeren Hakens ist auf Abb. 182 dargestellt. Der Drehmomentmaßstab für das Heben und Senken des leeren Hakens wurde gegenüber dem Schaubild für Vollastheben und Senken um die Hälfte verkleinert.

Der quadratische Mittelwert des Stromes aus den vier Schaubildern ergibt sich mithin zu:

$$I_m = \sqrt{\frac{94^2 \cdot 3 + 85^2 \cdot 72 + 52^2 \cdot 5 + 61^2 \cdot 43 + 36^2 \cdot 5 +}{366} \frac{+ 22^2 \cdot 28 + 31^2 \cdot 2 + 34^2 \cdot 61}{366}}$$

$$I_m = \sqrt{\frac{811\,890}{366}} = \sqrt{2\,220} = \underline{47 \text{ Amp.}}$$

Da die Dauerbelastung des Motors 50 Amp. bei 19,7 kW, 24 mkg und 830 UpM beträgt, so wird der Motor den gestellten Bedingungen entsprechen, insbesonders, da Kranmotoren für eine um 25% größere Last berechnet werden.

Zweites Beispiel.

Berechnung eines Drehstromasynchronkurzschlußmotors für eine Rohzuckerzentrifuge mit Zentrifugalkupplung.

Diese Kupplung hat den Zweck, daß man bei großer Anfahrbeschleunigung noch mit einer kleineren Anlaufenergie auskommt. Die Kraft, welche die Zentrifugal- oder Fliehkraftkupplung überträgt, ist proportional dem Quadrat der Motordrehzahl nach der Gl. $P = (M\, v^2/r)$, wobei die Reibungsziffer μ, die von der Gleitgeschwindigkeit abhängt, vorläufig als konstant angenommen werden soll. Damit der Motor möglichst rasch auf Touren kommt, erhält die Fliehkraftkupplung eine Federvorspannung, so daß sie erst bei einer bestimmten Drehzahl zu schleifen beginnt. Die Zentrifuge hat ein Schwungmoment von 530 kgm² und der Motor ein solches von 3 kgm². Die Enddrehzahl der Zentrifuge beträgt 970 UpM, die Anlaufzeit $t_a = 120$ Sek. und die Zahl der Arbeitsgänge in der Stunde 8 zu je 450 Sekunden. Aus diesen Angaben läßt sich die Motorleistung schätzungsweise bestimmen.

$$L^{\mathrm{kW}} = D_b\, n \frac{0{,}736}{716} = \frac{G D^2 n^2 10^{-6}}{0{,}365\, t_a} = \frac{530 \,.\, 0{,}970^2}{0{,}365 \,.\, 120} = 11{,}2\,\mathrm{kW}.$$

Bei Berücksichtigung einer Reibungsleistung von zirka 30% wird ein Motor von 15 kW bei $n_s = 1000$ gewählt.

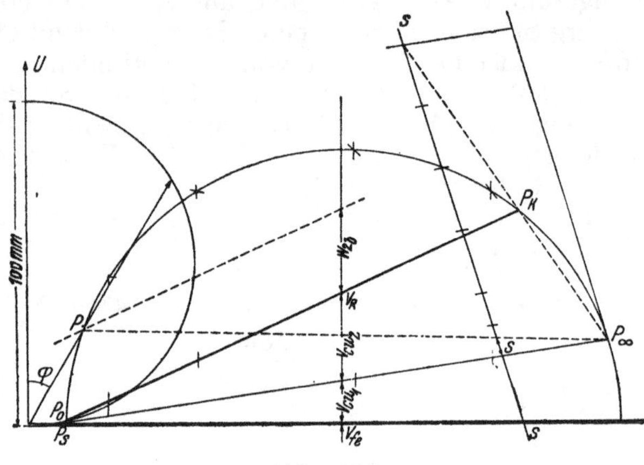

Abb. 184.

Der Motor weist die folgenden Leistungsangaben auf:

$J_0 = 11{,}8$ A, $J_d = 33$ A, $\eta = 0{,}87$, $\cos\varphi = 0{,}75$,
$3\,R_1 = 0{,}306$ Ohm, $R_2 = 0{,}00625$ Ohm (Kurzschlußanker),
$V_{Fe} = 260$ W, $V_R = 240$ W, $J_k = 160$ A, $J_{ki} = 175$ A.

Aus diesen Angaben kann das Kreisdiagramm des Motors (Abb. 184) entwickelt und daraus die Kurve der Drehmomente und des primären Stromes in Abhängigkeit von der Drehzahl entnommen werden.

Als Maßstäbe werden verwendet: J_{prim} 1 mm = 1 Amp.

J_{sec} 1 mm = 11 Amp; Leistung 1 mm = 381 Watt,
Drehmoment 1 mm = 371 mkg.

In Abb. 185 sind die Kennlinien des Motors dargestellt, die aus dem Kreisdiagramm entnommen werden. Daraus wird die Fahrschaulinie des Anfahrvorganges für den Motor und für die Zentrifuge entwickelt.[1]

[1] Siehe auch *Kloß*. ETZ. 1927. S. 721.

Da der Motor zunächst allein anläuft, so steht ein mittleres beschleunigendes Drehmoment von $D_1 = 21{,}4$ mkg zur Verfügung. Der Motor beschleunigt sich bis zum Schnittpunkt *I* der Kurve der Federvorspannung, das ist bis rund 780 UpM und erreicht diese Drehzahl in der Zeit

$$t_1 = \frac{\pi \,.\, GD^2 \,.\, n}{30 \,.\, 4g \,.\, D_1} = \frac{GD^2\, n}{375\, D_1} = \frac{3 \,.\, 780}{375 \,.\, 21{,}4} = 0{,}291 \text{ Sek.}$$

Vom Punkt *I* an beginnt die Kupplung zu schleifen; sie kann aber noch nicht die Zentrifuge antreiben, da deren Drehmoment noch zu groß ist. Erst vom Punkt *II* an wird die Zentrifuge allmählich beschleunigt. Da aber das zur Beschleunigung des Motors

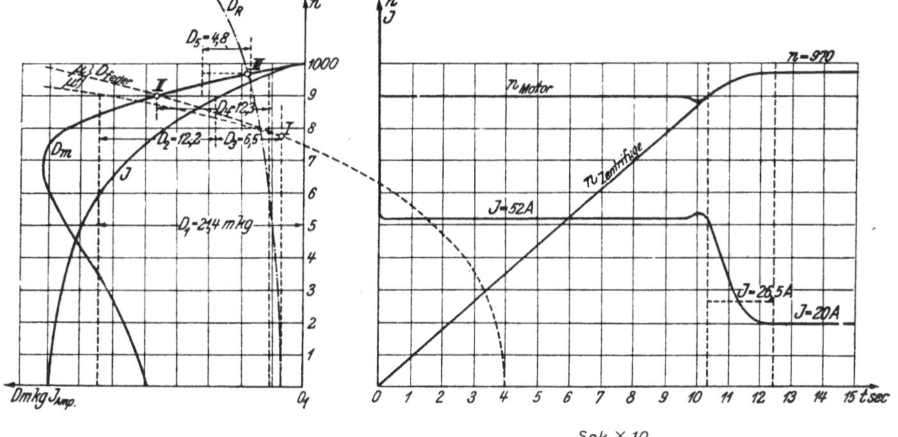

Abb. 185. Motorkennlinien und Fahrschaulinien einer Zuckerzentrifuge.

vorhandene Drehmoment bis zur Erreichung des Punktes *II* im Mittel $D_2 = 12{,}2$ mkg beträgt, so wird sich der Motor bis zur Erreichung des Punktes *II*, das ist dem Schnittpunkt der Federvorspannung mit der Motorkennlinie beschleunigen und diesen Punkt in der kurzen Zeit

$$t_2 = \frac{3\,(900 - 780)}{376 \,.\, 12{,}2} = 0{,}0788 \text{ Sek.}$$

erreichen.

Zur Beschleunigung der Zentrifuge in der Zeit zwischen den Punkten *II* und *III* steht ein Drehmoment im Mittel von $D_3 = 6{,}5$ mkg zur Verfügung. Sie wird daher im Punkte *II* eine Drehzahl von

$$n_1 = \frac{375\, D_3\, t_2}{GD^2} = \frac{375 \,.\, 6{,}5 \,.\, 0{,}0788}{530} = 0{,}364$$

erreichen.

Vom Punkt *II* an wirkt zur Beschleunigung der Zentrifuge das Drehmoment $D_4 = 12{,}3$ mkg. Mit diesem Drehmoment beschleunigt sich die Zentrifuge solange, bis sie die Motordrehzahl entsprechend dem Punkte *II*, das ist 900 UpM erreicht hat. Die dazu erforderliche Zeit t_3 errechnet sich aus folgender Gl.

$$t_3 = \frac{530\,(900 - 0{,}364)}{375\,.\,12{,}3} = 103 \text{ Sek.}$$

Nach Erreichung dieses Zeitpunktes beschleunigen sich Motor und Zentrifuge gemeinsam bis zum Beharrungszustand im Punkte *III*, wo die Motorkennlinie die Widerstandskennlinie der Zentrifuge schneidet. Das mittlere Drehmoment in diesem Bereich beträgt $D_5 = 4{,}80$ mkg und die Zeit t_4 zur Erreichung dieser Drehzahl von 970 UpM ergibt sich zu:

$$t_4 = \frac{(530 + 3)\,(970 - 900)}{376\,.\,4{,}8} = 20{,}6 \text{ Sek.}$$

Die gesamte Anfahrzeit beträgt somit:

Motor allein von 0—780 UpM	0,291 Sek.
Motor bis 900 UpM mit Teilanfahrt der Zentrifuge	0,0788 „
Beschleunigungszeit der Zentrifuge bis 900 UpM	103,000 „
Beschleunigungszeit Motor und Zentrifuge bis 970 UpM	20,600 „
	123,969 Sek. = 124 Sek.

Infolge der Veränderung der gleitenden Reibung bei verschiedener Gleitgeschwindigkeit ändert sich auch die Kurve der Federvorspannung bei höheren Drehzahlen der Zentrifuge. Der Punkt *II* wandert nach aufwärts bis zur D_μ'-Linie für die kleinere Gleitgeschwindigkeit, der Motor vermindert seine Drehzahl und kommt sozusagen der Drehzahl der Zentrifuge entgegen. Die Drehzahl des Motors sinkt also kurz bevor die Zentrifuge diese Drehzahl erreicht etwas ab und schließt sich dann tangential an die Zentrifugendrehzahl an. Der dadurch bedingte Unterschied im Drehmoment ist jedoch so klein, daß er bei der Bemessung des Motors nicht ausschlaggebend ist und daher vernachlässigt werden kann.

Trägt man in das Fahrdiagramm den Strom ein, so gibt der quadratische Mittelwert des Stromes Aufschluß über die richtige Wahl der Motorgröße. Da die Belastungszeit nur einige Minuten beträgt und der Motor dabei seine Enderwärmung nicht erreicht und auch die stromlosen Zeiten kurz sind, so braucht die genaue Erwärmungslinie nicht gezeichnet zu werden und genügt die Ermittlung des quadratischen Strommittelwertes zum Vergleich mit der Dauerstromstärke. Dieser ergibt sich nun wie folgt zu:

$$\frac{160^2 + 52^2}{2} \cdot (0{,}291 + 0{,}0788) = 5{,}22 \text{ Amp}^2 \text{ Sek. } 10^3$$
$$52^2 \cdot 103 = 278 \text{ Amp}^2 \text{ Sek. } 10^3$$
$$26{,}5^2 \cdot 20{,}6 = 14{,}40 \text{ Amp}^2 \text{ Sek. } 10^3$$
$$20^2 \cdot 210 = 84{,}00 \text{ Amp}^2 \text{ Sek. } 10^3$$
$$381{,}62 \text{ Amp}^2 \text{ Sek. } 10^3.$$

Da die gesamte Fahrzeit 450 Sek. einschließlich der Betriebspause von 116 Sek. beträgt, so ergibt sich

$$J_m = \sqrt{\frac{381{,}62 \cdot 10^3}{450}} = \sqrt{848} = 29{,}0 \text{ Amp.}$$

Da der Dauerstrom des Motors 33 Amp. beträgt, so entspricht die gewählte Motorgröße den Bedingungen des Betriebes.

Wenn auch die Zuckerzentrifugenantriebe mit Zentrifugal-Kupplung in der letzten Zeit nur mehr selten ausgeführt werden, so wurde doch dieses Beispiel gewählt, da es das weitergehende ist. Antriebe ohne Zentrifugalkupplung können daraus leicht ermittelt werden. Zur Ermittlung des Kreisdiagrammes gelten folgende Werte:

$W_{2b} = 9{,}55$ kW, $U = 220$ V, $J_d = 33$ A, $J_0 = 11{,}8$ A.

$$x_m = \frac{175 + 11{,}8}{2} = 93{,}4 \text{ A}, \qquad y_m = 0{,}102 \frac{175 \cdot 11{,}8}{127} = 1{,}65 \text{ A},$$

$R_2 = 0{,}00625\,\Omega$,

$3\,R_1 = 0{,}306\,\Omega$,

1 mm = 1 A Prim.,

1 mm = 381 W,

$V_{Fe} = 260$ W,

$V_R = 240$ W,

$V_{cu1} = 333$ W,

$V_{cu2} = 620$ W,

$\Sigma V = 1\,453$ W,

$W_b = 9\,550$ W,

$W_1 = 11\,003$ W,

$\eta = 0{,}875$; $\cos\varphi = 0{,}868$,

$s = 6\%$

$J_{ki} = 175$ A,

1 mm = 11 A Sek.,

1 mm = 0,371 mkg.

Tab. 6.

n	J_1	D mkg
0	160	16,4
200	155	19,2
400	146	22,8
600	128	26,7
800	88	24,8
900	51	16,0
940	33	10,3
970	20	5,2

Drittes Beispiel.

Berechnung einer *Leonard Ilgner*-Fördermaschine für den Hauptschacht eines Steinkohlenbergbaues.

1. Angaben und Leistungen:

Teufe	530 m
Hängebankhöhe	7 m
Gesamte Förderhöhe somit	537 m
Gesamtförderquantum	163 000 kg/h
Davon Kohle	148 200 kg/h
Berge 10 v. H. von der Kohle	14 800 kg/h
Nutzlast bei Kohleförderung in 4 Wagen . . .	3 400 kg
Nutzlast bei Bergeförderung[1] in 4 Wagen . . .	4 800 kg
Nutzlast bei Seilfahrt (24 Mann zu 75 kg) . . .	1 800 kg
Gewicht der zweietagigen Schale samt Gehänge .	4 000 kg
Gewicht eines leeren Wagens	370 kg
Größte Fördergeschwindigkeit bei Lastfahrt . .	15 m/sec
Größte Fördergeschwindigkeit bei Seilfahrt . . .	6 m/sec

Mechanisches System . . . . Zylindrische Trommel.
Elektrisches System . . . . *Leonard-Ilgner.*

2. Geschwindigkeit-Zeit — Diagramm:

Erforderliche Zugzahl in der Stunde:

für Kohleförderung $= \frac{148\,200}{3\,400} = 43{,}6$ Züge/h

für Bergeförderung (10 v. H. von der Kohleförderung) $\frac{14\,800}{4\,800} = 3{,}1$ Züge/h

zusammen . . . . 46,7 Züge/h

Die gesamte Spieldauer beträgt $\frac{3\,600}{46{,}7} = 77$ sec.

Mit Rücksicht auf Reserve gewählt . . . . . 72 sec.

Unter der Annahme einer Förderpause von 20 sec ergibt sich eine Fahrzeit von 52 sec.

Nimmt man die Beschleunigung zu 0,75 m/sec² und die Verzögerung zu 1,2 m/sec² an, so ergeben sich für die Beschleunigung, den Beharrungszustand und die Verzögerung die folgenden Zeiten und Wege für die Lastfahrt:

[1] Berge = Taubes Gestein.

Beschleunigung $p_1 = 0{,}75\ \text{m/sec}^2$

$$t_1 = \frac{15}{0{,}75} = 20\ \text{sec}; \quad S_1 = \frac{15}{2} \cdot 20 = 150\ \text{m}$$

Verzögerung $p_3 = 1{,}2\ \text{m/sec}^2$

$$t_3 = \frac{15}{1{,}2} = 12{,}5\ \text{sec}; \quad S_3 = \frac{15}{2} \cdot 12{,}5 = 94\ \text{m}$$

(zusammen 244 m)

Beharrungszustand

$$t_2 = \frac{293}{15} = 19{,}5\ \text{sec}; \quad S_2 = 537 - 244 = 293\ \text{m}$$

Zusammen $t =$ 52 sec; $S =$ 537 m

Für die Seilfahrt (Personenbeförderung) ergibt sich die folgende Zeiteinteilung:

Beschleunigung $p_1 = 0{,}12\ \text{m/sec}^2$,

$$t_1 = \frac{6}{0{,}12} = 50\ \text{sec}, \quad s_1 = \frac{6 \cdot 50}{2} = 150\ \text{m}$$

Verzögerung $p_3 = 0{,}1915\ \text{m/sec}^2$,

$$t_3 = \frac{6}{0{,}1915} = 31{,}3\ \text{sec}, \quad s_3 = \frac{6 \cdot 31{,}3}{2} = 94\ \text{m}$$

$$t_3 = \frac{293}{6} = 48{,}8\ \text{sec}, \quad s_2 = 537 - 244 = 293\ \text{m}$$

Zusammen $t =$ 130,1 sec, $s =$ 537 m

Angenommene Förderpause 49,9 sec.

Gesamte Spieldauer 180,0 sec.

3. Seilberechnung:

Größte Belastung bei Kohle- und Bergeförderung und bei Seilfahrt:

Nutzlast	3400 kg Kohle	4800 kg Berge	1800 kg	Mannschaft
1 Schale	4000 kg	4000 kg	4000 kg	,,
4 Wagen	1480 kg	1480 kg	— kg	,,
8 Türen zu 25 kg	— kg	— kg	200 kg	,,
570 m Seil	3360 kg	3360 kg	3360 kg	,,
Gesamtlast	12240 kg	13640 kg	9360 kg	

Die Seillänge ergibt sich aus Abb. 186 zu 537 + 33,0 = 570 m.

Es wurde ein zylindrisches Seil mit folgenden Abmessungen gewählt: Seildurchmesser 43 mm, bestehend aus $8 \times 20 = 160$ Drähten mit 2,2 mm Durchmesser und 5,9 kg/laufenden Meter.

Die Bruchlast beträgt 109440 kg bei rund 180 kg/mm² Festigkeit.

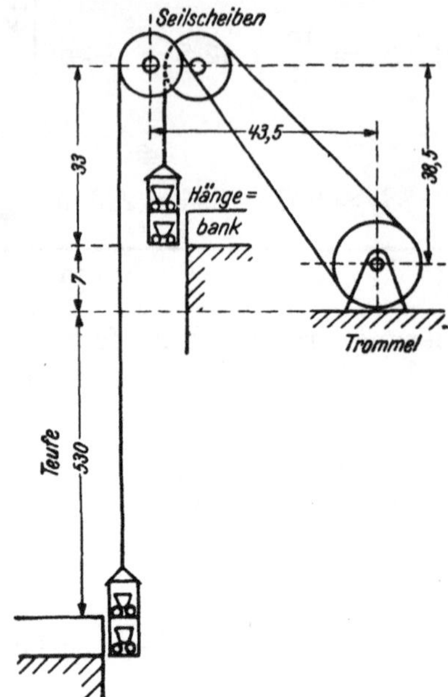

Abb. 186.

Die Seilsicherheit ergibt sich daraus für die verschiedenen Belastungen:

Kohleförderung

$$\frac{109\,440}{12\,240} = 8{,}95\text{-fach.}$$

Bergeförderung

$$\frac{109\,440}{13\,640} = 8{,}03\text{-fach.}$$

Seilförderung

$$\frac{109\,440}{9\,360} = 11{,}70\text{-fach.}$$

4. Trommeldurchmesser und Drehzahlen:

Der Durchmesser der Trommel wird gewählt zu $D \geqq 100\,d = 140 \times 43 = 6000$ mm.

Die Trommelbreite beträgt $\frac{537}{6\pi} = 28{,}5 \sim 29$ Windungen. Einschließlich von vier Reservewindungen ergeben sich 33 Windungen, so daß die Trommel bei einfacher Seillage eine Breite von $43 \times 33 = 1420$ mm und mit $32 \times 2 = 64$ mm Zwischenraum, zusammen rund 1500 mm erhält.

Wird der Innenabstand der Trommeln mit 600 mm angenommen, so beträgt die Trommelmittenentfernung 2100 mm. Werden ferner die Seilscheiben so angeordnet, daß ihre Ebenen durch die Trommelmitten gehen, so läßt sich die $\operatorname{tg}\varphi$ des Seilablenkungswinkels berechnen. Der horizontale Abstand zwischen Seilscheiben- und Trommelachse beträgt bei der vorliegenden Ausführung 43,5 m und der vertikale Abstand 38,5 m.

Die größte Seilablenkung ist somit:

$$\operatorname{tg}\varphi = \frac{1{,}50}{2\sqrt{38{,}5^2 + 43{,}5^2}} = \frac{0{,}75}{58} = 0{,}013.$$

Bei einer Fördergeschwindigkeit von 15 m/sec beträgt die Trommeldrehzahl $n_t = \frac{v\,60}{\pi\,D} = \frac{15\,.\,60}{\pi\,6} = 47{,}7$. Da das Übersetzungsverhältnis mit 1 : 1 gewählt wurde, ist die Motordrehzahl dieselbe.

5. Beschleunigungs- und Verzögerungswerte:

a) Geradlinig bewegte Massen:

	Kohle	Berge	Seilfahrt
Nutzlast kg	3 400 kg	4 800 kg	1 800 kg
2 Schalen zu 4 000 kg . .	8 000 kg	8 000 kg	8 000 kg
8 Wagen zu 370 kg	2 960 kg	2 960 kg	— kg
16 Türen zu 25 kg	— kg	— kg	400 kg
1 320 m Seil zu 5,9 kg . . .	7 800 kg	7 800 kg	7 800 kg
Gesamtlast	22 160 kg	23 560 kg	18 000 kg

b) Sich drehende Massen: Da hiezu auch das Schwungmoment $G\,D^2$ des Motorankers erforderlich ist, ermittelt man zuerst angenähert die Größe der Motorleistung unter der Annahme eines die Schachtreibung berücksichtigenden Wirkungsgrades von 0,85 (Schachtverlust).

$$N^{KW} = \frac{M_d\,n_t\,.\,0{,}736}{716{,}2} = \frac{P\,D\,n_t\,0{,}736}{2\,.\,0{,}85\,.\,716{,}2} = \frac{3\,400\,.\,6\,.\,47{,}7\,.\,0{,}736}{2\,.\,0{,}85\,.\,716{,}2} = 590\ \text{kW}.$$

Das $G\,D^2$ des Ankers beträgt $GD_m^2 = 150\,000$ kgm²
und das der beiden Trommeln $GD_{tr}^2 = 1\,000\,000$ kgm².

Die beiden Seilscheiben besitzen ein Schwungmoment von $GD_s^2 = 240\,000$ kgm². Da aber ihre Durchmesser nur 5,5 m betragen, so müssen diese GD_s^2 auf die Drehzahl der Motorwelle reduziert werden.

$$G\,D_s\ \text{red.} = \left(\frac{5{,}5}{6}\right)^2 240\,000 = 200\,000\ \text{kgm}^2$$

$$1\,350\,000\ \text{kgm}^2.$$

Die auf den Trommelumfang reduzierte Massenkraft beträgt somit:

$$\frac{1\,350\,000\ \text{kgm}^2}{36\ \text{m}^2} = 37\,500\ \text{kg}.$$

Die gesamten Massenkräfte B betragen daher

für Kohleförderung	für Bergeförderung	für Seilförderung
22 160 kg	23 560 kg	18 000 kg
37 500 kg	37 500 kg	37 500 kg
B = 59 660 kg	B = 61 060 kg	B = 55 500 kg

Die zu beschleunigenden Massen sind entsprechend:

$$M = \frac{B}{9{,}81} = 6\,100\,ME,\ 6\,250\,ME,\ 5\,650\,ME.$$

Die Beschleunigungskräfte betragen für

$p_1 = 0{,}75$ m/sec²: 4 575 kg 4 690 kg 678 kg. ($p_1 = 0{,}12$ m/sec²)

Die Verzögerungskräfte betragen für

$p_3 = 1{,}2$ m/sec²: 7 320 kg 7 500 kg 1 082 kg. ($p_3 = 0{,}19$ m/sec²)

Bei Motoren mit Übersetzungsgetriebe ist das $G\,D^2$ des Ankers mit dem Quadrat des Übersetzungsverhältnisses zu multiplizieren.

Tab. 7. *Zusammenstellung der Drehmomente und Leistungen für Kohleförderung.*

		Beschleunigung		Konstante Fahrt		Verzögerung	
		Anfang	Ende	Anfang	Ende	Anfang	Ende
1. Nutzlast P	kg	3 400	3 400	3 400	3 400	3 400	3 400
2. Schachtverlust	kg	600	600	600	600	600	600
3. Unausgeglichenes Seil	kg	3 170	1 400	1 400	—2 060	—2 060	—3 170
4. Beschleunigungs-, bezw. Verzögerungskraft	kg	4 575	4 575	—	—	—7 320	—7 320
ΣG	kg	11 745	9 975	5 400	1 940	—5 380	—6 490
$M_d = R\,\Sigma G$; $R = 3$ m	mkg	M_1 35 235	M_2 29 925	M_3 16 200	M_4 5 820	M_5 —16 140	M_6 —19 470
v	m/sec	0	15	15	15	15	0
$N = 0{,}00981\,\Sigma G\,v$	kW	0	1 470	795	286	—794	0

Für die Ermittlung der Typenleistung des Fördermotors ist wegen der Erwärmung der quadratische Mittelwert oder der Effektivwert des Drehmomentes maßgebend.

Wird mit t_1 die Anfahrtzeit, mit t_2 die Beharrungszeit und mit t_3 die Bremszeit bezeichnet, so ergibt sich der Effektivwert des Drehmomentes aus der folgenden Gl.:

$$M_{eff} = \sqrt{\frac{1/3 \cdot t_1\,(M_1^2 + M_2^2 + M_1 M_2) + 1/3 \cdot t_2\,(M_3^2 + M_4^2 + M_3 M_4) +}{T \text{ (mit Pause).}}}$$

$$\frac{+\ 1/3 \cdot t_3\,(M_5^2 + M_6^2 + M_5 M_6)}{T \text{ (mit Pause)}}$$

Anfahrperiode: $M_1^2 = 1\,240 \cdot 10^6$ m kg² sec

$M_2^2 = 895 \cdot 10^6$ m kg² sec

$M_1 M_2 = 1\,055 \cdot 10^6$ m kg² sec

$3\,190 \cdot 10^6 \cdot 1/3 \cdot 20 = 21\,300 \cdot 10^6$ m kg² sec.

$$\begin{array}{rl} \text{Beharrungszustand } M_3^2: & 262{,}5 \cdot 10^6 \text{ mkg}^2\text{sec} \\ M_4^2: & 33{,}8 \cdot 10^6 \text{ mkg}^2\text{sec} \\ M_3 M_4: & \underline{94{,}3 \cdot 10^6} \text{ mkg}^2\text{sec} \\ & 390{,}6 \cdot 10^6 \cdot 1/3 \cdot 19{,}5 = 2\,570 \cdot 10^6 \text{ mkg}^2\text{sec.} \end{array}$$

$$\begin{array}{rl} \text{Bremsperiode } M_5^2: & 261{,}0 \cdot 10^6 \text{ mkg}^2\text{sec} \\ M_6^2: & 379{,}0 \cdot 10^6 \text{ mkg}^2\text{sec} \\ M_5 M_6: & \underline{314{,}0 \cdot 10^6} \text{ mkg}^2\text{sec} \\ & 954{,}0 \cdot 10^6 \cdot 1/3 \cdot 12{,}5 = \underline{3\,970 \cdot 10^6 \text{ mkg}^2\text{sec.}} \\ & 27\,840 \cdot 10^6 \text{ mkg}^2\text{sec.} \end{array}$$

$$M_{d_{eff}} = \sqrt{\frac{27\,840 \cdot 10^6}{72}} \doteq 19\,670 \text{ mkg für Kohleförderung.}$$

Da jeder fünfzehnte Zug Berge zu fördern hat, so sind auch die dabei auftretenden Drehmomente und Leistungen zu berechnen, um dann aus den Drehmomenten für Kohle- und Bergeförderung einen quadratischen Mittelwert zu bilden, der für die Bemessung des Motors maßgebend ist.

Tab. 8. *Drehmomente und Leistungen für Bergeförderung.*

		Beschleunigung		Konstante Fahrt		Verzögerung	
		Anfang	Ende	Anfang	Ende	Anfang	Ende
Nutzlast	kg	4 800	4 800	4 800	4 800	4 800	4 800
Schachtverlust	kg	840	840	840	840	840	840
Unausgeglichenes Seil	kg	3 170	1 400	1 400	—2 060	— 2 060	— 3 170
Beschleunigungs- und Verzögerungskraft	kg	4 690	4 690	—	—	— 7 500	— 7 500
ΣG	kg	13 500	11 730	7 040	3 580	— 3 920	— 5 030
$M_d = R\,\Sigma G$, $R = 3$ m	mkg	40 500	35 190	21 120	10 740	—11 760	—15 090
v	m/sec	0	15	15	15	15	0
$N = 0{,}00981\,\Sigma G\,v$	kW	0	1 720	1 040	528	— 577	0

Der Effektivwert des Drehmomentes wird in der gleichen Weise wie bei der Kohlenförderung berechnet:

1. Anfahrperiode:

$$\begin{array}{rl} M_1^2 = & 1\,640 \cdot 10^6 \text{ mkg}^2\text{sec} \\ M_2^2 = & 1\,235 \cdot 10^6 \text{ mkg}^2\text{sec} \\ M_1 M_2 = & \underline{1\,425 \cdot 10^6 \text{ mkg}^2\text{sec}} \\ & 4\,300 \cdot 10^6\, {}^1/_3 \cdot 20 = 28\,700 \cdot 10^6 \text{ mkg}^2\text{sec.} \end{array}$$

2. Konstante Fahrt:

$$\begin{aligned} M_3^2 &= 446 \,.\, 10^6 \text{ mkg}^2 \text{ sec} \\ M_4^2 &= 115 \,.\, 10^6 \text{ mkg}^2 \text{ sec} \\ M_3 M_4 &= 227 \,.\, 10^6 \text{ mkg}^2 \text{ sec} \\ \hline & 788 \,.\, 10^6 \,.\, {}^1/_3 \,.\, 19{,}5 = 5\,120 \,.\, 10^6 \text{ mkg}^2 \text{ sec.} \end{aligned}$$

3. Bremsperiode:

$$\begin{aligned} M_5^2 &= 138 \,.\, 10^6 \text{ mkg}^2 \text{ sec} \\ M_6^2 &= 228 \,.\, 10^6 \text{ mkg}^2 \text{ sec} \\ M_5 M_6 &= 178 \,.\, 10^6 \text{ mkg}^2 \text{ sec} \\ \hline & 544 \,.\, 10^6 \,.\, 12{,}5/3 = 2\,270 \,.\, 10^6 \text{ mkg}^2 \text{ sec.} \\ \hline & \qquad 36\,090 \,.\, 10^6 \text{ mkg}^2 \text{ sec.} \end{aligned}$$

$$M_{d_{eff}} = \sqrt{\frac{36\,090 \,.\, 10^6}{72}} = \sqrt{501 \,.\, 10^6} = 22\,400 \text{ mkg.}$$

Das mittlere effektive Drehmoment aus 14 Kohlen- und einer Bergeförderung ergibt sich somit zu:

$$M_{dm} = \sqrt{\frac{14 \,.\, 19\,670^2 \,.\, 72 + 22\,400^2 \,.\, 72}{1\,080}} \doteq 20\,000 \text{ mkg.}$$

Die Typenleistung des Fördermotors wird aus dem effektiven Drehmoment und der größten Fördergeschwindigkeit berechnet.

$$N^{kW} = \frac{M_{dm}\, v_{max}}{75}\, 0{,}736 =$$

$$= \frac{20\,000 \,.\, 5 \,.\, 0{,}736}{75} = 983 \text{ kW } (1\,335 \text{ PS}),$$

$$v_{max} = \frac{\pi\, n_{max}}{30} = \frac{\pi\, 47{,}7}{30} = 5 \text{ m/sec.}$$

Die so ermittelte Typenleistung des Motors ist die Leistung für die Angabe am Leistungsschild. Außer dieser effektiven Leistung gibt es noch eine Höchstleistung — Stichleistung genannt —, die beim Anfahren, Überheben oder Umstecken auftritt und deren Drehmoment im Höchstfalle doppelt so groß als das effektive Drehmoment ist. Es wäre sinngemäßer, das Stichdrehmoment und nicht die Stichleistung anzugeben, da es zeitlich nicht mit dem n_{max} zusammenfällt.

Nun ist es aber üblich, auf das Leistungsschild nicht mkg, sondern kW anzugeben und daher wird die Stichleistung in kW aus dem Stichdrehmoment in mkg wie folgt berechnet:

$$N_{Stich} = M_{d\,Stich}\, n_{max}\, 1{,}03 \text{ in kW.}$$

Das Maschinenmodell wird für eine mittlere Drehzahl berechnet, die sich aus der gesamten Fahrzeit einschließlich der Pause ergibt, wobei durch

$$n_{mittel} = n_{max} \frac{\frac{1}{2}(t_1 + t_3) + t_2}{T} = 47{,}7 \frac{16{,}25 + 19{,}5}{72} = 23{,}7$$

berücksichtigt wird, daß die Kühlung einer mittleren Drehzahl und nicht der größten zu entsprechen hat.

Trägt man die Dauerleistungen des ermittelten Motors in Abhängigkeit von der Drehzahl auf, so erhält man bei Motoren ohne künstliche Kühlung eine Kurve, die in der Höhe des Nennpunktes einen Wendepunkt aufweist. In neuerer Zeit erhalten die direkt treibenden Motoren meistens künstliche Lüftung, nur die zahnradübersetzten schnellaufenden Motoren werden ohne künstliche Lüftung ausgeführt.

Trägt man in die Kurve (Abb. 187) die mittlere Drehzahl ein, so schneidet diese die Kurve bei einer mittleren Leistung, die der folgenden Gl. entsprechen muß

$$\mathrm{kW}_m = \mathrm{kW}_{eff} \frac{n_{mittel}}{n_{max}} = 983 \frac{23{,}7}{47{,}7} \doteq 490 \text{ kW}.$$

Zu dieser Leistung ist für unvorhergesehene Betriebsbedingungen noch ein Zuschlag von rd. 15% empfehlenswert, so daß sich eine Leistung von 565 kW ergibt. Es kann daher die eingangs gewählte Dauerleistung von 590 kW beibehalten werden. Für die Erwärmungsrechnung genügt bei Förderanlagen die Ermittlung des Effektivwertes, da die gesamte Betriebszeit, die für die Erwärmung maßgebend ist, im Höchstfalle zwei Minuten beträgt und daher die Berechnung nach den logarithmischen Erwärmungskurven nicht erforderlich ist.

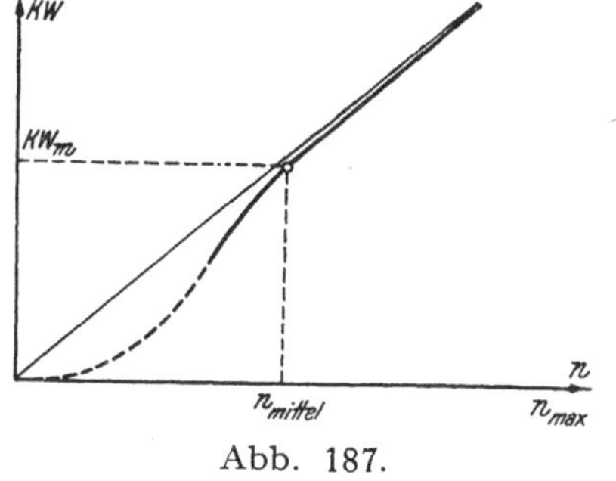

Abb. 187.

Die Leistungen der Anlaßdynamo und des Drehstromantriebsmotors werden jeweils um die Verlustleistungen, die aus Messungen, bezw. Berechnungen bekannt sein müssen, größer dimensioniert. Am übersichtlichsten wird diese Ermittlung in Form einer Tab. ausgeführt.

Die Anlaßdynamo hat am Anfang, wenn der Fördermotor noch stillsteht, einige Verlustleistungen aufzubringen, die aus folgendem bestehen:

a) Kupfer- und Zusatzverluste von der Fördermaschine und dem Anlaßdynamo.

b) Luft-, Lager- und Bürstenreibung der Anlaßdynamo.

c) Bürstenübergangsverluste des Fördermotors und der Anlaßdynamo.

Diese Verluste betragen schätzungsweise 25 v. H. der mittleren Leistung:

$$\frac{3\,400 \cdot 15 \cdot 0{,}736}{75 \cdot 0{,}85}\,0{,}25 = 150\,\mathrm{kW}.$$

Am Ende der Fahrt bei bereits stillstehendem Motor sind die Verluste unter *a* und *c* wegen des wesentlich kleineren Stromes auch niedriger, nur die Verluste unter *b* bleiben gleich, so daß sie schätzungsweise 6—8 v. H. der mittleren Leistung oder rund 50 kW betragen. In der Förderpause sind nur die Verluste, die durch Lager- und Bürstenreibung der Steuerdynamo auftreten, zu decken, die rund 4—5 v. H. der mittleren Leistung oder 20 kW ausmachen.

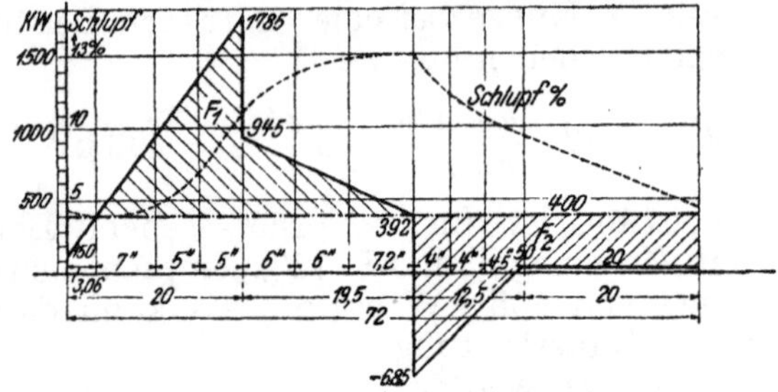

Abb. 188. Anlaßdynamoleistung und Schlupf bei Kohleförderung.

In der folgenden Tab. 9 sind auf Grund der Verlustleistungen, bezw. der Wirkungsgrade die Leistungen der Anlaßdynamo berechnet und zusammengestellt und in Abb. 188 graphisch aufgetragen.

Tab. 9. *Ermittlung der Leistungsaufnahme der Anlaßdynamo für Kohleförderung.*

		Beschleunigung		Konstante Fahrt		Verzögerung		Förderpause
		Anfang	Ende	Anfang	Ende	Anfang	Ende	
Leistung Fördermotor	kW	0	1 470	795	286	—794	0	0
η Fördermotor	v. H.	—	90	90,5	86	90,5	0	0
Leistung Anlaßdynamo	kW	0	1 635	880	333	—720	0	0
η Anlaßdynamo	v. H.	—	91,5	93	85	92,5	0	0
Leistungsaufnahme der Anlaßdynamo	kW	150	1 785	945	392	—685	50	20
½ (Anfang + Ende)	kW	967,5		668,5		—317,5		
Fahrzeiten	sec	20		19,5		12,5		20
Energieaufnahme der Anlaßdynamo	kWsec	19 350		13 020		—3 970		400
Summe	kWsec	28 800 kW sec						

Die mittlere Leistungsaufnahme der Anlaßdynamo ohne Erregerleistung bei Kohleförderung ist daher:

$$\frac{28\,800}{72} \doteq 400\,\text{kW}.$$

Wirkungsgrade der

Anlaßdynamo	3/2	5/4	1/1	3/4	1/2	1/4	Leistung.
Fördermotor η v. H	90	90,5	90	90,5	90	86	
Anlaßdynamo η v. H.	91,5	92,5	93,5	92,5	90,5	85	

Die Kontrollrechnung der Flächeninhalte der beiden Flächen ergibt:

$$\begin{aligned}
F_1 = \quad & 16{,}94 \,.\, 1\,385 \,.\, 0{,}5 && = 11\,730\ \text{kW sec}\\
& 19{,}2 \,.\, 545 \,.\, 0{,}5 && = 5\,230\ \text{kW sec}\\
& && \overline{16\,960\ \text{kW sec}}\\
F_2 = & + 3{,}06 \,.\, 250 \,.\, 0{,}5 && = 382\ \text{kW sec}\\
& + 11{,}65 \,.\, 685 \,.\, 0{,}5 && = 3\,999\ \text{kW sec}\\
& + 32{,}5 \,.\, 400 && = 13\,000\ \text{kW sec}\\
& - 400 - (0{,}85 \,.\, 50 \,.\, 0{,}5) && = -421\ \text{kW sec}\\
& && \overline{17\,051\ \text{kW sec.}}
\end{aligned}$$

In gleicher Weise wie bei der Kohleförderung wird die Leistung der Anlaßdynamo bei der Bergeförderung ermittelt, die im Diagramm (Abb. 189) dargestellt ist.

Tab. 10. *Ermittlung der Leistungsaufnahme der Anlaßdynamo für Bergeförderung.*

		Beschleunigung		Konstante Fahrt		Verzögerung		Förderpause
		Anfang	Ende	Anfang	Ende	Anfang	Ende	
Leistung Fördermotor	kW	0	1 720	1 040	528	—577	0	0
η_1 Fördermotor	v. H.	0	88,5	90,5	90	90,3	0	0
Leistung Anlaßdynamo	kW	0	1 950	1 150	587	—521	0	0
η_2 Anlaßdynamo	v. H.	0	90	90,5	90,5	91,0	0	0
Leistungsaufnahme der Anlaßdynamo	kW	200	2 165	1 270	648	—474	50	20
½ (Anfang + Ende)	kW	1 182,5		959		—212		20
Fahrzeiten	sec	20		19,5		12,5		20
Energieaufnahme der Anlaßdynamo	kWsec	23 650		18 700		—2 650		400
Summe	kWsec			40 100				

Die mittlere Leistungsaufnahme der Anlaßdynamo bei Bergeförderung ist daher:

$$\frac{40\,100}{72} = 558\,\text{kW}.$$

$$
\begin{aligned}
F_1 = \; & 16{,}42 \,.\, 1\,607 \,.\, 0{,}5 = 13\,200 \text{ kW sec} \\
& 19{,}5 \,.\, 802 \,.\, 0{,}5 = \underline{7\,820 \text{ kW sec}} \\
& \qquad\qquad\qquad\qquad 21\,020 \text{ kW sec}
\end{aligned}
$$

$$
\begin{aligned}
F_2 = \; & 3{,}58 \,.\, 358 \,.\, 0{,}5 = 640 \text{ kW sec} \\
& 12{,}5 \,.\, 524 \,.\, 0{,}5 = 3\,280 \text{ kW sec} \\
& 12{,}5 \,.\, 508 = 6\,350 \text{ kW sec} \\
& 20 \,.\, 538 = \underline{10\,760 \text{ kW sec}} \\
& \qquad\qquad\qquad\qquad 21\,030 \text{ kW sec.}
\end{aligned}
$$

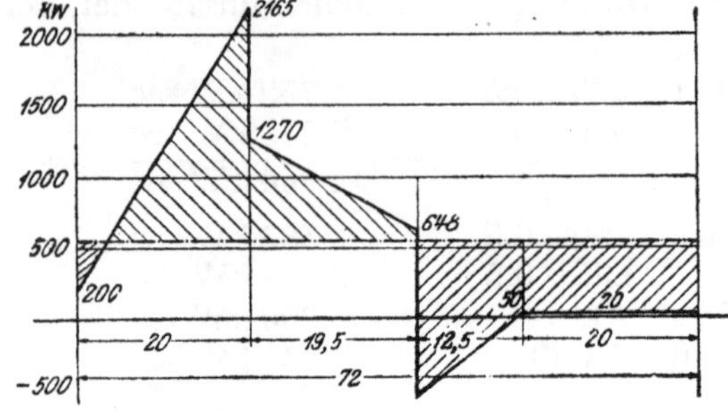

Abb. 189. Anlaßdynamoleistung bei Bergeförderung.

In ähnlicher Weise wie beim Fördermotor ergibt sich die effektive Leistung der Anlaßdynamo auf Grund von 14 Kohle- und einer Bergeförderung zu:

$$N_{eff} = \sqrt{\frac{14 \,.\, \overline{400}^2 \,.\, 72 + \overline{558}^2 \,.\, 72}{1\,080}} =$$

$$= \sqrt{\frac{16\,130 \,.\, 10^4 + 2\,240 \,.\, 10^4}{1\,080}} = \underline{412 \text{ kW.}}$$

Da die Anlage nach dem *Ilgner*system zu entwerfen war, ist noch die Größe des Schwungrades zu berechnen. Die synchrone Drehzahl des Aggregates beträgt 600. Wird die Umfangsgeschwindigkeit des Schwungrades mit 120 m/sec angenommen, so ergibt sich der Durchmesser des Schwungrades zu:

$$D = \frac{60}{\pi \,.\, n} v = \frac{19{,}1 \,.\, 120}{576} = 4{,}00 \text{ m},$$

bei einem Dauerschlupf des Motors samt Anlaßer zu 4 v. H. Der Trägheitsdurchmesser beträgt $D_{tr} = 0{,}78\, D = 3{,}12$ m.

Um die im Schwungrad aufgespeicherte Energie nutzbar machen zu können, wird ein Zusatzschlupf von 12 v. H. mittels eines Schlupfreglers erzeugt, wodurch die Drehzahl auf 504 UpM herabsinkt.

Für die Kohleförderung ergibt sich aus dem Leistungsdiagramm (Abb. 188) eine Überschußfläche von rund 17 000 kW sec.

Die Umfangsgeschwindigkeiten an den Trägheitshalbmessern betragen bei den gegebenen Schlupfdrehzahlen:

$$v_1^2 = (0{,}0523\, D_{tr}\, .\, 576)^2 \doteq 8\,850$$
$$v_2^2 = (0{,}0523\, D_{tr}\, .\, 504)^2 \doteq 6\,750$$
$$v_1^2 - v_2^2 \doteq 2\,100$$

Das Schwungrad muß daher ein Gewicht in ME erhalten von

$$M = \frac{G}{g} = \frac{2 . 102\,(\text{kW sec})}{v_1^2 - v_2^2} = \frac{204\, .\, 16\,950}{2\,100} = 1\,650\ ME.$$

oder in to von $G^{to} = 9{,}81\, .\, 1{,}650 = 16{,}2$ to, bei einem Schwungmoment von $G\,D^2_{tr} = 158\,000$ kgm². Für den vollständigen Ausgleich bei der Bergeförderung bei gleichem Zusatzschlupf von 12 v. H. ist bei einer Überschußfläche von 21 170 kW sec ein Schwungradgewicht von

$$G = \frac{204\, .\, 21\,170}{2\,100}\, 9{,}81 = 20{,}2 \text{ to}$$

erforderlich.

Da Berge nur 10 v. H. der Kohleförderung ausmachen und nur mit jedem vierzehnten Zug gefördert werden, soll das Schwungradgewicht 17 Tonnen betragen. Der Zusatzschlupf macht bei Kohleförderung dann nur 11,65 v. H. aus und steigt bei der Bergeförderung auf 14,65 v. H. an. Dieser Wert ist mit Rücksicht auf die wenigen Bergezüge zulässig, da bei dem darauffolgenden Kohlenzug das Schwungrad wieder ganz aufgeladen werden kann.

Die Abmessungen des Schwungrades werden auf Grund der in der Praxis gebräuchlichen Formeln berechnet. (AEG.)

Die Kranzbreite

$$B = k\,\frac{G^t}{D^2} = 0{,}29\,\frac{17}{16} = 0{,}308 \text{ m},$$

wobei k vom Durchmesser in der folgenden Weise abhängt:

$D = 2$	3	4 m
$k = 0{,}19$	0,24	0,29

Der Zapfendurchmesser

$$d = \frac{49\sqrt{G^t}}{1\,000} = 49\,\frac{\sqrt{17}}{1\,000} = 0{,}202 \text{ m}.$$

Die Verluste des Schwungrades aus der Luft- und der Lagerreibung ergeben sich aus:

Luftreibung

$$W_l = 0{,}057\left(\frac{n}{1\,000}\right)^3 D^5 + 0{,}29\left(\frac{n}{1\,000}\right)^3 D^4\, B =$$
$$= 0{,}057\left(\frac{576}{1\,000}\right)^3 4^5 + 0{,}29\left(\frac{576}{1\,000}\right)^3 4^4 . 0{,}308 = 11{,}2 + 4{,}4 = 15{,}6 \text{ kW}.$$

Lagerreibung

$$W_r = 0{,}3\,G^t\,d\,\frac{n}{1\,000} = 0{,}3\,.\,17\,.\,0{,}202\,\frac{576}{1\,000} = 6\,\text{kW}.$$

Nun ist noch die Leistung des Antriebsmotors der Anlaßdynamo und die Zentralenbelastung zu ermitteln, wozu der Schlupfverlust aus dem mittleren Schlupf berechnet werden kann, der bei überschlägigen Rechnungen annähernd zu 1/2 des maximalen Schlupfes geschätzt wird. Man kann den mittleren Schlupf aus dem Leistungsdiagramm (Abb. 188) punktweise berechnen und auf die Zeit als Ordinate auftragen und erhält durch Planimetrieren einen Schlupfmittelwert von 9 v. H.

Die Umformermotorleistung ergibt sich daher zu:

Mittlere Leistungsaufnahme der Anlaßdynamo . . .	412 kW
Leistungsaufnahme der Erregermaschine für Fördermotor, Anlaßdynamo und eigene Verluste	12 kW
Lagerreibung	6 kW
Luftreibung	15,6 kW
	445,6 kW
Schlupfverlust 9 v. H. der Umformermotorleistung . .	48,4 kW
Umformermotorleistungsabgabe .	494,0 kW
Bei einem Wirkungsgrad von $\eta = 0{,}93$ beträgt die Leistungsaufnahme des Umformermotors 494/0,93 =	530 kW
Dazu kommt die Leistung des Kompressors für die Bremse und für Hilfsapparate zu rund	25 kW
so daß durch die Wirkung des Schwungrades die Zentrale gleichmäßig mit	555 kW

belastet wird.

In der Fördertechnik werden noch die Schachtwirkungsgrade und die Schacht-kW ermittelt.

$$\text{Schacht-kW} = \frac{\text{Nutzlast . Teufe}}{102\,.\,\text{Zugdauer}} = \frac{3\,400\,.\,537}{102\,.\,72} = 250\,\text{kW}.$$

$$\text{Gesamter Wirkungsgrad} = \frac{\text{Schacht-kW}}{\text{Zentralen-kW}} = \frac{250}{555} = 0{,}450.$$

Der Arbeitsaufwand in der Zentrale für eine PS-Stunde beträgt: $A = \frac{0{\cdot}736}{\eta} = \frac{0{\cdot}736}{0{\cdot}460} = 1{\cdot}64\,\text{kWh/PSh}.$

Um den verhältnismäßig großen Energieverbrauch des dauernd mitlaufenden Schwungrades zu ersparen und trotzdem die Zentrale von der Leistungsspitze zu entlasten, werden in neuerer Zeit die Anlagen vielfach ohne Schwungrad, aber mit abnehmender Beschleunigung gebaut.

Monotypesatz und Druck von Berger & Schwarz, Zwettl, N.-Ö.

Zeitfracht Medien GmbH
Ferdinand-Jühlke-Straße 7
99095 Erfurt, Deutschland
produktsicherheit@kolibri360.de